弧几何基准参考文本

Volume 0 规范母本

Arc Geometry Baseline Reference Text

(V9 Series · Chinese Edition)

Arcman

目录

系列结构页 / Series Architecture

首批系列由一册规范母本与两册已冻结展开卷构成。Volume 0 不是事后补册，而是负责稳住系列命名、附录职责、引用次序与后续三卷对齐的规范锚点。

The first set is organized around one baseline volume and two already frozen expansion volumes. Volume 0 is not a supplement after the fact; it is the normative anchor that stabilizes naming, appendix duties, citation order, and later harmonization across the full set.

卷册	卷册角色	当前编辑状态
Volume 0	基准母本 / 规范锚点	全面编辑重整中；D / E 已并入；后续推动 Volume I / II 回编对齐。
Volume I	上卷展开册	已冻结并可作为单册出版；Volume 0 工作期间作为只读参考语料。
Volume II	下卷展开册	已冻结并可作为单册出版；Volume 0 工作期间作为只读参考语料。

操作说明：*Volume 0* 仍可吸收重大补充。因此，本轮先冻结架构，再冻结内容。

Volume	Book role	Current editorial status
Volume 0	Baseline / normative anchor	Under total editorial restructuring; D / E already merged; later drives back-alignment of I / II.
Volume I	Upper expansion volume	Frozen and publication-ready as a single volume; held as read-only reference corpus during Volume 0 work.
Volume II	Lower expansion volume	Frozen and publication-ready as a single volume; held as read-only reference corpus during Volume 0 work.

Operational note: Volume 0 may still absorb major supplements. Therefore this round freezes architecture first and content later.

首批系列读法 / How to Read the First Set

1. 先读 Volume 0，以掌握系列命名、对象层级、附录分工与引用纪律。
2. 在基准术语和比较层 restraint 明确之后，再进入 Volume I / II。
3. Appendix D 负责术语受控层，Appendix E 负责参考与定位层。
4. 凡涉及术语、附录归属、跨卷优先级的问题，默认先以 Volume 0 为引用锚点。

1. Read Volume 0 first for naming, object hierarchy, appendix duties, and reference discipline.
2. Enter Volume I / II only after the baseline terms and comparison-layer restraints are understood.
3. Treat Appendix D as the controlled vocabulary layer and Appendix E as the reference-and-orientation layer.
4. Use Volume 0 as the default citation anchor when a question is about terminology, appendix jurisdiction, or cross-volume priority.

编辑说明：为保持与内部全本数据库及后续展开卷（Volume I / II）的章节编号绝对对应，本规范母本（Volume 0）本轮恢复显示完整主文编号 **第 1 至 69 章**；第 **64 至 69 章**仍为后段专题链，不得再把第 1 至 63 章并入“引言”或 front matter。

Editorial rule for later harmonization: Once Volume 0 is fully stabilized, Volume I / II will receive a controlled alignment pass focused on terminology, prefatory metadata, appendix references, and citation order, without reopening the frozen mathematical chain unless a separate decision is made.

附录职责图 / Appendix Responsibilities Map

各附录并非杂项堆放，而是 Volume 0 的治理结构。除非后续冻结修订另行声明，其职责边界应视为具有编辑约束力。

The appendices are not miscellaneous overflow. They are the governance structure of the baseline volume. Their duties should be read as editorially binding unless a later frozen revision states otherwise.

附录	主要角色	编辑职责
A	技术展开层	高密度形式单元、候选律、接口链、对象化调用及后续微框架补充。
B	桥接 / 过渡层	传统几何进入弧标系读法的协议、入口卡与安全桥接句法。
C	温度—熵—四维接口层	温度、熵、四维接口及相关受控比较语言的技术簇。
D	受控术语层	弧理论与弧几何标准术语表；首选术语、工作标准、保留候选与禁用默认译法。
E	参考与定位层	内部规范文本、外部定位参考、引用优先级与 first set 卷册位置说明。

Appendix	Primary role	Editorial duty
A	Technical expansion layer	Higher-density formal units, candidate laws, interface chains, objectized calls, and later micro-framework supplements.
B	Bridge / transition layer	Protocols for passing from traditional geometries into Arc-Frame reading positions, entry cards, and safe bridge syntax.
C	Thermo-entropy-four-dimensional interface layer	Technical cluster for temperature, entropy, four-dimensional interfaces, and related controlled comparison language.
D	Controlled vocabulary layer	Standard Glossary of Arc Theory and Arc Geometry; preferred terms, working standards, reserved candidates, and prohibited default translations.
E	Reference-and-orientation layer	Internal normative texts, external positioning references, citation priority, and volume-location guidance for the first set.

冻结逻辑页 / Editorial Freeze Logic

本版属于最终生产校正版，用于复核、存档与 IngramSpark proofing。当前卷内结构、附录分工与跨卷治理关系已冻结为本次发布口径。

本版属于最终生产冻结轮：大型补充已经关闭；后续若有调整，均按冻结后的勘误处理，而不再作为架构阶段插入。

This edition is a final-production corrected draft prepared for review, archiving, and IngramSpark proofing. The internal architecture, appendix jurisdictions, and cross-volume governance are frozen for this release.

Final production rule: major supplements are now closed; subsequent changes, if any, must be treated as post-freeze errata rather than architecture-stage insertions.

弧几何基准参考文本（V9 系列）

Arc Geometry Baseline Reference Text (V9 Series)

Volume 0 / 规范母本

全本：主文 + 附录 A（Appendix A）+ 附录 B（Appendix B）+ 附录 C（Appendix C）+ 附录 D（Appendix D）+ 附录 E（Appendix E）的总合并版

完整卷册 / Complete Volume: 主文 + 附录 A（Appendix A）+ 附录 B（Appendix B）+ 附录 C（Appendix C）+ 附录 D（Appendix D）+ 附录 E（Appendix E）

v9.78 ·全本并入 D/E 的内部总编辑底稿（结构冻结轮）。本轮先做内部架构重整，不改动已冻结理论主链。

中文记录表 / Chinese record table

字段	中文记录
版本	v9.78 / 最终生产校正版
发布结构	主文 + 附录 A + 附录 B + 附录 C + 附录 D + 附录 E
本版目的	主文保持压缩稳固；D / E 已并入；本轮先做内部架构重整，并为后续总编辑工程预留合并接口。
术语政策	Arc-Spinor / e-Arc-Helix（电弧旋）/ Arc-Frame / 静时空 / 动时空 / Appendix D-E 治理

英文对照表 / English counterpart table

Field	English record
Version	v9.78 / Final production corrected draft
Release structure	Main Text + Appendix A + Appendix B + Appendix C + Appendix D + Appendix E
Purpose of this edition	The main text remains compressed and stable; D / E have been merged; this round first restructures the internal architecture and preserves a merge interface for subsequent general editing.
Terminology policy	Arc-Spinor / e-Arc-Helix / Arc-Frame / Static Spacetime / Dynamic Spacetime / Appendix D-E governance

本卷定位说明：Volume 0 作为 first set 的规范母本，与 Volume I / II 同期配套出版；其职责是统一系列命名、术语政策、附录职责、引用秩序与后续回编接口。

Positioning statement: Volume 0 serves as the normative baseline for the first set and is published in coordination with Volume I / II. Its duty is to unify series naming, terminology policy, appendix responsibilities, citation order, and later back-alignment interfaces.

摘要

本文以“弧几何基准参考文本（V9 系列）”为统一发布框架，对弧旋子与 e-Arc-Helix（电弧旋）的概念边界、时空分层、几何构成、图系读法与形式化接口进行压缩整理。相较于 v9.47，本版主文继续维持压缩正文策略：Appendix A 继续承担四组接口、质量接口链、对象族接口、对象化调用与候选律工作卡/检查卡等技术展开；Appendix B 则继续承担传统几何向弧标系过渡的桥接协议与对象入口提醒。本版新增 Section 28，把跨对象共享的候选律调用包进一步压成工作卡与检查卡。

本文将弧旋子界定为弧几何中的基础性弧合构型之一，而非弧几何体系中的“总构型”；并将其中动时空层中的特指电性弧旋构造界定为 e-Arc-Helix，而不再以 Arc Helix 作为“电弧旋”的默认英译。弧旋子内部的时空性被区分为静时空与动时空两层：前者表征能量在弧旋子中的几何构造性特征，后者表征能量在弧旋子中的交互作用性特征，且前者先决于后者。

在此基础上，本文进一步讨论 e-Arc-Helix（电弧旋）的几何构成及其自然意义，具体涉及 P/M 双弧耦合、弧学倍律（LSD）、递阶同一极、几何端点非闭合 / 本征过程闭合 / 对偶共轭闭合的三重闭合，以及 Time Line 与惯性投影圆的表征地位。随后，主文固定 Π_I、κ_I、η_n 与 x_* 四组接口，并压缩给出投影—闭合链与递阶—结点链两条最小组合链；在 v9.17 以后，正文进一步规定：任何关于传统“质量”的可写语句，都必须先经过 x_* 锚定的拟三维静背景、某一路局域化能量测度与最低稳定条件，才可进入比较层读法。v9.32 则进一步加入 Appendix B 的压缩口径：传统几何并非与弧几何彼此隔绝的先验宇宙，而是同一 Arc-Spinor 构造在不同锚位与不同空间层中的受限接口协议。

本版在前述基础上，继续把 κ_I 下的循环长度等价候选律从“工作卡/检查卡”推进到“第一性原理候选接口检查表”与“对象化调用的收束式总表”。目标不是越级宣称已经完成最终定理化，而是把候选律进一步压实为一套跨对象可总核验、可总调用、可回退的最低接口秩序。

关键词：弧几何；弧旋子；e-Arc-Helix；弧标系；静时空；动时空；弧学倍律；本征过程闭合；对偶共轭闭合

Abstract

This v9.57 main text further compresses the already closed relation between the minimal axiom set and the terminal criteria group into a continuation relation toward the final convergence conditions for the candidacy position of Π. The goal is still not to overstate Π as a finished theorem, but to specify the last admissibility gate that separates a merely packaged candidate interface from a terminally reportable first-principles candidate position.

The Arc-Spinor is defined as one of the foundational arc-coupled configurations within arc geometry rather than as the total configuration of the whole system. The specifically electrical arc-rotational structure on the Dynamic Spacetime layer is designated as the e-Arc-Helix; Arc Helix is no longer used as the default English equivalent of dianhuxuan. Static Spacetime and Dynamic Spacetime are distinguished as the constructive and interactional layers of the Arc-Spinor, with the former ontologically prior to the latter.

On this basis, the paper revisits P/M coupling, the Law of Spontaneity Doubling, hierarchical pole re-indexing, the triple distinction of geometrically non-closed, intrinsically processual closure, and dual-conjugate closure, as well as the representational status of the Time Line and the inertial projection circle. The main text then fixes four interfaces and two minimal chains, while v9.17 further stipulates that any admissible statement about traditional mass must first pass through an x_*-anchored virtualized tri-spatial static background, one localized-energy route, and a comparison density involving V_{3v}, rather than jumping directly from a single temporal integral or a single frequency stack to a mass formula.

Keywords: Arc Geometry; Arc-Spinor; e-Arc-Helix; Arc-Frame; Static Spacetime; Dynamic Spacetime; Law of Spontaneity Doubling; Intrinsic Processual Closure; Dual-Conjugate Closure

引言

V9 系列自此采用“主文 + Appendix A + Appendix B + Appendix C + Appendix D + Appendix E”的固定发布方式。这样做的目的，不是人为拆分一篇文章，而是把不同密度的内容放回合适层级：主文负责稳定理论核、图示核与接口核；Appendix A 负责容纳较细的局部推演单元、质量接口链与对象化调用；Appendix B 负责传统几何向弧标系过渡的桥接协议、对象入口卡与共享句法规范；Appendix C 负责温度、熵与四维接口的技术附录；Appendix D 负责术语规范化与中英对照调用口径；Appendix E 负责参考资料与定位说明。

到 v9.29 为止，主文的任务仍然不是把所有细推演写满，而是稳住一条能够持续生长的基准骨架。正文已经完成的，是如下四项：其一，明确弧旋子与 e-Arc-Helix 的构型层级与术语边界；其二，建立图示、图系与四组接口的压缩语法；其三，在不把传统“质量”回灌为弧学本原量的前提下，把维度对齐、时间轴空间虚拟化与比较层质量接口纳入受控的书写位置；其四，开始建立传统几何向弧标系过渡的接口协议，使欧氏、罗氏与黎曼几何分别在不同锚位与不同空间层中获得限定读法。

本版还采纳一项更严谨的闭合语法：e-Arc-Helix 在几何端点意义上是非闭合的，在纯能—动时空意义上表现为本征过程闭合（Intrinsic Processual Closure），并在镜像共轭与反向矢态的配对中表现为对偶共轭闭合（Dual-Conjugate Closure）。这种三重区分使“闭合”不再被简单理解为平面端点回接，而能在本征层、表征层与对偶层之间保持清楚边界。

下文首先固定 v9 的文本定位与术语政策，随后讨论弧旋子的存在顺序与 e-Arc-Helix 的构型意义，再压缩回顾图示读法与图系配置，并在此基础上确定四组形式化接口与两条最小组合链。完整的细单元分解、顺序链条、维度对齐与质量接口、对象族分流与工作对象映射，则继续由 Appendix A 承担；传统几何与弧标系之间的纯学术过渡协议及其对象实例级几何入口卡，则由 Appendix B 承担。

Introduction

From this point onward, the V9 series adopts the fixed release structure of “Main Text + Appendix A + Appendix B + Appendix C + Appendix D + Appendix E.” The purpose of this arrangement is not to split one article artificially, but to return materials of different density to their proper layers: the main text stabilizes the theoretical core, the diagrammatic core, and the interface core; Appendix A houses finer local derivation units, mass-interface chains, and objectized calls; Appendix B governs the bridge protocol from traditional geometries into the Arc-Frame, together with object-entry cards and shared syntactic rules; Appendix C contains the technical appendices for temperature, entropy, and four-dimensional interfaces; Appendix D governs terminology normalization and Chinese-English counterpart usage; and Appendix E provides references and positioning statements.

By v9.29, the task of the main text is still not to fill in every fine derivation, but to stabilize a baseline framework that can continue to grow. What the main text has already completed consists of four points: first, it clarifies the structural hierarchy and terminological boundary between the Arc-Spinor and the e-Arc-Helix; second, it establishes the compressed syntax for diagrams, diagram systems, and the four interface groups; third, without re-importing traditional "mass" as an original quantity of arc theory, it assigns dimensional alignment, spatial virtualization of the time axis, and comparison-layer mass interfaces to controlled writing positions; fourth, it begins to establish the interface protocol by which Euclidean, Lobachevskian, and Riemannian geometries receive restricted readings in different anchor positions and different spatial layers.

This edition also adopts a stricter closure grammar: the e-Arc-Helix is non-closed in the sense of geometric endpoints; in the pure-energy Dynamic Spacetime sense, it appears as Intrinsic Processual Closure; and in the pairing of mirror conjugates and reverse vector states, it appears as Dual-Conjugate Closure. This threefold distinction prevents "closure" from being reduced to planar endpoint reconnection, while preserving clear boundaries among the intrinsic layer, the representational layer, and the dual layer.

The following text first fixes the textual positioning and terminology policy of v9, then discusses the existential order of the Arc-Spinor and the structural meaning of the e-Arc-Helix. It then compressively reviews the reading of diagrams and the configuration of diagram systems, and on that basis determines the four formal interface groups and two minimal combination chains. Complete fine-grained decompositions, sequential chains, dimensional alignment and mass-interface work, object-family branching, and work-object mapping continue to be handled by Appendix A; the strictly academic transition protocol between traditional geometries and the Arc-Frame, together with object-instance-level geometric entry cards, continues to be handled by Appendix B.

1 文本定位、术语政策与系列命名

为保证 v9 在多文配置中的基准性，本文正式采用“弧几何基准参考文本（V9 系列）/ Arc Geometry Baseline Reference Text (V9 Series)”作为统一系列名。此一命名用于覆盖主文、附录 A/B/C/D/E 及后续修订说明；各次发布可在此系列名下继续生长，而不必每次重新定义整套文本地位。

在第一次定义性说明方面，本文延续如下标准：Arc-Spinor 用作弧几何内部的工作术语，指弧几何中的基础性弧合构型之一，而非标准数学—物理 spinor 概念的直接平移；e-Arc-Helix 则用作电弧旋的特指定名，以避免 Arc Helix 在未来更广“弧旋类”构型中引发语义歧义。

表 1 主文采用或预留的核心术语

中文术语	英文标准写法	本版用法
弧旋子	Arc-Spinor	基础性弧合构型之一
电弧旋	e-Arc-Helix	动时空层中的特指电性弧旋构造
静时空	Static Spacetime	构造性背景层
动时空	Dynamic Spacetime	交互作用层
空场状态	Quiescent State	正式主推英译；优先于 Empty-Field State

关于新词储备，主文只保留最少必要说明：其一，“空场状态”未来更宜固化为 Quiescent State，而不是 empty-field state，以避免被强行牵引到真空基态的既有物理预设；其二，与三重闭合相配套的英文化表达，以 Intrinsic Processual Closure 与 Dual-Conjugate Closure 为宜；其三，m-Arc-Helix 可以作为未来高阶构型或主从反演讨论中的对称预留位，但本版并不把它正式并入正文推演。

2 弧旋子、静时空与动时空的存在顺序

弧旋子并非弧几何体系的一般总类名，而是相对弧合子构型中极为重要的基础弧合构型之一。本文当前只处理弧旋子这一构型，不展开其他后继构型，以确保正文保持在一条清晰主线之上。

弧旋子内部的时空性必须区分为两层。Static Spacetime 表征能量在弧旋子中的几何构造性特征，因此构成背景性静时空；Dynamic Spacetime 表征能量在弧旋子中的交互作用性特征，因此构成作用性动时空。前者先决于后者：弧旋子可以处于缺如 e-Arc-Helix 的静默态或空场态，但 e-Arc-Helix 不能脱离 Static Spacetime 背景而独立显现。

因此，e-Arc-Helix 不是弧旋子整体，而是弧旋子之 Dynamic Spacetime 层在纯能交互中的特指显化。凡在正文中涉及“真实动时空”“电性时空”或“运动时空”的表述，均应指向这一

作用性层，而不应回流去替代 Static Spacetime 的构造地位。

3 e-Arc-Helix 的几何构成及其自然意义

e-Arc-Helix 的自然意义只能在 P/M 双弧耦合框架中理解。P 与 M 不是普通几何点，而是双纯能弧交互场中 e-Arc-Helix 的拓扑极、相位极以及时间振荡方向上的双极端。P/M 比例满足弧学倍律（LSD）：$R_P : R_M = 2 : 1$。该比例属于本征结构比例公设，并在惯性表征中取得圆化表达。

在递阶关系中，P_n 可于下一层被重标为 M_{n+1}，而 M_n 又可在次级弧旋子构造中回标为 P_{n-1}。这种变化首先是同一极点位置的保持，而不是位置移动；η_n 的作用在于维持角色重标定与倍律读法的一致，而不在于生成倍律本身。

闭合问题同样必须分层处理：在几何端点意义上，单个 e-Arc-Helix 不是闭合曲线；在纯能—动时空意义上，它表现为本征过程闭合；在镜像共轭与反向矢态的配对中，它又构成对偶共轭闭合。如此处理，既可避免把投影圆回灌为本征对象，也可避免把对偶关系误写成单一平面旋向。

4 图示读法与图系配置的压缩原则

图示在本文中从属于构型顺序，而不支配构型定义。标准惯性图必须先由 Static Spacetime 背景、标准惯性场与截断条件共同给定，方能作为 e-Arc-Helix 的表征入口。圆形闭合只属于补偿性投影层，不能反向等同于本征构型本身。

多图协同时，图系配置必须遵守功能分工。整体构型图负责确立 Arc-Spinor 与 e-Arc-Helix 的层级关系；标准惯性图负责显示投影与圆化；递阶连接图负责表达同一极点的角色重标定；关键结点图负责限定 x_* 的受限中心性。正文的任务不是让一张图承担全部定义，而是让各类图各守其职。

表 2 主文中的标准图类分工

图类	正文功能	禁写边界
整体构型图	固定弧旋子 / e-Arc-Helix 的层级关系	不得直接当作平面闭环本体
标准惯性图	承接 Π_I 与 κ_I	不得把圆当作对象自身
递阶连接图	承接 η_n 与 LSD 的读法保持	不得写成模块堆叠图
关键结点图	承接 x_* 的受限中心性	不得无条件升级为欧氏圆心

5 四组形式化接口的主文口径

主文固定四组接口，但不在此处展开全部细单元。Π_I 表示本征 e_A 在给定 Static Spacetime、惯性场与标准截断条件下进入惯性可读轨迹的投影接口；κ_I 表示该轨迹在表征层中被组织为补偿闭合与圆化结果的接口；η_n 表示递阶链中同一极点的角色重标定接口；x_* 表示 P/M 投影重合与 Time Line 贯通在标准截断条件下压缩出来的关键结点接口。

这四组接口的共同作用，在于为正文提供“可复述但不过强”的句法骨架。它们既允许局部推演继续推进，又防止图示解释越级冒充封闭定理。凡需要更细的顺序分解、输入输出条件与禁写边界时，应转入 Appendix A。

表 3 主文中的四组接口

接口	最小职责	输出层级	主文允许语句
Π_I	把本征构型接入惯性可读轨迹	表征轨迹层	给予惯性可读性
κ_I	将轨迹组织为补偿闭合	圆化表征层	给出条件唯一的圆化结果
η_n	维持递阶角色重标定	层级链	保持 LSD 读法一致
x_*	压缩关键重合关系	受限中心性层	给出关键重合结点

6 两条最小组合链

为把四组接口真正接成可引用的正文骨架，本版主文只保留两条最小组合链。第一条是投影—闭合链：η_n 先约束递阶角色与倍律读法，Π_I 再开启惯性轨迹，κ_I 最后给出补偿圆化结果。第二条是递阶—结点链：η_n 先固定极点角色，$\Pi_I(P_n/M_n)$ 给出投影重合，$\tau \cap \Sigma_I$ 接入时向贯通，x_* 则压缩为关键结点。

主文中对这两条链的使用原则是：只说明它们为何必要、如何排序以及其输出落在哪一层；不在正文中继续把每一环拆成更细的小步，也不把链式顺序直接升级为强定理。更细的投影链、补偿链、递阶链与结点链的内部结构，均由 Appendix A 承担。

表 4 主文保留的两条最小组合链

组合链	顺序	正文用途	主文禁写
链 A：投影—闭合链	$\eta_n \to \Pi_I \to \kappa_I$	说明圆化表征如何成立	不得把圆化结果反写成本征闭合

组合链	顺序	正文用途	主文禁写
链 B：递阶—结点链	$\eta_n \to \Pi_I$(P/M) $\to$ τ ∩ $\Sigma_I \to x_*$	说明关键结点为何可读	不得把 x_* 升级为先验欧氏中心

7 与 Appendix A 的分工

原 Section 8 的完整细稿不再整段并入主文，而是以 Appendix A 的形式跟随主文同步发布。到 v9.28 为止，附录已在若干方向上继续推进：一方面，Π_I—κ_I 链已由弱连续性、圆化判据、回退语法与例示/反例图谱推进到比较密度、连续/离散质量读法、对象型恢复子链与对象族分流；另一方面，η_n—x_* 链也已由弱保持判据推进到更细的对象型与联校边界。

这种分工并非退缩，而是为了让 v9 系列同时满足三项要求：一方面，主文能够不断累积成为更稳的基准文本；另一方面，附录又能持续承载较高密度的局部技术推进；再一方面，与传统物理接口最容易引发误读的对齐问题，也可以先在附录中被限定为“比较层接口”，而不致过早回灌为弧学本体。

8 维度对齐、时间轴空间虚拟化与质量接口问题

若后续要讨论积分与传统“质量”之间的关系律，就不能绕过维度对齐。弧几何在本征层上采取 1T + 2S 的时空组织，而传统数学物理中的质量默认被安放在 3S + 1T 的比较背景中；因此，质量不能直接作为弧学本原量写回正文，而只能作为弧几何与传统物理之间的比较层接口量被引入。

本文采用的对齐原则，不是把弧几何实体扩充为真实三维空间，而是在 Static Spacetime 中以 x_* 关键重合结点为展开原点，对时间轴作空间虚拟化处理，从而形成与传统三维尺度概念相对齐的拟三维静背景。此一“第三维”只属于比较层读法，并不回流去改写弧几何本征上二维空间的地位。

在弧几何内部，空时比的代数比当前工作性地写为 30/32。它进入传统物理的空间/时间参数化时，不应被粗暴理解为一个无量纲数值直接等于光速 c，而应理解为：该代数比在比较层上对应一条以 c 为上界的换算规则。故时间轴作为虚拟第三空间维的借长，应写成 $L_\tau^{(v)} \le c\,\Delta\tau$。若取 $\Delta\tau = 1$ s 作为比较窗，则其最大借长不超过一秒光程，约为 3×10^5 km。

由此，密度在弧几何中的自然本质也不再是几何填充率，而是定域化的能量叠加状态。后续的质量接口可经两条路径接入：其一，基于 e-Arc-Helix 的拓扑—时间积分；其二，基于量子频率与投影圆的叠加。v9.23 进一步收紧为：κ_I 并不在本体层“生成”质量，而是在比较层上提供闭合允许与组织条件，使路径 A 的挠率张量累计与路径 B 的闭合频率簇，都能经由局域化能量测度进入比较密度 $\rho_{\text{loc}}^{(3v)}$，并分别继续进入 m_{cmp} 的连续读法与离散读法。

更具体地说，Appendix A 现把 κ_I 的基础质量双路径由比较密度接口继续推进到 m_{cmp} 的两类受限入口：路径 A 偏拓扑向，沿时间轴以 $\Delta v = 2$ 盈余为工作参数，围绕受 κ_I 约束的连续

累计核、比较窗权重、挠率张量累计结果与比较密度，进一步组织 m_{cmp} 的连续读法；路径 B 偏量子向，围绕 x_* 结点、Π_I—κ_I 验证后的投影圆结果、闭合频率簇与比较密度，进一步组织 m_{cmp} 的离散读法。两路在当前版本中都只取得比较层的受限入口，而不宣称已给出传统质量的终式。

与此同时，v9.21 继续保留 Appendix A 中“跃迁—辐照的逆同构范式”专章。其要点在于：跃迁不是实体物质的空间位移，而是本位与邻位流形之间的几何代偿与形式转移；辐照则是该链条的逆同构范式。主文在此只固定其最小边界：过载跃迁受阻可在宏观上表现为爆炸性代偿失稳，而辐照吸收受阻则可在宏观上表现为隔热性阻断。

v9.126 以后，V9 系列逐步形成“主文 + Appendix A + Appendix B + Appendix C + Appendix D + Appendix E”的分工方式。本版新增推进的重心，不再只是把对象族接口与具体工作对象清单列出，而是进一步把这些对象的调用动作固定成最小工作流：连续对象默认先报比较窗、稳定窗口与比较密度剖面；离散对象默认先报 x_* 锚定、闭合频率簇与簇稳定；桥接对象默认先报首读链、次读链与允许并读上限。主文只压缩保留这组最低规则，详细模板与禁写边界均移入 Appendix A；温度—熵—四维接口的技术条目移入 Appendix C；术语与中英对照标准移入 Appendix D；参考资料与卷别定位说明移入 Appendix E。

9 对象族接口：连续对象与离散对象的主文口径

对象族接口不是新的本体分类学，而是比较层上的路径分流制度。主文在此只固定最低原则：某一对象首先应被看成“连续对象”还是“离散对象”，取决于在既定比较窗 W_{cmp}、拟三维静背景 V_{3v}、以及稳定判据 $\mathrm{Stab}_W^{(A)}$ / $\mathrm{Stab}_\Omega^{(B)}$ 下，哪一条链首先取得合法读法资格，而不取决于它被日常语言怎样命名。

就当前版本而言，天文学—宇宙学对象更偏向路径 A 的连续读法：它们通常依赖较大的比较窗、分布式累计、挠率张量累计结果与比较密度剖面，其允许输出更接近 $m_{\mathrm{cmp},A}^{(\mathrm{cont})}$ 的窗口化、剖面化或区间化读法。相反，日常物理中的局域对象、原子—分子对象与粒子候选态，更偏向路径 B 的离散读法：它们通常依赖 x_* 锚定、Π_I—κ_I 验证后的闭合频率簇、离散簇稳定与局域比较密度，允许输出更接近 $m_{\mathrm{cmp},B}^{(\mathrm{disc})}$ 的簇化、级化或局域读法。

介观材料、热工对象、等离子边界与其他集体现象，则被保留为桥接对象族：它们可以在严格条件下分时调用两条链，但不得在任一路仍未取得最低稳定资格时强行并读。完整的对象族接口矩阵、允许输出与禁写边界，均移入 Appendix A。

表 5 对象族接口与优先路径

对象族接口	优先路径	主导稳定判据	主文允许的压缩表述
天文学 / 宇宙学连续对象	路径 A	$\mathrm{Stab}_W^{(A)}$	连续窗口读法、比较密度剖面、$m_{\mathrm{cmp},A}^{(\mathrm{cont})}$ 的受限入口

对象族接口	优先路径	主导稳定判据	主文允许的压缩表述
日常局域对象	路径 B	$\mathrm{Stab}_{\Omega}^{(B)}$	离散簇读法、局域吸收/跃迁接口、$m_{\mathrm{cmp},B}^{(\mathrm{disc})}$ 的受限入口
原子 / 粒子离散对象	路径 B	$\mathrm{Stab}_{\Omega}^{(B)}$	闭合频率簇、级间接口、簇化质量读法
介观 / 集体桥接对象	分时调用 A / B	$\mathrm{Stab}_{W}^{(A)}$ 与 $\mathrm{Stab}_{\Omega}^{(B)}$ 的受限先后	桥接对象只允许分时并读，不允许抢跑统一

10 对象族到具体工作对象：主文中的最小映射口径

对象族接口若只停留在“连续对象 / 离散对象 / 桥接对象”的层面，仍不足以支撑后续写作。主文因此再固定一条最小原则：进入比较层时，研究者不应先问某对象在终极意义上“是什么”，而应先问它作为工作对象时，最先需要的读法是大比较窗下的连续累计、x_* 锚定下的局域簇报告，还是两条链按先后顺序的受限并读。

按当前版本的最低口径，恒星整体与壳层、宇宙学背景窗口、星系团弥散介质、高速延展流场与吸积连续区，更适合作为连续工作对象登记；热工局域吸收区、材料局域反应区、实验装置中的受限能量区、原子—分子束缚态与粒子候选态，更适合作为离散工作对象登记；介观材料、薄膜颗粒簇、等离子鞘层、相变前沿与热边界层，则保留为桥接工作对象，只能依先后次序分时调用两条链。

因此，v9.126 以后正文中凡出现“恒星类”“热工局域类”“粒子候选态”之类写法，默认不只指比较层上的工作对象清单，更指向一套最低任务型调用模板。更细的报告顺序、区间化上限、候选质量读法门槛与禁写边界，均移入 Appendix A。

表 6 工作对象组与默认路径（主文压缩版）

工作对象组	**代表工作对象**	**优先路径**	**默认比较层输出**
连续工作对象	恒星主球/壳层；宇宙学背景窗口；星系团弥散介质；吸积连续区	路径 A	比较密度剖面；窗口化 $m_{\mathrm{cmp},A}^{(\mathrm{cont})}$；区间/梯度读法
离散工作对象	热工局域吸收区；材料局域反应区；原子/分子束缚态；粒子候选态	路径 B	闭合频率簇；局域比较密度；$m_{\mathrm{cmp},B}^{(\mathrm{disc})}$ 的受限离散读法
桥接工作对象	介观材料；等离子鞘层；相变前沿；热边界层	分时并读	先后链报告；局域簇 + 连续包络的受限并读

11 对具体工作对象的任务型调用模板：主文中的最低工作流

当具体工作对象已经被登记为连续、离散或桥接对象之后，下一步就不再是泛泛说明“它更像哪一路”，而是固定进入比较层时的最低报告顺序。主文在这一层只保留最小工作流：连续工作对象默认先报比较窗 W_{cmp}、拟三维静背景 V_{3v}、窗口稳定 $\mathrm{Stab}_W^{(A)}$ 与比较密度剖面；离散工作对象默认先报 x_* 锚定、闭合频率簇 Ω_B、簇稳定 $\mathrm{Stab}_\Omega^{(B)}$ 与局域闭合边界；桥接工作对象则必须先声明首读链与次读链，按先后次序分时调用，而不得起手并读。

在这一最低工作流中，连续对象的窗口化剖面、累计张量结果与比较密度，默认只允许以区间、窗口值或剖面图式报告；离散对象的簇成员、相位桶、边界与闭合频率簇，默认只允许以簇报告、分桶或离散区间报告；桥接对象在任一路尚未取得最低稳定资格之前，只允许报首读链结果，不允许写成双路径统一总量。只有当相应路径已分别取得最低稳定条件时，连续对象才可进入 $m_{\text{cmp},A}^{(\text{cont})}$ 的候选连续读法，离散对象才可进入 $m_{\text{cmp},B}^{(\text{disc})}$ 的候选离散读法。

因此，任务型调用模板的作用不是给出新的终极分类学，而是把“如何书写一个对象”收束为一套最小工作纪律。完整的模板、对象型默认顺序、区间化上限与禁写拦截，均移入 Appendix A。

表 7 任务型调用模板（主文压缩版）

模板类型	先报内容	后报内容	输出上限
连续工作对象	W_{cmp} / V_{3v} / $\mathrm{Stab}_W^{(A)}$	$\rho_{\text{loc},A}^{(3v)}$ 剖面与窗口累计	可进入 $m_{\text{cmp},A}^{(\text{cont})}$ 的候选连续读法
离散工作对象	x_* / Ω_B / $\mathrm{Stab}_\Omega^{(B)}$	闭合频率簇、成员与相位桶	可进入 $m_{\text{cmp},B}^{(\text{disc})}$ 的候选离散读法
桥接工作对象	首读链、次读链、并读上限	分时补报次读链结果	默认仅允受限并读或区间化报告

12 弧标系中的传统几何接口

传统几何不应在弧几何文本中被处理为彼此隔绝的先验公理宇宙，而应被处理为同一 Arc-Spinor 构造在不同锚定位势（anchoring stance）与不同空间层中的受限读法。主文在这一层只固定三项最低口径：核型静空间在中心锚位下提供 Euclidean interface protocol；壳型静空间在边缘锚位下提供 Lobachevskian interface protocol；动空间则在 e-Arc-Helix 与投影圆环的耦合拟合中提供 Riemannian interface protocol。

这里所谓“站位”并不指主观观察者任意改变视角，而应形式化为构型允许的锚定条件。欧氏读法所依赖的是 x_* 所锚定的中心性、核型静空间的局域平直性与第五公设的局域有效区；罗氏读法所依赖的是壳型静空间、边缘锚位与平行偏离的允许区；黎曼读法则不再主要由公设表给出，而由动空间、滚动锚位以及曲率化度量的能量形式接口给出。

因此，v9.39 以后正文中凡出现“欧氏接口”“罗氏接口”或“黎曼接口”之类写法，默认都不表示弧几何将传统几何替换为自身，而表示：传统几何进入弧标系时，必须先声明其锚位、所属空间层、有效边界与可写语句上限。更完整的公设接口表、度量接口表与过渡使用卡片，均移入 Appendix B。

表 8 传统几何接口的主文压缩口径

接口协议	锚位	空间层	主文允许口径
Euclidean interface	中心锚位 / central stance	核型静空间	局域平直、局域平行唯一与欧氏五公设的受限有效读法
Lobachevskian interface	边缘锚位 / edge stance	壳型静空间	平行偏离、边缘展开与静空间壳型非欧读法
Riemannian interface	滚动锚位 / rolling stance	动空间	e-Arc-Helix 与投影圆环耦合下的曲率化度量读法

13 对象情境卡：从传统几何接口到几何入口

若传统几何接口只停留在“欧氏 / 罗氏 / 黎曼协议”的总纲层，熟悉旧几何的读者虽然知道应该从哪一类协议进入，却仍不知道在具体工作情境中应如何落脚。为此，主文在本版再固定三张对象情境卡：中心核型局域平直区、壳型边缘区与滚动局域图表。它们不是新的本体分类，而是把 Appendix B 的接口协议压缩成三种可直接调用的几何入口。

中心核型局域平直区默认调用 Euclidean interface protocol：先声明 x_* 锚定、中心锚位与核型静空间，再允许写局域直性、局域平行唯一与局域欧氏测量。壳型边缘区默认调用 Lobachevskian interface protocol：先声明边缘锚位与壳型静空间，再允许写平行偏离、边缘伸展与双曲型非欧读法。滚动局域图表默认调用 Riemannian interface protocol：先声明动空间、滚动锚位与 e-Arc-Helix—投影圆环的局域拟合，再允许写度量、测地与曲率句型。三张卡片之间不得无说明地跳转、混写或并读。

表 9 三张对象情境卡的主文压缩口径

对象情境卡	**默认锚位/空间层**	**优先几何入口**	**最低声明顺序**
中心核型局域平直区	中心锚位 + 核型静空间	Euclidean interface	x_* → 中心锚位 → 核型静空间 → 局域平直区

对象情境卡	默认锚位/空间层	优先几何入口	最低声明顺序
壳型边缘区	边缘锚位 + 壳型静空间	Lobachevskian interface	边缘锚位 → 壳型静空间 → 边缘带 → 平行偏离允许区
滚动局域图表	滚动锚位 + 动空间	Riemannian interface	动空间 → 滚动锚位 → 局域图表 → 度量/曲率句型

14 对象实例级几何入口卡：从情境卡到具体入口

若对象情境卡只停留在"中心核型局域平直区""壳型边缘区"与"滚动局域图表"的层次，读者已经知道可从哪一类情境进入，却仍可能不知道面对某一具体对象时应优先落在哪张卡上。为此，主文在本版再固定三类对象实例级几何入口卡：恒星核区、恒星壳层边缘区与局域滚动图表区。它们不是新的本体对象，而是把 Appendix B 的几何入口协议压缩成可直接调用的实例入口。

恒星核区默认调用中心核型局域平直区：先声明 x_* 锚定、中心锚位与核型静空间，再允许写局域欧氏测量、局域最短连接与局域平行唯一。恒星壳层边缘区默认调用壳型边缘区：先声明边缘锚位与壳型静空间，再允许写边缘伸展、平行偏离与受限罗氏读法。局域滚动图表区默认调用滚动局域图表：先声明动空间、滚动锚位与局域拟合图表，再允许写局域测地、曲率项与张量式组织。更细的首句模板、禁跳边界与对象实例表，均移入 Appendix B。

表 10 对象实例级几何入口卡（主文压缩版）

对象实例卡	默认锚位与空间层	默认接口协议	主文允许的最低句型
恒星核区	中心锚位 + 核型静空间	Euclidean interface protocol	局域欧氏测量、局域最短连接、局域平行唯一
恒星壳层边缘区	边缘锚位 + 壳型静空间	Lobachevskian interface protocol	边缘伸展、平行偏离、受限罗氏读法
局域滚动图表区	滚动锚位 + 动空间	Riemannian interface protocol	局域测地、曲率项、张量式组织

15 实例对象的首句模板库与禁写拦截卡：从入口卡到可复用开篇句式

当对象实例级几何入口卡已经被固定之后，研究者虽然知道"该从哪张入口卡进入"，却仍可能在真正动笔时失手：第一句没有先声明锚位、空间层与局域条件，就直接把 Euclidean /

Lobachevskian / Riemannian 语言写成普遍断言。为此，本版主文再压缩固定一层更低的工作纪律：实例对象必须配有首句模板库与禁写拦截卡。它们的作用，不是提供文学化修辞，而是给出进入几何句型前的最低声明顺序。

就当前版本而言，恒星核区、恒星壳层边缘区与局域滚动图表区分别对应三套最小开篇句式。三者的共同规则是：先报所属上位情境卡，再报锚位与空间层，最后才允许写几何谓词。相应地，每一类实例也都配有禁写拦截卡，用来即时阻断诸如“整个恒星内部天然欧氏化”“壳层边缘处处双曲”“一出现曲率词即默认黎曼接口”之类越界句法。更细的模板库、拦截理由与替代表述，均移入 Appendix B。

表 11 实例对象首句模板库（主文压缩版）

实例对象	首句模板库关键词	默认可写首句（最小）	必须先拦截的禁写
恒星核区	x_* 锚定 / 中心锚位 / 核型静空间	在 x_* 已完成中心锚定且读法停留于核型静空间局域平直区的条件下，本文仅在受限范围内调用 Euclidean interface protocol。	不得把局域欧氏句型扩展为整个恒星内部的普遍句型。
恒星壳层边缘区	边缘锚位 / 壳型静空间 / 边缘偏离	当前讨论的恒星壳层边缘区被登记为壳型边缘实例，因此只在边缘锚位下调用 Lobachevskian interface protocol。	不得在未声明边缘锚位前直接写多平行或处处双曲。
局域滚动图表区	动空间 / 滚动锚位 / 局域拟合图表	只有在 Dynamic Spacetime、rolling anchoring stance 与局域拟合图表已被说明后，才允许以 Riemannian interface protocol 书写曲率句型。	不得仅凭“曲率”字样就把对象抬升为黎曼入口。

16 对象实例的段首模板组、段末收束句模板组与误写纠偏替代库

如果对象实例已经拥有首句模板库与禁写拦截卡，研究者就知道“第一句如何安全进入”；但在真正写一整段时，仍会面临新的风险：段首第二句与第三句可能把局域读法偷换成全域结论，段末收束句可能把边界协议写成实体本底，而误写纠偏也常常停留在“指出错误”而没有给出可替换的最小句式。为此，本版主文再固定三类桥接材料：对象实例的段首模板组、段末收束句模板组与误写纠偏替代库。

就当前版本而言，恒星核区、恒星壳层边缘区与局域滚动图表区分别对应三套最小段落纪律。三者的共同规则是：段首模板组必须在首句模板之后继续重复锚位、空间层与局域条件；段末收束句必须主动回收全域化词汇，只把欧氏、罗氏或黎曼谓词保留在允许的局域范围；误写纠偏替代库则必须把“错误句型—最小改写方向—可直接替换的安全句式”连成一条最短链，而不是只做

事后批评。

表 12 对象实例的段落模板组与纠偏替代库（主文压缩版）

实例对象	段首模板组的默认入口	段末收束句的默认类型	误写纠偏库入口
恒星核区	继续重复 x_* / 中心锚位 / 核型静空间 / 局域平直条件	回收到“仅限核区局域欧氏读法”	把全域欧氏化改写为局域欧氏化
恒星壳层边缘区	继续重复边缘锚位 / 壳型静空间 / 边缘伸展条件	回收到“仅限边缘区受限罗氏读法”	把整体双曲化改写为边缘偏离读法
局域滚动图表区	继续重复滚动锚位 / 动空间 / 局域拟合图表条件	回收到“仅限局域滚动度量接口”	把静空间回灌改写为局域图表声明

17 跨对象共享的桥接句型规范：从对象模板到安全句法骨架

当对象实例已经拥有首句模板、段首模板、段末收束句与纠偏替代库之后，研究者在具体写作中仍会遇到一个更高层的问题：不同对象之间是否存在可重复调用的安全句法骨架？如果每换一个对象都必须重新发明写法，桥接协议就仍然停留在对象清单层，而没有真正形成跨对象可迁移的工作语言。为此，本版主文再压缩固定一层更高的共享规范：把不同实例中反复出现的安全句型上提为桥接句法骨架，使 Arc-Frame 中的 Euclidean / Lobachevskian / Riemannian 接口都必须先经过同一套句法门槛，之后才允许进入对象实例的差异化展开。

就当前版本而言，这套跨对象共享的桥接句型规范至少包含四条连续动作：先声明对象所属的上位情境卡与几何入口卡；再声明 anchoring stance、空间层与局域边界；其后才允许写受限几何谓词；最后必须在段尾用一条回收句把读法压回允许边界。三者的共同规则是：凡未完成前件声明者，不得提前写几何结论；凡已调用几何谓词者，必须在段落内保留回收句；凡出现全域化、实体化或倒灌式词汇者，必须立即被替换成局域、受限、接口性写法。更完整的共享骨架、连接词库与禁写升级器，均移入 Appendix B。

表 13 跨对象共享的桥接句型规范（主文压缩版）

句法位置	必须声明	允许写法	禁越级提醒
入口句	上位情境卡 + 对象入口卡	只许写“当前读法限于……”	不得先写“整体天然……”
桥接句	锚位 + 空间层 + 局域边界	只许写“在……条件下可调用……”	不得省略 x_* / edge / rolling

句法位置	必须声明	允许写法	禁越级提醒
展开句	受限几何谓词	可写局域欧氏 / 边缘罗氏 / 滚动黎曼	不得把局域读法回灌为本体
收束句	回收边界	必须压回局域、边缘或滚动图表	不得以段末偷渡全域结论

18 跨对象共享的段落编排节奏规范与多对象混排时的切换句模板

当跨对象共享的桥接句型规范已经被固定之后，研究者虽然知道“句子骨架应该怎样搭”，却仍可能在段落级操作上失手：某些段落第一句安全、第二句就突然加速到整体断言；或者在多对象混排时，没有先用一条缓冲句声明入口卡的切换，就直接把前一对象上的几何谓词转写到后一对象之上。为此，本版主文再压缩固定两条更高阶纪律：其一，跨对象共享的段落编排必须遵守统一的节奏拍点；其二，多对象混排时必须插入最低切换句，不得无缓冲跳转。

就当前版本而言，这套节奏规范的最低顺序是：入口句先报上位情境卡与对象入口卡；桥接句再报 anchoring stance、空间层与局域边界；展开句才允许写受限几何谓词；收束句必须把这些谓词压回允许边界。若段落需要在连续对象、离散对象与桥接对象之间混排，则切换句必须先声明“前一对象的读法已在何处终止、后一对象的入口卡为何时生效、当前切换只在何种局域条件下成立”。更完整的节奏拍点、切换句模板与禁跳矩阵，均移入 Appendix B。

表 14 共享段落节奏与混排切换的主文压缩口径

写作位置	必须声明	允许句型	禁写提醒
入口句	上位情境卡 + 对象入口卡	只许写“本文先把读法限于……”	不得先写“该对象天然……”
桥接句	锚位 + 空间层 + 局域边界	只许写“在……条件下可调用……”	不得省略 x_* / edge / rolling
展开句	仍受前件约束	只许写局域几何谓词	不得把局域词偷换成整体词
切换句	前一读法终止点 + 新入口生效点	只许写“由……转入……，当前仅在……范围内成立”	不得无缓冲跨对象跳转

19 κ_I 下的循环长度等价候选律：从投影—闭合链到 π 的接口重释

在标准惯性截断、标准补偿闭合及标准循环单位选取下，可把与一个完整投影圆相对应的 e-Arc-Helix 标准循环单位记为 e°_{A}，其补偿投影圆记为 $C_I = \kappa_I(\Pi_I(e^{\circ}_{A}))$。本版主文在此仅压缩记入一条候选律：$L_{\text{arc}}(e^{\circ}_{A})$ 可在比较层上等价于 C_I 的欧氏周长 C_{proj}。由此，若 D_{proj} 为该标准投影圆之直径，则有 $L_{\text{arc}}(e^{\circ}_{A}) = C_{\text{proj}} = \pi D_{\text{proj}}$。该式不表示 1T+2S 动空间被还原为 2S 平面圆，而表示 κ_I 所给定的比较层接口允许把本征循环长度与补偿投影圆周长作同尺度比较。

这一候选律的意义有三：首先，它把 κ_I 从单纯闭合算子推进为循环长度等价接口的候选核心；其次，它使 π 在弧几何中不再只作为平面圆的周径比，而成为本征循环长度向投影直径归一化时的标准代数常数；再次，它为“欧氏螺旋长度公式为何误配 e-Arc-Helix”提供了一个受限但有力的纠偏入口。更细的前件、禁写边界以及它与质量接口链、π 的接口重释和测度论纠偏之间的关系，均移入 Appendix A。

表 15 κ_I 下的循环长度等价候选律（主文压缩版）

项目	压缩口径
标准循环单位	e°_{A}：与一个完整补偿投影圆相对应的 e-Arc-Helix 标准循环单位
标准投影圆	$C_I = \kappa_I(\Pi_I(e^{\circ}_{A}))$，其周长记为 C_{proj}，直径记为 D_{proj}
候选等价式	$L_{\text{arc}}(e^{\circ}_{A}) = C_{\text{proj}} = \pi D_{\text{proj}}$
最低边界	只可在标准惯性截断、标准补偿闭合与标准循环单位选取下提出；不得把单支 M→P 线段与完整投影圆直接比较

20 标准循环单位、标准惯性截断条件与跨层长度可比接口

若要使 κ_I 下的循环长度等价候选律获得可调用资格，首先必须把标准循环单位、标准惯性截断条件与跨层长度可比接口写硬。这里所谓 e°_{A}，不是任意一条 M→P 支线，也不是任意一段可见弧段，而是与一个完整补偿投影圆一一对应的标准循环单位；相应地，C_I 也不是任意投影痕迹，而是 κ_I 在标准条件下组织出来的标准圆化结果。

标准惯性截断的最低条件可压缩为三项：其一，Static Spacetime、惯性场与截断面 Σ_I 必须已被声明；其二，Π_I 与 κ_I 必须对同一个 e°_{A} 连续生效；其三，D_{proj} 只能取自 C_I 的标准直径，而不得取自原始轨迹的任意跨度。只有在这三项同时成立时，$L_{\text{arc}}(e^{\circ}_{A})$ 与 C_{proj} 的比较才不至于发生错层。

进一步地，这里的“长度等价”必须明示为比较层等价，而不是本体同一。$L_{\text{arc}}(e^{\circ}_{A})$ 属于 1T+2S 动空间中的本征循环长度，C_{proj} 属于 2S 静空间中标准投影圆的欧氏周长；二者能被写

成同式，不是因为它们天然属于同一几何层，而是因为 κ_I 所给出的比较层接口允许把它们在标准尺度上作受限并读。

表 16 标准循环单位、标准截断与长度可比接口（主文压缩版）

要素	最低要求	禁写边界
e_A°	对应一个完整补偿投影圆的标准循环单位	不得用任意弧段替代
C_I	κ_I 对同一 e_A° 的标准圆化结果	不得拿任意投影痕迹替代
D_{proj}	取自 C_I 的标准直径	不得用轨迹跨度或局域宽度替代
长度等价	只能写成比较层并读	不得写成本体欧氏恒等式

21 循环长度等价候选律并入质量接口链

一旦 A16 所固定的标准循环单位、标准截断条件与长度可比接口成立，κ_I 下的循环长度等价候选律便不再只是一个孤立的几何陈述，而可以进入既有的质量接口链。其最稳的作用，不是直接替代 $E_{\text{loc}}^{(T)}$、$E_{\text{loc}}^{(\omega)}$、$V_{3v}$ 与 $\rho_{\text{loc}}^{(3v)}$ 的顺序，而是作为两条局域化能量测度路径的共同归一前件。

在路径 A 中，$L_{\text{arc}}(e_A^\circ)=C_{\text{proj}}$ 约束连续累计核不得无边界地借用额外欧氏伸长，因此 $E_{\text{loc}}^{(T)}$ 的积分核必须以标准循环单位的等价长度为比较窗归一；在路径 B 中，同一等价式则使闭合频率簇对 D_{proj} 的归一不再只是平面圆周率关系，而同时保留本征循环长度的比较层位置。两路都因此能在不改写既有顺序的前提下，把 κ_I 下的长度等价候选律吸收入 m_{cmp} 的前件链。

表 17 循环长度等价候选律进入质量接口链的主文压缩口径

路径	最小接入点	仍不得越过的边界
路径 A	作为 $E_{\text{loc}}^{(T)}$ 的比较窗归一前件	不得跳过 $\rho_{\text{loc}}^{(3v)}$ 直接写质量
路径 B	作为 $E_{\text{loc}}^{(\omega)}$ 的闭合归一前件	不得把频率簇直接等成 m_{cmp}
双路径共用	共享 e_A° 与 C_I 的标准条件	不得因一条路径稳定就宣称另一条自动成立

22 π 的接口重释与反欧氏螺旋误读的桥接边界

到这一层为止，π 在弧几何中获得的不是“终极重定义”，而是一条受限的接口重释：在标准 κ_I-闭合条件下，它既是标准投影圆的周径比常数，也是本征循环长度向投影直径归一化时的标准代数常数。这里的关键词不是“替代传统数学”，而是“在比较层上增加一条新的可读位置”。

与此同时，主文也必须明确一条桥接边界：e-Arc-Helix 不是欧氏恒螺距螺旋，时间维度在此不等于额外空间伸长，因而不得直接套用经典欧氏螺旋长度公式去度量本征循环长度。所谓“反欧氏螺旋误读”，并不是否定欧氏几何，而是阻止把静空间中的投影圆读法误回灌为动空间本征弧线的求长前提。更细的桥接说明，由 Appendix B 新增专节承担。

表 18 π 的接口重释与反欧氏螺旋误读（主文压缩版）

项目	最低允许写法	不得写成
π	本征循环长度对投影直径的比较层归一常数	终极物理本体常数的已证重定义
e-Arc-Helix 求长	须经标准循环单位与 κ_I-闭合接口	欧氏恒螺距螺旋求长公式
桥接说明	用于纠偏传统直觉	对欧氏几何整体失效的宣告

23 候选律与质量接口链的对象化调用

到 v9.42 为止，κ_I 下的循环长度等价候选律已经具备标准循环单位、标准惯性截断与跨层长度可比接口，但它仍主要停留在比较层候选律与质量接口链的顺序前件上。若要使其真正“落地”，下一步就必须把它推进为对象化调用：也就是说，不再只问“这条候选律在抽象上如何成立”，而要问“针对哪一类工作对象、以哪一路局域化测度为主、在何种稳定条件下，允许把它调用到质量候选读法之中”。

本版主文只压缩固定三类对象化调用口径。其一，连续对象以路径 A 为主，典型如恒星核区、恒星壳层的连续累计区与宇宙学背景窗口；在这些对象中，κ_I 下的长度等价候选律首先作为连续累计核的循环尺度归一条件发挥作用，并只允许进入连续比较密度与连续质量候选读法。其二，离散对象以路径 B 为主，典型如原子束缚态、粒子候选态与局域热工吸收区；在这些对象中，该候选律首先作为闭合频率簇的长度归一条件发挥作用，并只允许进入离散比较密度与离散质量候选读法。其三，桥接对象不得直接并读两路强结果，而必须先声明主路径与次路径，再以区间、簇或候选报告方式受限进入比较层。

这样处理的意义，在于把“漂亮等式”转成“工作接口”：同一条候选律不再被当作一切对象的一步终式，而被重新放回对象族分流、比较窗、簇边界与稳定判据所共同限定的工作秩序之中。更细的对象化顺序、禁越级边界与调用模板，均移入 Appendix A。

表 19 κ_I 下的循环长度等价候选律对象化调用（主文压缩版）

对象类	主路径	候选律角色	允许输出
连续对象	路径 A	连续累计核的循环尺度归一	$\rho^{(3v)}_{\text{loc},A}$, $m^{(\text{cont})}_{\text{cmp},A}$ 候选读法
离散对象	路径 B	闭合频率簇的长度归一	$\rho^{(3v)}_{\text{loc},B}$, $m^{(\text{disc})}_{\text{cmp},B}$ 候选读法
桥接对象	分时调用	主/次路径的受限缓冲条件	区间、簇或候选报告，不得强并读

24 连续对象代表型实例的调用卡（主文压缩版）

到 v9.43 为止，κ_I 下的循环长度等价候选律已经被推进为对象化调用，但三类对象仍主要停留在族级口径。若要继续"落地"，下一步最稳的做法不是立刻扩展到全部实例，而是先选取几类连续对象的代表型实例，用最低顺序测试该候选律如何进入路径 A 的连续累计读法。

本版主文压缩固定三类连续代表对象。其一，恒星核区首先以中心锚位与局域核型静背景进入；在此情形下，e°_A / C_I / D_{proj} 的标准前件先被声明，$L_{\text{arc}}(e^\circ_A) = C_{\text{proj}} = \pi D_{\text{proj}}$ 随后只作为连续累计核的循环尺度归一条件发挥作用，并允许进入连续比较密度 $\rho^{(3v)}_{\text{loc},A}$ 及连续质量候选读法 $m^{(\text{cont})}_{\text{cmp},A}$ 的窗口报告。其二，恒星壳层连续区仍然属于路径 A，但其几何入口更接近壳型边缘读法；因此这里不得把边缘几何接口直接误写成离散闭合簇或终式质量，而应把该候选律限定为分层壳窗中的连续归一条件。其三，宇宙学背景窗口只允许窗口化、区间化与背景平均读法；在这一对象中，候选律只作为大尺度连续背景的长度归一常数进入，不允许被写成单点、单团或单支离散质量。

因此，连续代表对象的最小调用纪律应写成：先报对象与锚位，再报标准前件与比较窗，继而调用 κ_I 下的循环长度等价候选律，最后才进入路径 A 的连续比较密度与连续质量候选读法。凡跳过窗口、稳定条件或把连续对象直接离散化者，均属禁写。

表 20 连续对象代表型实例的最低调用口径（主文压缩版）

对象实例	**默认几何入口**	**默认路径**	**候选律角色**	**允许输出上限**
恒星核区	中心锚位 / 核型局域平直区	路径 A	连续累计核的循环尺度归一	$\rho^{(3v)}_{\text{loc},A} + m^{(\text{cont})}_{\text{cmp},A}$ 窗口报告
恒星壳层连续区	边缘锚位 / 壳型连续区	路径 A	分层壳窗的连续归一条件	壳窗区间 + 连续质量候选
宇宙学背景窗口	大尺度窗口 / 受限滚动读法	路径 A	背景平均的长度归一常数	窗口平均报告，不得写单点质量

25 离散对象代表型实例的调用卡（主文压缩版）

若要使 κ_I 下的循环长度等价候选律继续“落地”，在连续对象之后，最自然的下一步便是离散对象的代表型实例。这里所谓“离散”，并不是说对象完全脱离时空背景，而是说其比较层读法首先受局域闭合簇、簇边界与相位稳定条件所主导，因此默认优先走路径 B。

本版主文压缩固定三类离散代表对象。其一，原子束缚态应先以 x_* 锚定、局域闭合簇边界与标准循环单位前件进入；随后 $L_{\text{arc}}(e^{\circ}_A) = C_{\text{proj}} = \pi D_{\text{proj}}$ 只作为离散频率簇的长度归一条件发挥作用，并允许进入 $\rho^{(3v)}_{\text{loc},B}$ 的簇报告与离散质量候选读法。其二，粒子候选态的入口更强调局域滚动图表、闭合簇成员与相位窗口；在此情形下，候选律只允许进入离散簇稳定条件下的比较密度与候选质量语句。其三，局域热工吸收区虽常借连续介质语言被经验描述，但若当前段落聚焦单次吸收、局域量子阶跃或最低激发要求，则必须改由离散对象入口重新启动，而不得直接挪用连续窗口累计结果。

因此，离散代表对象的最小调用纪律应写成：先报对象与离散入口，再报 x_* 锚定、簇边界与标准循环单位前件，继而调用 κ_I 下的循环长度等价候选律，最后才进入路径 B 的离散比较密度与离散质量候选读法。凡把离散对象直接连续化、跳过簇边界声明或把单次吸收事件误写成连续累计窗口者，均属禁写。

表 21 离散对象代表型实例的最低调用口径（主文压缩版）

离散代表对象	默认入口与优先路径	允许上限 / 禁写提示
原子束缚态	x_* 锚定 + 局域闭合簇边界；优先路径 B	可写簇报告、离散比较密度与候选质量；不得跳成连续窗口累计
粒子候选态	局域滚动图表 + 相位窗口；优先路径 B	可写离散簇稳定条件下的候选质量；不得把成员漂移当作连续体平均
局域热工吸收区	离散吸收事件入口 + 最低激发要求；优先路径 B	可写单次吸收或阶跃簇报告；不得把热工语言直接升级为连续质量终式

26 桥接对象代表型实例的调用卡（主文压缩版）

若要使 κ_I 下的循环长度等价候选律继续真正“落地”，在连续对象与离散对象之后，最自然的一步便是桥接对象的代表型实例。这里所谓“桥接”，并不是说对象可以随意混用两条路径，而是说对象本身同时含有连续累计倾向与离散簇倾向，因此必须先声明主路径与次路径，再允许以分时方式调用候选律与质量接口链。

本版主文压缩固定三类桥接代表对象。其一，介观材料区的入口应先声明材料的局域组织尺度、当前主路径以及比较窗类型；随后 $L_{\text{arc}}(e^{\circ}_A) = C_{\text{proj}} = \pi D_{\text{proj}}$ 只作为主路径的长度归一条件发挥作用，而另一条路径仅能以修正项、分桶说明或回收句方式受限进入。其二，相变前沿的入口必须先声明前沿厚度、前沿是否被读作连续窗口还是离散跃迁边带；在此前件成立后，候选律才允许进入主路径的比较密度接口，并只在段尾以受限方式接入另一条路径。其三，等离子鞘层应先声明边界层、滚动入口与当前主路径，再调用候选律作为边界归一条件；只有在主路径稳定后，次路径才可进入。

因此，桥接代表对象的最小调用纪律应写成：先报对象与主路径，再报次路径的受限地位，继而声明标准前件与比较窗，随后调用 κ_I 下的循环长度等价候选律，最后才进入主路径的比较密度与候选质量读法。凡把桥接对象直接连续化、直接离散化，或在主路径未稳时强行并读者，均属禁写。

表 22 桥接对象代表型实例的最低调用口径（主文压缩版）

桥接代表对象	主路径 / 次路径	允许上限 / 禁写提示
介观材料区	先报主路径（A 或 B），次路径只作修正或分桶说明	可写受限双层报告；不得无声明地两路并读
相变前沿	前沿厚度先行；主路径依读法而定，次路径段尾回收	可写前沿区间与候选质量；不得把前沿一次性写成全域连续体或单纯点跃迁
等离子鞘层	滚动入口 + 边界层；主路径先行，次路径后入	可写边界归一与分时调用；不得先写终式后补稳定条件

27 跨对象共享的候选律调用包（主文压缩版）

到 v9.46 为止，κ_I 下的循环长度等价候选律已经分别进入连续对象、离散对象与桥接对象的代表型实例调用卡。若要继续“落地”，下一步便不应无限拆散实例，而应把三条分支重新收束成一套跨对象共享的候选律调用包。所谓“调用包”，不是把三类对象重新抹平，而是把它们真正共享的最小模块抽出：对象声明、几何入口、标准循环单位 e_A° 与补偿投影圆 C_I 的前件、主路径声明、候选律调用、比较密度接口，以及候选质量读法的受限进入。

本版主文压缩固定这一调用包的最低纪律。其一，连续对象的调用包仍以路径 A 为主，候选律首先作为连续累计核的循环尺度归一条件；其二，离散对象的调用包仍以路径 B 为主，候选律首先作为离散闭合簇的长度归一条件；其三，桥接对象的调用包则必须先报主路径与次路径的受限地位，候选律只允许先进入主路径，而不得被写成双路径同等起跑的终式。跨对象共享之处，只在于调用顺序与禁越级门槛，而不在于把三类对象混成一个无差别公式。

因此，跨对象共享的候选律调用包应写成：先报对象与几何入口，再报标准前件与主路径，随后调用 $L_{\mathrm{arc}}(e_A^\circ) = C_{\mathrm{proj}} = \pi D_{\mathrm{proj}}$，继而进入相应路径的比较密度接口，最后才进入候选质量读法。凡跳过对象入口、未报主路径、未交代标准前件，或把次路径写成与主路径同阶并读者，均属禁写。

表 23 跨对象共享的候选律调用包（主文压缩版）

对象分支	共享调用包中的核心模块	允许上限 / 禁写提示
连续对象	对象声明 → 几何入口 → 标准前件 → 路径 A → 候选律 → $\rho^{(3v)}_{\mathrm{loc},A} \to m_{\mathrm{cmp},A}$	可写连续窗口报告；不得跳过窗口稳定条件
离散对象	对象声明 → 离散入口 → x_* / 簇边界 → 路径 B → 候选律 → $\rho^{(3v)}_{\mathrm{loc},B} \to m_{\mathrm{cmp},B}$	可写簇报告；不得跳过簇边界与相位窗口
桥接对象	对象尺度 / 边界层 → 主路径声明 → 次路径受限地位 → 标准前件 → 候选律 → 主路径比较密度 → 候选质量	可写分时双层报告；不得无声明并读双路径

28 候选律工作卡与检查卡（主文压缩版）

到 v9.47 为止，κ_I 下的循环长度等价候选律已经被推进为一套跨对象共享的调用包，但它若要继续“落地”，就不能只停留在可复用的包结构上，而必须进一步压成可直接调用的工作卡与检查卡。这里所谓“工作卡”，不是把候选律写成一行终式，而是把对象声明、几何入口、标准前件、主路径声明、候选律调用、比较密度接口与候选质量读法固定为一条最小工作链；所谓“检查卡”，则是在每一步之后立即检查是否具备标准循环单位、标准惯性截断、标准补偿闭合与对象分流条件，防止候选律被越级使用。

本版主文只压缩固定其最低纪律。其一，连续对象的工作卡仍以路径 A 为主，候选律首先只作为连续累计核的长度归一条件；其二，离散对象的工作卡仍以路径 B 为主，候选律首先只作为闭合频率簇的长度归一条件；其三，桥接对象的工作卡则必须先报主路径与次路径的受限地位，候选律只能先进入主路径，次路径不得抢跑并读。与之配套的检查卡至少应核验七项：对象是否已声明、几何入口是否已明示、e°_A 是否已作为标准循环单位固定、C_I 是否已明确为 κ_I 下的补偿投影圆、D_{proj} 是否来自标准圆而非任意跨度、候选律是否仍停留在长度归一地位、候选质量读法是否仍处于比较层候选位。

因此，主文中的最小工作纪律应写成：先取工作卡，后过检查卡；任一检查项未通过，则调用只能回退到对象声明、入口说明或区间/簇报告层，不得继续推进到候选质量读法。这样处理的意义，在于把“可复用”进一步收束为“可操作”：候选律不再只是不同对象都可援引的漂亮关系，而开始具备一张真正可工作的最小调用卡。

表 24 候选律工作卡与检查卡（主文压缩版）

模块	连续对象	离散对象	桥接对象
工作卡首段	对象声明 $\rightarrow$ 入口/窗口	对象声明 $\rightarrow x_*$ / 簇边界	对象尺度/边界层 $\rightarrow$ 主路径
候选律位置	长度归一条件	闭合簇长度归一条件	仅先进入主路径
检查卡核心	窗口稳定 + 标准前件	簇边界 + 相位稳定	主/次路径地位是否已报
失败回退	回退到窗口说明或区间报告	回退到簇报告或相位边界说明	回退到主路径声明或边界层说明

29 第一性原理候选接口检查表与对象化调用的收束式总表

到 v9.48 为止，κ_I 下的循环长度等价候选律已经具备工作卡与检查卡；但若要继续真正“落地”，仍需再进一步：一方面，必须形成一张可跨对象统一核验的第一性原理候选接口检查表；另一方面，必须形成一张把连续对象、离散对象与桥接对象重新收束到同一终端口径上的对象化调用总表。这里所谓“第一性原理候选”，并不意味着可以越级把候选律直接写成已完成的终式，而是意味着：其前件、调用顺序、回退口与对象分流已经足够稳定，可以被总核验、总调用与总报告。

本版主文因此只压缩固定两条纪律。其一，第一性原理候选接口检查表至少应核验：对象是否已声明；几何入口是否已明示；标准循环单位 e_A° 是否已固定；$C_I = \kappa_I(\Pi_I(e_A^\circ))$ 是否已被明确为标准补偿投影圆；D_{proj} 是否取自标准圆；候选律是否仍只被用作长度归一条件；比较密度接口是否已按对象分支进入；候选质量读法是否仍停留在比较层候选位。其二，对象化调用的收束式总表应把三类对象重新压回一条共享骨架：对象声明 $\rightarrow$ 几何入口 $\rightarrow$ 标准前件 $\rightarrow$ 主路径声明 $\rightarrow$ 候选律调用 $\rightarrow$ 比较密度接口 $\rightarrow$ 候选质量读法；其中连续对象默认主读路径 A，离散对象默认主读路径 B，桥接对象则必须先报主路径与次路径的受限地位。

因此，主文中的最小收束纪律应写成：先过总检查表，再调对象总表；凡任一核验项未通过者，只能回退到对象声明、入口说明、区间/簇报告或路径重分流层，不得继续推进到候选质量读法。这样处理的意义，在于把候选律从“局部可操作”推进到“整体可总核验”：今后无论继续写连续对象、离散对象、桥接对象，还是继续向 π 的第一性原理候选位收束，都已有一张跨对象共享的总接口检查表。

表 25 第一性原理候选接口检查表与对象化调用总表（主文压缩版）

模块	最低要求	允许输出上限
总检查表	核验对象声明、几何入口、e°_{A}、C_I、D_{proj}、候选律地位、比较密度接口与候选质量位阶。	只通过则允许进入对象化调用；未通过必须回退。
连续对象	路径 A 主读；先窗口/背景，再候选律。	区间化或连续候选质量读法。
离散对象	路径 B 主读；先 x_* / 簇边界，再候选律。	簇报告或离散候选质量读法。
桥接对象	先主路径，再次路径受限地位；不得抢跑并读。	主路径候选质量读法，次路径仅后入补充。

30 第一性原理候选接口封装版（一页总卡）

到 v9.49 为止，κ_I 下的循环长度等价候选律已经具备总检查表与对象化调用总表。若继续推进而又避免过度细分，最自然的一步便是把这两张表再压成一页式总卡。这里所谓“封装”，不是把候选律越级写成完成定理，而是把跨对象最常用、最容易误写的接口顺序收束为一张可直接调用、可立即核验、可一键回退的最低总卡。

本版主文只固定其最低骨架：对象声明、几何入口、标准前件、主路径声明、候选律调用、比较密度接口与候选质量读法。连续对象、离散对象与桥接对象都仍保留各自分支，但在主文中已不再逐枝展开，而是统一经由这张总卡进入。这样，候选律便从“可总核验、可总调用”进一步推进到“可最小封装”。

因此，主文中的最低封装纪律应写成：先调一页总卡，再看对象分支；若任一栏位未过，则调用必须回退到对象声明、几何入口、标准前件、路径重分流或区间/簇报告层，不得继续推进到候选质量读法。这样处理的意义，在于把 Π 的第一性原理候选位进一步压实为一套跨对象共享的最小接口包装。

表 26 第一性原理候选接口的一页式总卡（主文压缩版）

卡片栏位	最低要求	未通过时的回退
对象声明	说明对象属于连续、离散或桥接哪一类	回退到对象条目
几何入口	明确中心/边缘/滚动入口或对应对象入口	回退到入口说明
标准前件	固定 e°_{A}，并写明 $C_I = \kappa_I(\Pi_I(e^{\circ}_{A}))$ 与标准 D_{proj}	回退到前件核验
主路径声明	明确路径 A、路径 B，或桥接对象的主/次路径	回退到路径重分流

卡片栏位	最低要求	未通过时的回退
候选律调用	仅允许写作长度归一条件 $L_{\mathrm{arc}}(e_A^\circ) = C_{\mathrm{proj}} = \pi D_{\mathrm{proj}}$	回退到候选律本身
比较密度与候选质量读法	按对象分支进入比较密度接口，并保持在比较层候选位	回退到区间/簇报告层

31 动静度规对偶基数与 c 的比较层映射（主文压缩版）

在 v9.50 已把 κ_I 下的循环长度等价候选律压成一页式总卡之后，若要继续使其“真正落地”，最自然的一步不是立刻再造更高终式，而是先补稳其代数底座。本版主文因此压缩固定：空间投影基数 $v_s = 30$，时间投影基数 $v_t = 32$；它们首先不是经验速度、欧氏长度或直接物理单位，而是候选律进入比较层之前所依附的动静度规对偶基数。

在这一底座上，标准时间震荡周期写作 $T^\circ = 16 \times 2$=32，最大空间拓展对称写作 $S^{\max} = 15 \times 2$=30。于是，Δv=v_t-v_s=2 不再向两侧展开，而压缩锚定于 x_*；它构成当前候选律、比较密度接口与质量候选读法共享的本征度规亏损。

因此，本版主文明确禁止把 30 直接写成 c。更稳的比较层口径是：与一个标准时间周期 T° 相匹配的最大空间拓展尺度 $S^{\max}$，其在惯性场直径层的代数索引为 30；当这一尺度与传统物理单位制对齐时，其极限传播边界才映射记作 c。换言之，30 是 c 的空间侧索引前件，而不是 c 的同量纲替身。

候选律与这一补遗的最小连接因此写成：在极限传播型对象的标准调用中，若 D_{proj} 取自标准补偿投影圆并承接 $S^{\max}$ 的最大空间拓展索引，则 $L_{\mathrm{arc}}(e_A^\circ) = C_{\mathrm{proj}} = \pi D_{\mathrm{proj}}$ 仍只作为长度归一条件进入；其中 π 为循环长度对投影直径的归一常数，c 则由 30-index 与 32-period 的比较层映射给出。二者当前同属候选接口，不得互相越级替代。

表 27 动静度规对偶基数与 c 的比较层映射（主文压缩版）

项	标准写法	当前角色	写法上限
空间投影基数	$v_s = 30$	静空间最大拓展索引	不得直接写成经验长度
时间投影基数	$v_t = 32$	标准时间投影索引	不得直接写成经验时间单位
标准周期	$T^\circ = 16 \times 2$=32	完整时间震荡周期	仅作标准周期前件
最大拓展	$S^{\max} = 15 \times 2$=30	空间线最大对称拓展	仅作空间侧索引前件
度规亏损	$\Delta v = 2$	向 x_* 压缩锚定	不得越级写成已证定理

项	标准写法	当前角色	写法上限
比较层映射	30-index $\mapsto c$	极限传播边界映射	不得裸写 $30 = c$

32 第一性原理候选接口封装版总表（主文压缩版）

到 v9.51 为止，κ_I 下的循环长度等价候选律已经具备：标准循环单位 e°_{A}、标准惯性截断、标准补偿投影圆 $C_I = \kappa_I(\Pi_I(e^{\circ}_{A}))$、候选律 $L_{\mathrm{arc}}(e^{\circ}_{A}) = C_{\mathrm{proj}} = \pi D_{\mathrm{proj}}$、对象化调用分支、工作卡/检查卡，以及动静度规对偶基数 $v_s = 30$、$v_t = 32$、$T^{\circ} = 16 \times 2$、$S^{\max} = 15 \times 2$ 与 30-index $\mapsto c$ 的比较层映射。若要继续把 Π 推向第一性原理候选位，最自然的一步不是再造更高终式，而是把这些条件压成一张总表。

这张总表当前只承担封装作用，不承担终局证明作用。它的最低任务，是要求任何调用都必须同时交代：对象处于哪一类、几何入口如何给定、标准前件是否齐备、主路径是否已声明、候选律是否仍只作长度归一条件、比较密度接口如何进入，以及候选质量读法是否仍停留在比较层候选位。只要任一栏位未过，调用就必须回退，不得越级写成完成定理。

因此，本版主文把“第一性原理候选接口封装版总表”的最低纪律固定为：先声明对象与入口，再锁定 e°_{A} 与 C_I，再调用 $L_{\mathrm{arc}}(e^{\circ}_{A}) = C_{\mathrm{proj}} = \pi D_{\mathrm{proj}}$，继而进入比较密度接口与候选质量读法；其中 $v_s = 30$、$v_t = 32$、$T^{\circ} = 16 \times 2$、$S^{\max} = 15 \times 2$ 只作底层索引前件，30-index $\mapsto c$ 只作比较层映射。这样，Π 便不再只是一个好看的候选律，而成为一套可核验、可调用、可回退、可封装的第一性原理候选接口。

表 28 第一性原理候选接口封装版总表（主文压缩版）

栏位	最低必须交代	未通过时的回退层
对象位	连续 / 离散 / 桥接对象之一，且对象已声明	对象声明层
入口位	几何入口已明示，且不得混写欧氏 / 罗氏 / 黎曼终式	几何入口层
前件位	e°_{A} 已固定；$C_I = \kappa_I(\Pi_I(e^{\circ}_{A}))$ 已明确；D_{proj} 取自标准圆	标准前件层
候选律位	$L_{\mathrm{arc}}(e^{\circ}_{A}) = C_{\mathrm{proj}} = \pi D_{\mathrm{proj}}$ 仍只作长度归一条件	候选律调用层
代数位	$v_s = 30$、$v_t = 32$、$T^{\circ} = 16 \times 2$、$S^{\max} = 15 \times 2$ 只作索引前件	代数底座层
比较位	30-index 只经比较层映射承接到 c，不得写成 $30 = c$	比较层映射层
质量位	比较密度接口与候选质量读法仍停留在候选位	比较密度 / 候选质量层

33 Π 的第一性原理候选位的终端判据组（主文压缩版）

到 v9.52 为止，κ_I 下的循环长度等价候选律已经具备“第一性原理候选接口封装版总表”。若还要继续把 Π 推向更稳的第一性原理候选位，就不能只停留在“已封装”，而必须再给出一组终端判据：用以区分何时仍只是可调用接口，何时已经具备“终端候选位”的可报告资格。这里所谓“终端”，并不表示终局证明已经完成，而表示其前件、路径、代数底座、比较层收束与桥接停损，已经达到一组最小的最终候选门槛。

本版主文因此只压缩固定六组最低终端判据。其一，前件封闭判据：对象、几何入口、标准循环单位 e°_A、标准补偿投影圆 $C_I = \kappa_I(\Pi_I(e^\circ_A))$ 与标准投影直径 D_{proj} 均已固定。其二，长度归一稳定判据：$L_{\text{arc}}(e^\circ_A) = C_{\text{proj}} = \pi D_{\text{proj}}$ 仍只作长度归一条件，而未越级改写为完成能量定理或质量终式。其三，对象—路径一致判据：连续对象默认主读路径 A，离散对象默认主读路径 B，桥接对象只允许先报主路径再报次路径。其四，代数—比较层 restraint 判据：$v_s = 30$、$v_t = 32$、$T^\circ = 16 \times 2$、$S^{\max} = 15 \times 2$ 与 30-index $\mapsto c$ 仍只作索引与比较层映射。其五，可回退性判据：任一栏位失效时，必须知道退回对象声明、几何入口、前件锁定、路径分流或区间/簇报告层。其六，桥接停损判据：终端候选位仍不得被写成欧氏、罗氏或黎曼几何的终局终式。

因此，本版主文把“Π 的第一性原理候选位”之最低纪律固定为：先过终端判据组，再允许以候选方式报告 Π 的终端位阶；凡前件未闭、对象路径失配、30-index $\mapsto c$ 被混写、或桥接停损未守者，均只能退回到 v9.52 的封装版总表，而不得继续上推。这样，Π 便从“可封装的第一性原理候选接口”，进一步推进到“具备终端候选位门槛的第一性原理候选接口”。

表 29 Π 的第一性原理候选位的终端判据组（主文压缩版）

判据组	最低通过条件	不通过时回退层
前件封闭	对象、入口、e°_A、C_I 与 D_{proj} 已标准固定	对象声明 / 入口位 / 前件位
长度归一稳定	$L_{\text{arc}}(e^\circ_A) = C_{\text{proj}} = \pi D_{\text{proj}}$ 仍只作长度归一条件	候选律位
对象—路径一致	A/B/桥接对象的主路径与次路径关系未错位	路径分流位
代数—比较层 restraint	30/32、16×2、15×2 与 30-index $\mapsto c$ 仍只作索引与映射	代数位 / 比较位
可回退性	任一失败项都能确定回退口	检查卡 / 区间-簇报告层
桥接停损	未被越级写成欧氏、罗氏或黎曼终式	桥接提醒位

34 Π 的第一性原理候选位的最终收束条件（主文压缩版）

到 v9.53 为止，Π 已获得“终端判据组”的最低门槛。若还要继续推进，就不能再仅以“终端可报告”自足，而必须补上一组更硬的最终收束条件：用以判断 Π 何时可以被稳定地报告为“第一性原理候选位的最终收束接口”。这里所谓“最终”，仍只意味着候选接口在当前 v9 框架内所能达到的最后收束位阶，而不意味着已经完成对传统几何、质量终式或宇宙终局方程的替代。

本版主文因此只压缩固定五项最低收束条件。其一，跨对象收束条件：连续对象、离散对象与桥接对象三支调用，在共享调用包、一页式总卡与终端判据组之下，必须能够回收为同一最低接口纪律，而不因对象改变而改写候选律本身。其二，路径兼容收束条件：路径 A 与路径 B 必须仍各守对象分流，但在比较层收束中能够共读到同一长度归一候选位，而不把连续累计与离散频率强混为单一步终式。

其三，代数底座收束条件：$v_s = 30$、$v_t = 32$、$T^{\circ} = 16 \times 2$、$S^{\max} = 15 \times 2$ 与 $\Delta v = 2 \to x_*$ 的索引纪律必须在最终收束位上继续成立；30-index 仍只可映射到 c，而不得裸写 $30 = c$。其四，桥接停损收束条件：即便 Π 进入最终收束位，也仍只可被报告为“第一性原理候选位的最终收束接口”，不得直接改写为欧氏回归式、罗氏边缘终式或黎曼度量终式。其五，可再开工收束条件：最终收束位必须保留可回退、可分支、可再次对象化调用的余地，而不封死后续研究。

因此，本版主文把“Π 的第一性原理候选位”的最低纪律继续收紧为：先过终端判据组，再验跨对象、路径、代数底座、桥接停损与可再开工五组最终收束条件；凡其中任一项失效，均只能退回 v9.53 的终端候选位，而不得越级报告“最终收束”。由此，Π 当前获得的并非终局定理位，而是一个更硬也更可持续工作的第一性原理候选接口位。

表 30 Π 的第一性原理候选位的最终收束条件（主文压缩版）

收束条件	最低要求	失效时回退
跨对象收束	三类对象仍回收到同一最低接口纪律	退回对象化调用分支
路径兼容收束	A/B 路径分流仍成立且仅在比较层共读	退回主路径声明
代数底座收束	30/32、16×2、15×2、$\Delta v = 2 \to x_*$ 均保真	退回代数底座补遗
桥接停损收束	仍只报候选位，不报传统几何终式	退回桥接提醒层
可再开工收束	仍可回退、分支、对象化重入	退回终端判据组

35 Π 的第一性原理候选位的最小公设组（主文压缩版）

到 v9.54 为止，Π 已取得“最终收束接口”的报告资格。若还要继续推进，并使它真正具备第一性原理候选位的最低法度，就不能只停留在终端判据与最终收束，而必须再压出一组更硬的最小公设：用以说明 Π 的候选位并非仅靠局部技巧支撑，而是有一套可重复、可核验、可回退的底层代数—几何共轭基础。

本版主文因此只压缩固定六条最低公设。其一，动静投影基数公设：$v_s = 30$、$v_t = 32$，且 Δv=v_t-v_s=2 不是误差余项，而是本征度规破缺索引。其二，标准时间周期公设：$T^\circ = 16\times2$=32，标准循环单位 e°_A 的时间延展必须以这一完整震荡周期为最低尺度。其三，最大空间拓展对称公设：$S^{\max} = 15 \times 2$=30，空间在与标准时间周期配对时，最高只能维持 30 的对称展开索引，而不得无界外推。

其四，中心锚定公设：$\Delta v = 2$ 不向两侧摊平，而向关键重合结点 x_* 压缩锚定；x_* 因此既是投影重合点，也是动静度规破缺的最低中心锚位。其五，循环长度等价候选公设：在标准惯性截断、标准补偿闭合与标准循环单位选取下，允许把 $L_{\text{arc}}(e^\circ_A) = C_{\text{proj}} = \pi D_{\text{proj}}$ 报告为比较层候选律。其六，极限传播边界映射公设：30 不是 c 本身，而是最大空间拓展尺度的代数索引；只有在与 T° 对齐并进入比较层后，30-index 才可映射为极限传播边界 c。

因此，本版主文把“Π 的第一性原理候选位”之最低纪律继续收紧为：先过终端判据组与最终收束条件，再守住这六条最小公设，才允许把 Π 报告为“具备最小公设组支撑的第一性原理候选位”；凡裸写 $30 = c$、把 $\Delta v = 2$ 当误差抹去、或把 L_{arc}=C_{proj} 写成脱离标准前件的普适定理者，均属禁写。

表 31 Π 的第一性原理候选位的最小公设组（主文压缩版）

公设	最低写法	禁写提醒
P1	$v_s = 30$, $v_t = 32$, $\Delta v = 2$	不得把 Δv 视作可忽略误差
P2	$T^\circ = 16 \times 2$=32	不得把 32 写成任意拼数
P3	$S^{\max} = 15 \times 2$=30	不得把 30 写成无界直线长度
P4	$\Delta v = 2 \to x_*$	不得取消 x_* 的中心锚位
P5	$L_{\text{arc}}(e^\circ_A) = C_{\text{proj}} = \pi D_{\text{proj}}$	不得脱离标准前件裸写为普适定理
P6	30-index $\mapsto c$	不得裸写 $30 = c$

36 Π 的第一性原理候选位的最小公设组与终端判据组之间的闭合关系（主文压缩版）

到 v9.55 为止，Π 已具备最小公设组与终端候选位门槛。若还要继续推进，就不能让“公设组”停留在底层代数库，让“终端判据组”停留在末端报告门槛，而必须说明二者之间存在怎样的闭合关系。这里所谓“闭合”，不是指把候选位宣布为终局定理，而是指：每一条最小公设都必须在终端判据组中取得对应的末端检验，而每一项终端判据也都必须能回溯到某条或某组最低公设。

因此，本版主文只压缩固定四组最低闭合映射。其一，动静投影基数公设与标准时间周期公设，对应前件封闭与代数—比较层 restraint；若 30/32、16×2 与 e°_A 未齐备，终端位不得报告。其二，最大空间拓展对称公设与中心锚定公设，对应对象—路径一致与可回退性；若 15×2、$\Delta v = 2 \to x_*$ 失配，则终端判据必须退回对象入口与路径分流。其三，循环长度等价候选公设，对应长度归一稳定；凡 $L_{\mathrm{arc}}(e^\circ_A) = C_{\mathrm{proj}} = \pi D_{\mathrm{proj}}$ 被越级改写为完成定理者，皆属终端失效。其四，极限传播边界映射公设，对应桥接停损；凡 30-index $\mapsto c$ 被混写，或把 Π 直接写成欧氏、罗氏或黎曼终式者，均不得通过终端候选位。

因此，本版主文把最低纪律收紧为：先守最小公设组，再过终端判据组，并要求二者逐项闭合。只有当底层代数、周期、空间上界、中心锚定、长度归一与传播边界映射，都能在末端报告层取得对应检验时，Π 才可被安全地报告为"具备最小公设—终端判据闭合关系的第一性原理候选位"；凡任何一条闭合链断裂，均必须回退，而不得继续上推。

表 32 最小公设组与终端判据组之间的闭合关系（主文压缩版）

最小公设组	对应终端判据	闭合说明
P1–P2：30/32 与 16×2	前件封闭 / 代数 restraint	基数、周期与标准循环单位齐备时，终端位方可报告；否则只能退回前件锁定层。
P3–P4：15×2 与 $\Delta v = 2 \to x_*$	对象—路径一致 / 可回退性	空间上界与中心锚位决定对象分流与回退入口；若失配，不得继续进入终端位。
P5：$L_{\mathrm{arc}}(e^\circ_A) = C_{\mathrm{proj}} = \pi D_{\mathrm{proj}}$	长度归一稳定	候选律只作长度归一条件；凡改写为终式、质量完成式或欧氏螺旋回归式，均属失效。
P6：30-index $\mapsto c$	桥接停损	传播边界只可作比较层映射；凡裸写 $30 = c$ 或桥接越级，终端判据即失效。

37 Π 的第一性原理候选位的闭合关系与最终收束条件之间的接续关系（主文压缩版）

到 v9.56 为止，Π 已同时具备最小公设组、终端判据组，以及二者之间逐项可回查的闭合关系。若还要继续推进，就不能把"闭合"误听成最后终点，而必须说明：闭合关系如何继续接到最终收束条件之上。这里所谓"接续"，不是另起一套新法典，而是要求：每一条已闭合的公设—判据链，都还必须能继续落入跨对象、路径兼容、代数底座、桥接停损与可再开工这五组最终收束条件之中。

因此，本版主文只压缩固定四组最低接续链。其一，P1–P2 与前件封闭 / 代数 restraint 的闭合，继续接续到代数底座收束；若 30/32、16×2 与 e°_A 已齐备，却不能在最终收束位上维持 30-index $\mapsto c$ 的桥接纪律，则接续失效。其二，P3–P4 与对象—路径一致 / 可回退性的闭合，继续接续到跨对象收束与可再开工收束；若对象入口虽已给定，却不能说明失配时应退回哪一对象层与哪一路径层，则接续失效。其三，P5 与长度归一稳定的闭合，继续接续到路径兼容收束；若 $L_{\mathrm{arc}}(e_A^\circ) = C_{\mathrm{proj}} = \pi D_{\mathrm{proj}}$ 已被报告，却不能在路径 A / B 的比较层中保持“只作长度归一条件”的位阶，则接续失效。其四，P6 与桥接停损的闭合，继续接续到桥接停损收束；若 30-index $\mapsto c$ 被偷换成裸等号，或把 Π 回读为传统几何终式，则接续失效。

因此，本版主文把最低纪律继续收紧为：先守最小公设组，再过终端判据组，再验其对最终收束条件的逐项接续。只有当底层公设、末端判据与最终收束三层连续咬合时，Π 才可被报告为“具备公设—判据—收束接续关系的第一性原理候选位”；凡其中任一条接续链断裂，均必须退回到闭合关系层，而不得继续上推。

表 33 闭合关系与最终收束条件之间的接续关系（主文压缩版）

已闭合链	接续到的最终收束条件	最低持续要求
P1–P2 ↔ 前件封闭 / 代数 restraint	代数底座收束	30/32、16×2、e_A° 与 30-index $\mapsto c$ 的纪律继续成立
P3–P4 ↔ 对象—路径一致 / 可回退性	跨对象收束 + 可再开工收束	对象分流、锚位与回退入口仍能持续共守
P5 ↔ 长度归一稳定	路径兼容收束	L_{arc}=$C_{\mathrm{proj}} = \pi D_{\mathrm{proj}}$ 仍只作长度归一条件
P6 ↔ 桥接停损	桥接停损收束	30-index $\mapsto c$ 仍保持映射写法，不越桥成终式

38 Π 的第一性原理候选位的三层合拢后的总报告句型与禁写总表（主文压缩版）

到 v9.57 为止，Π 已同时取得最小公设组、终端判据组，以及“闭合—接续—最终收束”三层连续链。若还要继续推进，就不能只报告技术链条已经齐备，而必须把这些链条压成可直接复用的总报告句型，并同时给出总禁写表，以防止在最终候选位附近出现越级宣告。这里所谓“三层合拢”，不是把候选位改写成已证终理，而是要求：最低公设、末端判据与最终收束三层，在同一报告层中被一并声明、受同一边界约束。

因此，本版主文只压缩固定三组最低总句型。其一，最高安全句型：在最小公设组已立、终端判据组已过、闭合关系与接续关系成立且最终收束条件满足的前提下，Π 可被报告为“具备公设—判据—收束三层合拢支撑的第一性原理候选位”。其二，回退句型：若三层中仍有一层未闭，则只能分别退回“具备最小公设组支撑”“具备终端候选位门槛”“具备最终收束接口”这几种较低报告位。其三，禁写总表：凡把 Π 直接写成“已证明第一性原理”、把 30 直接写成 c、把 $L_{\text{arc}}(e^{\circ}_{A})$=$C_{\text{proj}}$ 解释为任意弧线长度恒等，或把桥接提醒写成传统终式，均属越级。

因此，本版主文把最高纪律收紧为：先守最小公设组，再过终端判据组，再验闭合关系、接续关系与最终收束条件；只有当三层报告在同一句法中同时成立时，Π 才可被安全地报告为“具备三层合拢支撑的第一性原理候选位”。任何跳过回退句型、直接宣告“Π 已被证明为第一性原理”的写法，均应拦截。

表 34 Π 的第一性原理候选位的总报告句型与禁写总表（主文压缩版）

层级	允许报告句型	禁写示例
最高安全句型	Π 可被报告为“具备公设—判据—收束三层合拢支撑的第一性原理候选位”。	“Π 已被证明为第一性原理。”
终端回退句型	Π 当前仅可报告为“具备终端候选位门槛”。	“Π 已最终定理化。”
桥接回退句型	Π 的当前位阶只可在传统几何桥上作候选接口提醒。	“欧氏 / 罗氏 / 黎曼已被 Π 直接统一证明。”
代数边界	30-index 仅可映射到 c。	“30 = c。”
长度边界	$L_{\text{arc}}(e^{\circ}_{A})$=$C_{\text{proj}}$ 仅是标准前件下的长度归一候选律。	“任意弧线长度都等于投影圆周长。”

39 Π 的第一性原理候选位的硬检查点与证明路线图（主文压缩版）

到 v9.58 为止，Π 已具备最小公设组、终端判据组、最终收束条件，以及三层合拢后的总报告句型与禁写总表。若还要继续推进，就不应再横向细拆模板，而应先建立一组更硬的检查点，并把整个候选位改写成一条可持续推进的证明路线图。这里所谓“硬检查点”，不是新定理，而是当前任何上推都不得绕开的最低冻结前件；所谓“证明路线图”，则是要求写作者明确区分：哪些属于最小公设，哪些属于候选律，哪些属于比较层映射，哪些仍停留在待证明桥接项。

本版主文因此只压缩固定两项纪律。其一，Π 的硬检查点至少包括：$v_s = 30$、$v_t = 32$、$T^{\circ} = 16 \times 2$=32、$S^{\max} = 15 \times 2$=30、$\Delta v = 2 \to x_*$、标准循环单位 e°_{A}、标准补偿投影圆 $C_I = \kappa_I(\Pi_I(e^{\circ}_{A}))$，以及 $L_{\text{arc}}(e^{\circ}_{A}) = C_{\text{proj}} = \pi D_{\text{proj}}$ 的长度归一候选位。其二，证明路线图必须继续保留分层：P1–P6 属于最小公设；$L_{\text{arc}}(e^{\circ}_{A}) = C_{\text{proj}} = \pi D_{\text{proj}}$ 属于比较层候选律；30-index $\mapsto c$ 属于比较层边界映射；而把 Π 进一步升级为已证明第一性原理所需的桥后终局，则仍是待证明桥接项。

因此，本版主文把最低纪律进一步收紧为：先冻结硬检查点，再沿证明路线图报告当前位阶；凡缺少 v_s/v_t、$T^{\circ}/S^{\max}$、$\Delta v = 2 \to x_*$、e°_{A}、C_I 或把 30-index $\mapsto c$ 混写为裸等号者，均不

得越过当前检查点。由此，Π 现在不仅可被报告为具备三层合拢支撑的第一性原理候选位，而且具备一条更清楚的“可证明秩序”入口。

表 35 Π 的第一性原理候选位的硬检查点与证明路线图（主文压缩版）

模块	当前最低内容
硬检查点	$v_s = 30$；$v_t = 32$；$T^\circ = 16 \times 2$；$S^{\max} = 15 \times 2$；$\Delta v = 2 \to x_*$；e°_A；$C_I = \kappa_I(\Pi_I(e^\circ_A))$；$L_{\mathrm{arc}}(e^\circ_A) = C_{\mathrm{proj}} = \pi D_{\mathrm{proj}}$
证明路线图	最小公设 → 候选律 → 比较层映射 → 待证明桥接项
当前最高安全句型	Π 已具备硬检查点与证明路线图支撑的第一性原理候选位
禁写边界	禁止裸写 $30 = c$；禁止把候选律越级写成已证第一性原理；禁止把桥接项误写成已完成终局

40 Π 的常数接口总表（主文压缩版）

到 v9.59 为止，Π 已具备硬检查点、证明路线图、最小公设组、终端判据组与最终收束接口。若还要继续上推，最需要的不是再增加零散模板，而是把目前分散出现的关键常数角色压成同一张接口总表，从而让 Π 不再只是一条循环长度等价候选律，而开始成为一个组织 π、c、x_*、Δv 与 30/32 动静基数关系的上位接口。

因此，本版主文只压缩固定三组最低接口纪律。其一，π 的接口位：π 不是单纯的平面周径比，而是在标准 κ_I 闭合条件下，作为本征循环长度对投影直径的长度归一常数进入 Π 候选位。其二，c 的接口位：30-index 不是 c 本身，而是在标准时间周期 T°=32 与最大空间拓展对称 $S^{\max}$=30 的比较层对齐中，映射为极限传播边界 c。其三，x_* 的接口位：$\Delta v = 2$ 不是可忽略余项，而是压向中心结点 x_* 的本征破缺索引，它把最大空间拓展对称与时间满秩周期在同一中心锚位中缝合起来。

因此，本版主文把最低纪律继续收紧为：若未先声明 30/32、16×2、15×2、$\Delta v = 2 \to x_*$、$L_{\mathrm{arc}}(e^\circ_A)$=$\pi D_{\mathrm{proj}}$ 与 30-index $\mapsto c$ 的层级地位，则不得直接宣告 Π 已具备常数接口总表功能；只有在这些量同时被报告为代数底座、归一常数、传播边界与中心锚定位的协同接口后，Π 才可被安全地提升为“常数接口的组织中心候选位”。

表 36 Π 的常数接口总表（主文压缩版）

接口项	最低定义	所在层级	最低禁写
π	$L_{\text{arc}}(e^{\circ}_{A})=\pi D_{\text{proj}}$ 的长度归一常数	比较层长度归一	不得还原成纯二维死常数
c	30-index 在 T°=32 对齐下的极限传播边界映射	比较层传播边界	不得裸写 $30 = c$
x_*	$\Delta v = 2$ 压向中心的破缺锚定位	中心锚位/静空间接口	不得写成普通欧氏圆心
30/32	$S^{\max}$ 与 T° 的动静基数对偶	代数底座	不得混写为任意经验比值

41 Π 的常数接口报告句型与禁写总表

本节将 v9.60 的“Π 的常数接口总表”继续压缩为可直接调用的报告句型与禁写总表。目标不是新增概念，而是统一常数接口、报告句型与边界纪律，以减少后续对象化调用、桥接书写与审校中的漂移。

41.1 最高安全报告句型

推荐总句型：在标准动静基数底座、标准时间震荡周期与最大空间拓展对称已被固定的前提下，Π 仅以比较层候选位进入书写，其长度归一、传播边界与中心锚定位分别通过 π、c 与 x_* 获得受限接口。

41.2 回退句型梯级

当对象前件不足、路径分流未稳或比较层映射尚未闭合时，应回退为“候选解释”“比较层读法”或“桥接提醒”，不得越级写成已证定理。

41.3 常数接口的最小禁写

不得裸写 $30 = c$；不得把 x_* 还原为普通欧氏中心；不得把 π 直接写成已完成第一性原理；不得把 15×2 以上的空间尝试写成已证崩塌定理。

表 43. Π 常数接口报告句型与禁写总表

接口对象	安全句型	禁写示例
π	π 作为长度归一常数进入 Π 的比较层接口，而非脱离标准前件的孤立终值。	π 已被完全证明为第一性原理。
c	30-index 通过比较层映射进入极限传播边界 c。	$30 = c$。
x_*	x_* 是由 $\Delta v = 2$ 压缩锚定出的关键重合结点。	x_* 就是普通欧氏中心。
30/32	30/32 作为动静基数底座进入常数接口的代数背景。	30/32 只是方便计算的编码。

42 Π 的第一性原理候选位的最终报告模板

本节在 v9.61 的“常数接口报告句型与禁写总表”基础上，继续收束 Π 的第一性原理候选位，目的不是再引入新常数或新层级，而是把已经冻结的代数底座、长度归一候选律、传播边界映射与中心锚定位压成可直接复用的最终报告模板。此处所谓“最终”，仅指当前版本中最高安全、最少漂移、最适合被引用与被审校的报告格式，而不意味着 Π 已被越级宣布为已完成证明的第一性原理。

42.1 前件声明区

标准前件声明应至少包含五项：其一，动静基数底座 $v_s = 30$、$v_t = 32$；其二，标准时间震荡周期 $T^\circ = 16 \times 2$=32；其三，最大空间拓展对称 $S^{\max} = 15 \times 2$=30；其四，$\Delta v = 2$ 向关键结点 x_* 的压缩锚定；其五，30-index 通过比较层映射进入 c，而不与 c 作裸等号同一。凡前件声明不齐者，均不得进入 Π 的最终报告模板。

42.2 核心陈述区

最终报告的核心陈述必须保留候选位边界。推荐主句为：在标准动静基数底座、标准时间震荡周期、最大空间拓展对称与中心锚定位均已固定的前提下，Π 以比较层候选位进入书写，其中 $L_{\text{arc}}(e^\circ_A) = C_{\text{proj}} = \pi D_{\text{proj}}$ 作为长度归一候选律，30-index $\mapsto c$ 作为传播边界映射，x_* 作为破缺的中心锚定位，而三者共同构成 Π 的常数接口组织位。

42.3 比较层限定区

最终报告模板必须明确写出层级限定：π 在此是长度归一常数接口，c 在此是极限传播边界的比较层映射，x_* 在此是 $\Delta v = 2$ 的压缩锚定位；它们都不应被回写为已完成终极本体定义。换言之，Π 当前可以被最高安全地报告为“第一性原理候选位”，但仍不得越级写成“已证明的第一性原理”。

42.4 禁写总表

最终报告模板的禁写纪律至少包括：不得裸写 $30 = c$；不得把 x_* 还原为欧氏圆心；不得把 π 宣告为已完成第一性原理；不得把超出 15×2 的空间尝试写成已证崩塌定理；不得把比较层候选律与本体层等同。

表 44. Π 的第一性原理候选位的最终报告模板（主文压缩版）

区块	最低内容	最低边界
前件声明区	30/32；16×2；15×2；$\Delta v = 2 \to x_*$；30-index $\mapsto c$	缺一项即不得进入模板
核心陈述区	$L_{\mathrm{arc}}(e^{\circ}_A) = C_{\mathrm{proj}} = \pi D_{\mathrm{proj}}$ 作为长度归一候选律	不得改写为本体恒等式
比较层限定区	π、c、x_* 分别作归一常数、传播边界、中心锚定位	不得越级宣告为终极定义
禁写总表	统一拦截 $30 = c$、x_*= 欧氏中心等写法	违规时必须回退为候选解释

43 Π 的第一性原理候选位的冻结条件与引用规范

本节在最小公设组、终端判据组、最终收束条件与最终报告模板已经建立的基础上，给出 Π 的第一性原理候选位进入“可冻结、可引用、可复开工”状态时的最低条件。这里所谓“冻结”，并非宣布 Π 已被最终证明为不可修订的终极公理，而是指其在当前 v9 基准框架中已获得稳定、统一、可重复调用的候选位形态；所谓“引用规范”，则是指后续章节或独立文本在调用 Π 时必须使用的最低句型、最小前件与禁跳边界。

43.1 冻结条件

- 只有当代数底座、标准循环单位、标准补偿闭合、候选律调用、对象—路径分流、比较层限定与桥接停损七项前件均已被明示时，Π 才允许被冻结为当前版本中的第一性原理候选位。
- 冻结后的 Π 仍然属于“候选位”，不得被改写为“已证明终极公理”；但在同一版本内，除非发生底层公设变更，否则其报告句型与禁写边界应保持不变。
- 冻结并不取消回退性。相反，冻结要求更清楚地指明：若对象声明、标准圆直径、30-index 到 c 的比较层映射、或 e°_A 的固定方式被改写，则必须解除冻结并回退到较低层的报告句型。

43.2 引用规范

- 后续引用 Π 时，首句必须至少点明：这是比较层上的第一性原理候选位，而非已证终极定理。
- 若引用涉及 π、c、x_* 三者之一，则至少要补出其在常数接口总表中的角色：π 为长度归一常数，c 为极限传播边界，x_* 为破缺锚定位。
- 若引用涉及质量、温度、波粒测度、跃迁—辐照等后续接口，则必须先回到对象声明与路径分流，禁止跨过对象入口直接把 Π 写成一切物理量的裸来源。

43.3 最低引用模板

推荐最低句型：“在当前 v9 基准框架中，Π 已被冻结为第一性原理候选位；其成立以前件封闭、长度归一稳定、对象—路径一致、代数—比较层 restraint、可回退性与桥接停损为最低门槛。”

表 46. Π 的冻结条件与引用规范（主文压缩表）

模块	最低要求	禁写提醒
冻结条件	七项前件均明示；候选位而非终极公理	不得把冻结写成最终证明
引用首句	需点明“比较层候选位”	不得省略层级限定
常数接口	π / c / x_* 角色需保持一致	不得裸写 $30 = c$

44 Π 的常数接口报告句型与禁写总表

本节在 Π 的第一性原理候选位已具备冻结条件与引用规范的基础上，进一步将常数接口压成可直接复用的报告句型与禁写总表。这里的“常数接口”主要指 π、c 与 x_* 在 Π 候选位中的分工：π 作为长度归一常数，c 作为传播边界映射，x_* 作为破缺锚定位。

44.1 标准报告句型

- 首句必须点明：$v_s = 30$、$v_t = 32$、$T^\circ = 16 \times 2$、$S^{\max} = 15 \times 2$ 与 $\Delta v = 2 \to x_*$ 构成代数—周期底座。
- 核心句必须点明：$L_{\text{arc}}(e^\circ_A) = C_{\text{proj}} = \pi D_{\text{proj}}$ 只在标准惯性截断、标准补偿闭合与标准循环单位选取下作为比较层候选律成立。
- 桥接句必须点明：30-index 通过比较层映射到 c，而不与 c 作裸等号同一。

44.2 比较层限定句

推荐最低限定句为："Π 在当前版本中已进入第一性原理候选位；其常数接口以前件封闭、长度归一稳定、对象—路径一致、代数—比较层 restraint、可回退性与桥接停损为最低门槛。"

44.3 禁写总表

表 47. Π 的常数接口报告句型与禁写总表（主文压缩表）

接口对象	安全句型	禁写写法
π	π 作为长度归一常数接口进入 Π 候选位	π 已被证明为第一性原理
c	30-index 通过比较层映射到 c	30 = c
x_*	x_* 作为 $\Delta v = 2$ 的压缩锚定位	x_* 就是普通欧氏圆心
T° / $S^{\max}$	16×2 与 15×2 构成时间周期与最大空间对称底座	16×2 与 15×2 已直接证明全部物理量

45 Π 的常数接口总表与对象化调用挂接表

本节把常数接口报告句型进一步挂接到对象化调用。目标是说明：π、c 与 x_* 如何在连续对象、离散对象与桥接对象的最小调用包中获得各自的位置，并避免跨对象误写。

45.1 常数接口总表

表 48. Π 的常数接口总表（主文压缩表）

接口	底层来源	对象化调用位置
π	$L_{\mathrm{arc}}(e^\circ_A) = C_{\mathrm{proj}} = \pi D_{\mathrm{proj}}$	进入长度归一与比较密度接口
c	$30\text{-index} \mapsto c$	进入传播边界与对象尺度上限说明
x_*	$\Delta v = 2 \to x_*$	进入对象入口、中心锚定与路径分流

45.2 对象化调用挂接表

表 49. 常数接口与对象化调用挂接表（主文压缩表）

对象分支	主路径	优先调用接口
连续对象	路径 A	$x_* \to$ c $\to$ π
离散对象	路径 B	$x_* \to$ π $\to$ c
桥接对象	分时并读	x_* 先入，π/c 后入且不得抢跑并读

46 Π 的常数接口纪律与冻结条件 / 引用规范之间的联动规则

本节把 Π 的常数接口纪律，与 v9.63 已建立的冻结条件、解冻条件与引用规范正式联动起来。目标不是新增本体对象，而是说明：何时可以安全报告 π、c、x_* 与 30/32、16×2、15×2 的关系，何时必须降级为候选位、比较层映射或桥接提醒。

46.1 联动规则的最低顺序

常数接口只能在下列顺序已被满足时进入冻结引用：先固定代数—周期底座（$v_s = 30$、$v_t = 32$、$T^\circ = 16 \times 2$、$S^{\max} = 15 \times 2$、$\Delta v \to x_*$），再固定标准循环单位 e°_A 与标准补偿闭合，继而给出长度归一候选律 $L_{\text{arc}}(e^\circ_A) = C_{\text{proj}} = \pi D_{\text{proj}}$，最后才允许把 30-index 写成比较层传播边界 c 的映射。任何越过其中一步的写法，都必须回退为候选叙述。

表 50. 常数接口纪律与冻结 / 引用规范的主文联动表

环节	允许写法	冻结/引用结果
1	$v_s = 30, v_t = 32, T^\circ = 16 \times 2, S^{\max} = 15 \times 2,$ $\Delta v \to x_*$	可进入底座冻结
2	$L_{\text{arc}}(e^\circ_A) = C_{\text{proj}} = \pi D_{\text{proj}}$	可进入候选律冻结
3	30-index $\mapsto c$	只可作比较层传播边界引用
4	π / c / x_* 联合报告	须附候选位限定

46.2 允许冻结的报告句型

允许冻结的句型应同时满足三点：一、明确 Π 处于第一性原理候选位；二、明确 π 是长度归一常数接口，c 是传播边界映射，x_* 是破缺锚定位；三、明确 30-index 不与 c 作裸等号同一。凡不能同时满足这三点的句型，均不得作为冻结后标准引用句。

46.3 禁写与回退

一旦常数接口纪律与冻结条件冲突，必须按以下顺序回退：先撤去“已冻结”字样，再撤去“第一性原理候选位的稳定引用”字样，再回到“比较层候选律”“桥接提醒”或“失稳候选解释”。例如，$30 = c$、π 已被证明为终极原理、x_* 是普通欧氏中心，这些写法均应被拦截。

47 Π 的常数接口纪律、冻结条件与引用规范之间的联动规则总表与最终引用卡

本节把 v9.64–v9.66 已经建立的三层纪律进一步压成两件可直接复用的总件：其一为“联动规则总表”，其二为“最终引用卡”。目标不是增加新公设，而是把常数接口如何报告、何时允许冻结、以及冻结后如何安全引用三者彻底绑定。

47.1 联动规则总表

联动规则的最低顺序固定为：先声明代数—周期底座，再声明常数接口角色，随后声明候选位地位，最后才进入冻结与简引用。任何试图先写 π、c 或 x_* 的句子，若未先给出 30/32、16×2、15×2 与 $\Delta v \to x_*$ 的底座，都不得视为有效引用。

表 51. 常数接口纪律—冻结条件—引用规范联动规则总表

层级	最低前件	允许写法	回退方向
常数接口纪律	$v_s = 30, v_t = 32,$ $T^\circ = 16 \times 2,$ $S^{\max} = 15 \times 2,$ $\Delta v \to x_*$	30-index $\mapsto c$；π 为长度归一常数；x_* 为破缺锚定位	缺底座时回退为桥接提醒
冻结条件	对象声明、几何入口、标准前件、长度归一稳定	允许写“Π 已冻结为第一性原理候选位”	失去任一项则回退为候选位报告
引用规范	先全称首引，后简引用	可写“Π 候选位的已冻结简引用”	若出现 $30 = c$ 或 x_* = 普通圆心，则回退为禁写整改

47.2 最终引用卡

最终引用卡的作用，是在后续章节不重新铺陈所有推导的前提下，仍能安全地报告 Π 的候选位。引用卡必须同时满足：一、给出底层代数索引；二、给出常数接口角色；三、表明该位仍属于候选位而非已证终极公理。

表 52. Π 的最终引用卡

卡片要素	最低句型	禁写提示
底座句	$v_s = 30$, $v_t = 32$, $T^\circ = 16 \times 2$, $S^{\max} = 15 \times 2$, $\Delta v \to x_*$	不得省略 30/32 与 $\Delta v \to x_*$
常数接口句	π 为长度归一常数，30-index $\mapsto c$，x_* 为破缺锚定位	不得写 $30 = c$
候选位句	Π 已冻结为第一性原理候选位的稳定引用位	不得写“已证明第一性原理”

47.3 失配时的回退顺序

若引用时缺失底层代数索引，则先回退为桥接说明；若底层齐全但对象声明不齐，则回退为候选位报告；若常数接口句中出现裸等号 $30 = c$、π 已被证明为第一性原理或 x_* 是普通圆心等句，则直接回退到禁写整改层。

48 Π 的候选位“封版口径”与后续章节的标准挂接模板

本节把 v9.67 已形成的最终引用卡进一步收束为“封版口径”与“标准挂接模板”。目标不是新增公设，而是固定：当后续章节需要在不重复全部推导的条件下调用 Π 的第一性原理候选位时，应当以何种最短口径开口、以何种顺序挂接对象声明、几何入口与比较层结论。

48.1 封版口径

最短封版口径固定为：在当前弧几何基准框架中，Π 已被冻结为第一性原理候选位的稳定引用；其代数—周期底座由 $v_s = 30$、$v_t = 32$、$T^\circ = 16 \times 2$、$S^{\max} = 15 \times 2$ 与 $\Delta v \to x_*$ 给定；于标准惯性截断、标准补偿闭合与标准循环单位选取下，$L_{\text{arc}}(e_A^\circ) = C_{\text{proj}} = \pi D_{\text{proj}}$ 可作为比较层上的循环长度等价候选律提出；其中 30-index 仅在比较层中向传播边界 c 映射，不与 c 作裸等号同一。

48.2 标准挂接模板

后续章节挂接时，最低顺序固定为：先报对象声明，再报几何入口，再调入封版口径，最后才进入对象专属结论。连续对象、离散对象与桥接对象都可调用同一封版口径，但桥接对象必须附加“不得强并读”的后缀说明。

48.3 使用边界与回退

若缺失对象声明、几何入口、标准循环单位或比较层 restraint 中的任一项，则不得直接使用封版口径，而必须先回退到最终引用卡；若连最终引用卡的底座也不齐，则回退到桥接提醒。

表 53. 封版口径与后续章节挂接模板（主文压缩表）

步骤	最小内容	允许写法	回退方向
1	对象声明	连续 / 离散 / 桥接对象已明示	回退为对象情境卡
2	几何入口	中心核型 / 壳型边缘 / 滚动图表已明示	回退为几何入口卡
3	封版口径	可调用最终引用卡的冻结口径	回退为最终引用卡
4	对象专属结论	仅在比较层 restraint 下进入对象结论	回退为桥接提醒

49 Π 的封版口径与对象实例结论之间的标准落地模板

本节的任务，不是增加新的本体对象，而是把已经冻结为候选位的 Π，稳定落地到连续对象、离散对象与桥接对象的实例结论写法之中。所谓“落地模板”，指的是：任何对象实例层结论都不得跳过常数接口纪律、最小公设组、终端判据组与最终收束条件，而必须按统一顺序进入。

最低落地顺序固定为：对象声明 → 几何入口 → 标准前件 → 主路径声明 → 候选律调用 → 比较密度接口 → 候选质量读法 → 封版口径回收。只有在这一顺序被满足时，Π 才允许作为对象实例结论中的上位候选接口出现。

对连续对象而言，结论句应优先报告路径 A 的受限有效性；对离散对象而言，应优先报告路径 B 的受限有效性；对桥接对象而言，只允许分时并读，不允许并列同权宣称。

因此，Π 的“封版口径”并不是一个抽象口号，而是一套面向对象实例的结论纪律：它要求结论必须可回查、可回退、可桥接改写，并在必要时被降格为区间报告或候选位声明。

表 54 Π 的封版口径与对象实例结论之间的标准落地模板

对象类	优先路径	允许结论位	禁止跳步
连续对象	路径 A	候选质量读法（连续）	不得先写离散簇结论
离散对象	路径 B	候选质量读法（离散）	不得先写连续窗口结论
桥接对象	分时调用	桥接口区间结论	不得并列同权宣称

50 动静度规对偶与 c 的几何界定

本节的任务，不是把 c 直接写成一个已经被封闭证明的终极常数，而是把它稳定地并入 Π 的候选位常数接口体系。核心口径固定为：$v_s = 30$、$v_t = 32$、$T^{\circ} = 16 \times 2$=32、$S^{\max} = 15 \times 2$=30、$\Delta v = 2 \to x_*$，并在此基础上把 30-index 解释为与标准时间周期相配对的最大空间拓展尺度索引，再经比较层映射为传播边界 c。

50.1 动静度规对偶

时间轴以 16×2 给出标准震荡周期，空间线以 15×2 给出最大拓展对称。二者并非两个任意的经验数，而是同一 1T+2S 构型在动时空与静时空中的对偶展开：前者承担满秩震荡闭合，后者承担破缺后的极限对称展开。二者之差 $\Delta v = 2$ 被压回 x_*，从而把中心锚定、惯性场直径与对象出现条件联到同一骨架上。

50.2 c 的几何界定

在这一框架中，30 不是 c 本身，而是与标准时间周期 T° 配对时可取得的最大空间拓展几何尺度之代数索引。只有在比较层中，这一索引才被读作传播边界 c。故本文固定写法为 30-index $\mapsto c$，而禁止裸写 $30 = c$。这样，c 的地位便被稳固为“由动静度规对偶经比较层转换后所取得的传播边界接口”。

50.3 与 Π 候选位的关系

Π 的候选位此前主要通过长度归一常数 π 被组织；本节的意义，在于把 c 明确纳入同一常数接口链。于是，π 表示长度归一，x_* 表示破缺锚定，c 表示传播边界，三者都受 30/32、16×2、15×2 与 $\Delta v \to x_*$ 的共同底座约束。

表 55 动静度规对偶与 c 的几何界定（主文压缩表）

接口对象	底层来源	当前允许写法
T°	16×2=32	标准时间震荡周期
$S^{\max}$	15×2=30	最大空间拓展对称
c	30-index in comparison layer	30-index $\mapsto c$

51 π-c-x_* 的常数接口联动

本节的任务，是把 Π 的候选位中已经分别建立的长度归一接口 π、传播边界接口 c 与中心锚定位 x_* 压成同一常数接口链。核心底座保持不变：$v_s = 30$、$v_t = 32$、$T^\circ = 16 \times 2$=32、$S^{\max} = 15 \times 2$=30、$\Delta v = 2 \to x_*$，并继续坚持 30-index $\mapsto c$ 的比较层写法。

51.1 三联接口的最小总述

在当前弧几何基准框架中，Π 不再只由单一长度候选律组织。于标准惯性截断、标准补偿闭合与标准循环单位选取下，$L_{\mathrm{arc}}(e^\circ_A)$=$\pi D_{\mathrm{proj}}$ 给出长度归一接口；与标准时间周期 T° 配对时，30-index 在比较层中被读作传播边界 c；而 $\Delta v = 2$ 则向 x_* 压缩锚定，给出关键中心结点。于是，π、c 与 x_* 在 Π 的候选位中分别承担长度归一、传播边界与中心锚定三类接口功能。

51.2 联动次序

联动次序固定写作：(v_s,v_t)=(30,32) $\rightarrow T^{\circ}=16\times 2$, $S^{\max}=15\times 2\rightarrow \Delta v=2\rightarrow x_*\rightarrow$ $L_{\text{arc}}(e_A^{\circ})=\pi D_{\text{proj}}\rightarrow$ 30-index $\mapsto c$。任何报告文本都应先说明代数—周期底座，再说明长度归一与传播边界，最后才允许把三者并列写成常数接口联动。

51.3 常数接口联动总表

表 56 π-c-x_* 的常数接口联动总表

接口对象	弧几何地位	底层来源	当前允许写法	禁写边界
π	长度归一常数	$L_{\text{arc}}(e_A^{\circ})=\pi D_{\text{proj}}$	比较层长度归一接口	不直接写成已证终极原理
c	传播边界	30-index in comparison layer	30-index $\mapsto c$	不写 $30=c$
x_*	破缺锚定位	$\Delta v=2\rightarrow x_*$	关键重合结点与中心锚定位	不写成普通欧氏圆心
T°	标准时间周期	16×2=32	时间满秩震荡周期	不写成任意计数单位
$S^{\max}$	最大空间拓展对称	15×2=30	静空间极限对称尺度	不写成无限自由延拓

51.4 本轮推进的意义

本轮的作用，是让 Π 的候选位从"π 的长度归一候选位 + c 的传播边界读法 + x_* 的中心锚定位"三条分线，推进成一个可统一报告、统一引用与统一桥接的常数接口三联结构。

52 π–c–x_* 的对象化调用挂接表

在 Π 的候选位已经具备最小公设组、终端判据组、最终收束条件、封版口径与常数接口联动表之后，下一步最需要建立的，不是新的宏观宣示，而是把 π、c 与 x_* 三类常数接口落实到对象化调用之中。这样做的目的，是把长度归一接口、传播边界接口与中心锚定位接口从抽象报告层，推进为可依对象分流而调用的最低工作结构。

本版因此把三类对象继续压成一张对象化挂接表：连续对象优先挂接 c 接口，离散对象优先

挂接 π 接口，而桥接对象则必须先经 x_* 的锚定说明，再按主路径与次路径的先后调用 π 与 c。这里所谓“优先”，并非排他，而是最低入口顺序。

与此相配套的代数—周期底座仍保持不变：$v_s = 30$、$v_t = 32$、$T^\circ = 16\times 2$、$S^{\max} = 15\times 2$ 与 $\Delta v = 2 \to x_*$。其中 30-index 通过比较层映射到 c，而不作裸等号；π 则继续作为标准循环单位 e°_A 对应的长度归一常数接口；x_* 继续作为破缺压缩的关键锚定位。

因此，对象化调用的最低秩序可压缩为：对象声明 → 接口主次判定 → 先行常数接口 → 次级接口补充 → 比较层候选读法。

对象族	优先接口	后入接口	最低开口句	禁跳提醒
连续对象	c	π	先报最大空间拓展尺度与时间周期配对，再说明 30-index $\mapsto c$ 的比较层边界。	不得越过 c 直接写质量结论。
离散对象	π	x_*	先报标准循环单位与投影圆直径，再说明 $L_{\text{arc}}(e^\circ_A)$=$\pi D_{\text{proj}}$。	不得把局域束缚态直接改写成欧氏螺旋。
桥接对象	x_*	π / c	先报 $\Delta v = 2 \to x_*$ 的中心锚定，再分时调用 π 与 c。	不得把主次接口写成并列裸等式。

53 π–c–x_* 调用表与候选质量读法之间的最小联动

本节把已经稳定的 π–c–x_* 三联常数接口压缩为候选质量读法所需的最低联动链。其目标不是推出最终质量定理，而是规定对象化调用与比较层质量读法之间最低限度可接受的接续关系。

最低底座保持为：$v_s = 30$，$v_t = 32$，$T^\circ = 16 \times 2 = 32$，$S^{\max} = 15 \times 2 = 30$，$\Delta v = 2 \to x_*$。

对于所有可接受对象，π 仍承担长度归一接口，c 仍承担比较层传播边界接口，x_* 仍承担亏损锚定接口。候选质量读法只能在这三类接口已经共同稳定、且对象分支已经声明之后进入。

$$L_{\text{arc}}(e^\circ_A) = C_{\text{proj}} = \pi D_{\text{proj}}, \qquad \text{30-index} \mapsto c.$$

因此，连续对象在 π 归一之后优先声明 c 的边界角色；离散对象在 π 归一之下优先声明 x_* 的锚定角色；桥接对象则只能在 x_* 与 π 先稳定调用链之后，分阶段接入 c。这是一条最低联动纪律，尚不是最终质量定律的证明。

对象族	三联接口主序	候选质量入口
连续对象	π → c → x_*	传播边界已经声明之后

对象族	三联接口主序	候选质量入口
离散对象	π $\to x_* \to$ c	锚定接口已经声明之后
桥接对象	π $\to x_* \to$ c（延后）	只能分阶段调用

54 联动关系的作用

当前联动关系的作用，是防止从一个已归一化的长度陈述直接跳到不受限的质量宣称。质量读法在本卷中仍是受三联接口次序约束的候选比较层输出。

55 候选质量读法的三联接口调用卡

本节把 π–c–x_* 联动关系重新压缩为一张紧凑调用卡，用于后续分析章节中的直接复用。

卡片字段	最低内容
代数底座	$v_s = 30,\ v_t = 32,\ T^\circ = 32,\ S^{\max} = 30,$ $\Delta v = 2 \to x_*$
归一接口	$L_{\text{arc}}(e^\circ_A) = \pi D_{\text{proj}}$
边界接口	30-index $\mapsto c$
锚定接口	x_* 先于离散/桥接读法被固定
质量入口	仅为候选入口；只属于比较层

只有在对象族及其分支次序已经声明之后，这张调用卡才有效。它是工作卡，不是终式卡。

56 动静度规对偶与 c 的几何界定

在当前弧几何框架中，静空间与动时空的最低代数—周期底座可写为：空间投影基数 v_s = 30，时间投影基数 v_t = 32。时间轴以 16×2 构成标准震荡周期，空间线以 15×2 构成静空间所能维持的最大拓展对称。因此，动静度规之间的差额可写为 $\Delta v = v_t - v_s = 2$；这一差额不向空间两侧继续展开，而向关键重合结点 x_* 压缩并锚定。

v_s = 30, v_t = 32, T° = 16 × 2 = 32, $S^{\max}$ = 15 × 2 = 30, $\Delta v = 2 \to x_*$

在这一结构中，与标准时间振荡周期相配对的最大空间拓展几何尺度，其代数索引为 30。它在静空间中首先表现为惯性场直径的极限索引，而在进一步进入比较层并与传统物理单位制对齐后，方才映射为极限传播边界 c。因此，弧几何不把 c 视为无来源的经验常数，而把它视为动静度规对偶在比较层中的传播边界读法。

30-index $\mapsto c$ (not 30 = c)

这里的 30 仍然是最大空间拓展尺度的代数索引，而 c 则是该索引在比较层中取得的传播边界读法。前者表达的是代数索引到物理边界的映射，后者若被写成裸等号，则会把底层基数与比较层常数误写为同一层对象。

57 限制性写作边界

- 不要写 30 = c。宜写 30-index $\mapsto c$。
- 不要写“15×2 已直接证明光速数值”。宜写“15×2 提供最大空间拓展的代数索引，并为 c 的几何界定提供比较层前件”。
- 不要写“空间若达到 16，必然整体拓扑崩塌”。宜写“超过 15×2 的情形当前仅作失稳候选解释，而不作已证定理”。

58 π–c–x_* 的常数接口联动

在 Π 的候选位中，π、c 与 x_* 不应被看作彼此孤立的量，而应被看作同一代数—周期底座所支撑的三联接口结构。其底座为 (v_s, v_t) = (30, 32)、T° = 16×2、$S^{\max}$ = 15×2 与 $\Delta v = 2 \to x_*$。在此基础上，π 通过标准循环单位的长度归一关系进入比较层，c 通过 30-index 的比较层映射进入传播边界接口，而 x_* 承担中心锚定位功能。

$L_{\text{arc}}(e_A^\circ) = \pi D_{\text{proj}}$

30-index $\mapsto c$

$\Delta v = 2 \to x_*$

因此，Π 的候选位不再只是一个长度等价命题，而成为长度归一、传播边界与中心锚定三者联动的常数接口组织中心。

59 最小联动链

(v_s, v_t) = (30, 32) ⇒ T° = 16×2, $S^{\max}$ = 15×2

⇒ $\Delta v = 2 \to x_*$

⇒ $L_{\text{arc}}(e_A^\circ) = \pi D_{\text{proj}}$

⇒ 30-index $\mapsto c$

⇒ (π, c, x_*) form the constant-interface triad of Π

60 常数接口封版补遗

本节将 π、c、x_* 与其代数—周期底座固定为常数接口模块的封版补遗，并声明该模块在当前 v9 基准文本中进入“冻结引用”状态。其目的不是把 Π 直接写成已证明第一性原理，而是把常数部分压成可长期引用、可审校、可回退但不再任意扩枝的稳定组件。

当前封版底座仍固定为：v_s = 30, v_t = 32, T° = 16×2 = 32, $S^{\max}$ = 15×2 = 30, Δv = 2 → x_*；并继续保持 30-index ↦ c 的比较层写法，而不裸写 30 = c。

61 常数接口总封版表

下表把 π、c、x_* 以及它们所依赖的代数—周期底座统一压成一个封版总表。

接口对象	底层来源	当前允许写法	冻结后引用短式	禁写边界
π	$L_{\text{arc}}(e^\circ_A) = \pi D_{\text{proj}}$	长度归一常数接口	“π 作为长度归一接口”	不要写“π 已被证明为终极原理”
c	30-index in comparison layer	30-index ↦ c	“c 作为传播边界接口”	不要写“30 = c”
x_*	Δv = 2 → x_*	中心锚定位接口	“x_* 作为破缺锚定位”	不要写“x_* 是普通欧氏圆心”
T°	16×2 = 32	标准时间震荡周期	“T° 为时间满秩周期”	不要写“任意 32 计数皆可替代 T°”
$S^{\max}$	15×2 = 30	最大空间拓展对称	“$S^{\max}$ 为静空间极限对称”	不要写“30 为空间无限自由延拓”

62 冻结引用说明

自 v9.77 起，常数部分进入“封版待引”状态。后续章节若需调用常数接口，应按固定顺序进入：先报代数—周期底座，再报候选律，再报比较层映射，最后才允许进入对象或质量读法。

最低安全顺序：*(v_s, v_t) = (30, 32) → T° / $S^{\max}$ → Δv = 2 → x_* → $L_{\text{arc}}(e^\circ_A) = \pi D_{\text{proj}}$ → 30-index ↦ c。*

63 收口状态说明

本节并不宣称常数部分已经完成终极证明，而是声明：在当前 v9 基准文本中，常数接口模块已具备封版、禁写、冻结引用与桥接复用的最低条件。自此以后，除非触发显式解冻条件，否则常数模块不再扩写，只以修订说明的方式处理微调。

弧学温度问题推进稿（v9.77 冻结检查点）

《温度的几何界定：电弧旋对时间轴的相对收拢性》章节草稿

本稿基于 v9.77 冻结检查点整理，严格遵循以下纪律：常数模块阶段性收口；传统三几何桥接阶段性收口；后续仅做必要局部补遗；正文始终区分本征层、比较层、桥接层；写作上坚持 30-index $\mapsto c$ 的映射句法，不将候选接口越级写成已证终极定理。

项目	当前口径
检查点	v9.77
已冻结模块	常数模块；传统三几何桥接
本轮核心问题	温度、熵、四维接口三项并列基础问题
本稿覆盖范围	温度章连续主文草稿；结构更正；接口纪律
暂不在本稿中完成	1+2 → 1+3 完整桥接；黑洞/白洞现象学展开

一、编排更正与写作边界

本稿接受并固化以下三项结构性更正。

- 第三温标统一改为开尔文温标，不再使用此前的误写。
- 熵问题不包含 1+2 → 1+3 四维接口问题；温度、熵与四维接口应被视为三项并列的弧学基础问题。
- 所谓“四维接口”今后应精确定义为：弧学 1+2 三维时空与传统 1+3 四维时空之间的候选对接框架，其职责是完成比较层与桥接层中的读数与记号对接，而不是将两种时空本体直接写成裸同一。

基础问题	本章定位	禁则
温度	定义电弧旋相对时间轴的收拢读数	不把经验温标直接当成本征定义
熵	定义时间化极限的表征泛函	不并入 1+2 → 1+3 桥接任务
四维接口	定义对传统 1+3 语境的候选外部读数协议	不写成已证同构或终极原理

二、术语标准化

为将弧学口语转译为可接受的学术文本，本稿固定采用如下术语对接。

口语表述	学术化译法	说明
电弧旋对时间轴的相对收拢性	电弧旋构型相对于时间轴的相对收敛或相对并轴程度	用于温度的本征定义
完全转化成时间轴	完全时间化；向时间轴的极限并轴化	用于温度零点与熵极限
杂度	残余非并轴度；结构混杂度	不直接以口语词入证明链
失温	温度可分辨结构的耗散极限	用于熵的规范解释
电性 → 能量的几何规一化程度	电性构型向能量规范形态的几何规一化程度	用于连接温度读数与规一化过程

64 温度的几何界定：电弧旋对时间轴的相对收拢性

64.1 问题设置与层级边界

本文在弧学本征层中引入温度，不以经验热学中的“冷热感觉”或仪器读数作为先验起点，而将温度界定为：电弧旋构型相对于时间轴的相对收拢性的代数读数。这里所谓“相对收拢”，并非欧氏意义下的单纯长度缩减，而是指系统内部残余弧性、残余旋性以及相对于时间轴的非并轴结构在同一演化过程中共同减弱的几何事实。由此，温度首先不是外部热现象的经验名称，而是系统尚未完成时间化时所保留之结构差异的可读出量。

本章的任务仅限于温度之几何地位的本征定义及其比较层读数的组织方式。就此而言，本文严格区分三层对象。第一，本征层负责定义温度对象本身，即温度作为电弧旋对时间轴相对收拢程度的读数规则。第二，比较层负责说明摄氏、华氏与开尔文三种温标如何作为该本征量的不同外部读数协议出现。第三，桥接层只预留温度向传统几何与普通 1+3 四维描述的输出接口，而不在本章内部完成完整桥接。此种写法既避免将外部物理语言误当作本征定义，也避免把尚属候选的桥接读法提前提升为已证定理。

据此，本文约定弧学状态空间记为 X_A，任一状态记为 $\mathrm{X}\in X_A$；与之对应的电弧旋构型记为 $H_{\mathrm{e}}(X)$，时间轴基准记为 T_τ。温度理论的全部第一性叙述，均以 $(\mathrm{X}, H_{\mathrm{e}}(X), T_\tau)$ 这一三元结构为起点，而不以任何现成经典温标的经验定义为起点。

64.2 相对收拢参数与完全时间化

为了使“温度”获得可严格操作的几何定义，本文首先引入无量纲的相对收拢参数。

$$r_T : X_A \to [0, +\infty)$$

其理论职责在于度量状态 X 中的电弧旋构型 $H_\mathrm{e}(X)$ 相对于时间轴 T_τ 的残余非并轴度。这里“残余非并轴度”是统称，包含但不限于残余弧长、残余旋量以及尚未被时间轴吸收的几何差异。本文只要求 r_T 满足如下三条公理性约束。

第一，

$$r_T(X) = 0 \Longrightarrow H_\mathrm{e}(X) \text{ 完成对} T_\tau \text{ 的极限并轴化}$$

亦即系统达到完全时间化状态。换言之，r_T = 0 不是普通意义上的“低温读数”，而是模型内部“电弧旋不再保留可分辨残余结构”的临界记号。

第二，若状态 X_1 相比状态 X_2 更接近时间轴并具有更弱的残余弧性与旋性，则应有

$$r_T(X_1) \leq r_T(X_2)$$

因此，r_T 至少应当是一个保持“更趋时间化”序关系的单调读数，而不是任意指定的数值标签。

第三，r_T 必须是无量纲对象，并对共同尺度变换保持不变。此要求确保温度的本征定义不依赖于任意选取的测量窗口大小，而只依赖于几何关系本身。

在最简原型下，当只保留长度信息而暂不显式展开更高阶的旋量修正时，可取

$$r_T^{(0)}(X) := \frac{L_e(X)}{L_\tau(X)}$$

其中 $L_e(X)$ 表示状态 X 的电弧旋有效长度，$L_\tau(X)$ 表示同一比较窗口内的时间轴参照长度。此时 $r_T^{(0)}$ 给出最直接的相对收拢原型：当 L_e / $L_\tau \to 0$ 时，系统趋向完全时间化。后续若需要引入剩余旋性、偏轴度或更细的结构量，则应将其视为对 $r_T^{(0)}$ 的修正，而不改变 r_T = 0 所对应的极限意义。

64.3 温度的本征定义

在上述准备之上，本文将温度定义为相对收拢参数 r_T 的代数读数。更准确地说，设

$$\Theta : [0, +\infty) \to [0, +\infty)$$

为保持序的读数泛函，则弧学本征温度定义为

$$T_A(X) := \Theta(r_T(X))$$

这里的 Θ 不预设为某个既有经典温标函数，而只承担“把几何序关系转写为代数读数”的职责。本文仅要求：若 $r_T(X_1) \le r_T(X_2)$，则

$$T_A(X_1) \le T_A(X_2)$$

在零点归一化约定下，还可进一步规定

$$\Theta(0) = 0, \qquad r_T(X) = 0 \Longrightarrow T_A(X) = 0$$

这一零点并非经验温标上的先验校准，而是模型内部“完全时间化”状态的本征零点。

由该定义可见，温度 T_A 所读取的，不是外部现象中已被命名为“热”的全部内容，而是系统中仍可被区分出来的残余弧性、残余旋性与残余非并轴性的总读数。因此，温度在本文中的理论角色，可概括为：时间化未竟性的可读出量。若用较为接近原始直觉而又保持学术节制的语句表述，则可说温度刻画的是系统对时间轴而言仍然保留的结构混杂度；但在正式写作中，本文统一使用“残余非并轴度”或“时间化未竟性”而不用纯口语化表述。

同时应当指出，温度与熵虽然紧密相关，但在定义层面不得混同。本文只在此处预告：熵将于下一章作为温度时间化极限的表征泛函被引入。若记该泛函为

$S_A(X) = \Sigma(r_T(X))$

则本章只需要求其满足极限条件

$$\lim_{r_T(X)\to 0} S_A(X) = S_A^{\lim}$$

即当电弧旋完成对时间轴的极限并轴化时，系统进入由熵所刻画的极限态。这里的 $S_A^{\lim}$ 仅是模型内极限记号；其符号方向、物理解读及与外部热力学语言的比较，均留待下一章处理，而不在本章越级展开。

64.4 三大温标的比较层读数

在完成本征定义之后，本文转入比较层。摄氏、华氏与开尔文三大温标在本文中不被看作温度对象本身，而被视为同一本征温度的三种外部读数协议。换言之，温度对象是 T_A，而 T_C、T_F、T_K 则是对 T_A 的不同读法。

依照当前理论原型，本文分别引入下列三个比较层基准量：

$$\kappa_C^0 := \frac{4}{12}, \qquad \kappa_F^0 := \frac{4}{15}, \qquad \kappa_K(X) := \frac{L_e(X)}{L_\tau(X)}$$

其中，κ_C^0 被理解为摄氏读数的时轴段长比原型，κ_F^0 被理解为华氏读数的光球径长与参照空间尺度之比原型，而 $\kappa_K(X)$ 则给出开尔文读数的最简长度比原型。特别地，开尔文原型直接继承了上一节的最简收拢参数思想，因此在完全时间化极限下满足

$$\kappa_K(X) \to 0$$

据此，比较层中的三种温标可统一写作

$$T_C = \Phi_C(T_A; \kappa_C^0), \qquad T_F = \Phi_F(T_A; \kappa_F^0), \qquad T_K = \Phi_K(T_A; \kappa_K)$$

其中 Φ_C、Φ_F、Φ_K 表示三种读数协议的代数映射。当前阶段，本文只要求这些映射保持与本征温度序关系相容，而不预设其全部具体校准式。这样写的好处是，摄氏、华氏与开尔文得以被统一地安置在比较层中：它们并不决定温度是什么，而只决定温度如何在不同外部读数体系中被书写。

在此必须特别说明，4 / 12 与 4 / 15 的出现，仅表示模型内部的原型归一化比例，而不应被直接写成现实经验温标的完整数值定律。前者记录了摄氏读数所依赖的时轴段长比原型，后者记录了华氏读数所依赖的光—空间比例原型。二者在本章中的地位是比较层的构型卡片，而不是实验标定完成后的终式。

64.5 温度与三联常数接口

在 v9.77 冻结检查点下，常数模块已阶段性收口，因此本章只调用其既有接口，而不重新展开常数树。就温度问题而言，本文采用三联常数接口卡

I_T := (π , 30-index $\mapsto c$, x_*)

其中，π 负责弧长、旋量与周期归一化的背景角色；30-index $\mapsto c$ 表示传播序关系向速度常数接口的映射规则；x_* 则表示温度读数中的临界锚点。这里必须重申两条纪律：其一，应始终写作 30-index $\mapsto c$，而不得退化为 30 = c 的裸等号；其二，x_* 只能作为接口临界点使用，而不得被折叠改写为普通欧氏几何中的中心点。

因此，更完整的本征温度写法可记为

$T_A(X)$ = Θ($r_T(X)$; I_T)

其含义不是三联常数单独定义了温度，而是说温度读数的规范化、传播序次接口与临界锚点选择，均须在 I_T 的约束下进行。就此而言，π、30-index $\mapsto c$ 与 x_* 构成的是温度读数的接口背景，而不是温度对象的替代定义。

64.6 外部接口的预留

由于桥接层问题须另立专章处理，本章只保留温度向外部理论的输出记号，而不在此完成其全部论证。可记

$R_T^{\text{ext}} : T_A \dashrightarrow T_{\text{ext}}$

其中虚线箭头表示：这是候选输出协议，而非已证同构。它的职责仅在于表明，本章所定义的本征温度原则上可以被送入传统几何叙述与普通 1+3 四维描述中的温度语言，但该送入过程

的合法性、范围与限制，应在后续“四维接口”专章中独立讨论，而不由本章代行完成。

三、接续建议

以上定义链表明：温度在弧学中的首要含义，并不是外部热学术语的复制，而是电弧旋相对于时间轴的相对收拢读数。随着这一收拢过程持续推进，系统中的残余弧性与残余非并轴结构不断减弱，直至在极限意义上完成时间化。由此，温度问题自然通向一个新的基础问题：当温度所读取的结构差异趋于消失时，系统应当如何被重新表述？本文对这一极限问题的回答，即下一章所讨论的熵。

下一步主文建议：直接续写“第 65 章熵：电弧旋时间化的极限表征”，优先完成 §65.1—§65.3 的定义链，再单列“四维接口”章处理 1+2 → 1+3 的候选外部对接。

弧学熵问题推进稿

（v9.77 冻结检查点）

《第 *65* 章熵：电弧旋时间化的极限表征》章节稿

本稿以 v9.77 为冻结检查点，严格沿用既定收口纪律：常数模块与传统三几何桥接模块不再重开主树，仅保留必要局部补遗；本次写作只推进熵问题，并将附件 C 标题固定为“附件 C：温度—熵—四维接口技术附录”。

项目	**当前口径**
检查点	v9.77
本稿对象	第 65 章熵：电弧旋时间化的极限表征
本章职责	定义熵的本征地位；说明其与温度时间化极限的关系；给出写作禁则
明确不在本章内处理	1+2 → 1+3 四维接口；黑洞/白洞现象学展开；外部热力学比较的终式封闭
附件 C	温度—熵—四维接口技术附录

65 熵：电弧旋时间化的极限表征

65.1 问题设置与定义边界

本章与前章并列，但不承担弧学 1+2 三维时空与传统 1+3 四维时空之间的桥接任务。就层级而言，本文仅在弧学本征层中引入熵，并把它界定为：电弧旋向时间轴持续收拢时，温度可分辨结构被耗散后的极限表征。因此，熵既不是温度的修辞性替身，也不是四维接口的隐名；它是对“完全时间化”这一极限事件所作的独立刻画。

为避免概念混淆，本文在此首先排除三种不当写法。其一，不将熵写成经验热学中“热闹程度”的直接几何翻版。其二，不将熵与温度写成裸同一，即不写 $S_A = T_A$ 或其同义命题。其三，不将熵章承担的极限表征职责扩展为外部时空桥接职责。就本章而言，熵只回答一个问题：当温度所读取的残余非并轴结构趋于耗尽时，系统在模型内部应如何被重新记号化。

因此，若前章以温度刻画系统“尚未完成时间化”的程度，则本章中的熵刻画的便是这一未竟性被不断抹平时所对应的极限方向。两章讨论的是同一过程的两端：温度位于可分辨差异的一侧，熵位于差异耗散的一侧。

本章边界：仅定义熵的本征地位与其对温度极限的表征作用；四维接口、黑洞/白洞候选解释及外部热力学终式比较均后置处理。

65.2 熵泛函的引入

设前章已经定义温度的本征收拢参数 $r_T : X_A \to [0,+\infty)$，并满足 $r_T(X) = 0$ 当且仅当状态 X 完成完全时间化，则本文把熵定义为关于 r_T 的极限型泛函。更准确地说，存在 $\Sigma : [0,+\infty) \to \mathbb{R}_{\geq 0}$，使得弧学本征熵写为 $S_A(X) := \Sigma(r_T(X))$。

这里的 Σ 不被要求在本章中给出唯一闭式，而只须满足三条结构条件。第一，Σ 应与“更趋时间化”的序关系反向相容；这意味着，系统越接近时间轴，温度所能分辨的结构越少，熵所对应的极限表征越强。第二，Sigma 必须在 $r_T \to 0$ 时具有良定义的极限。第三，Sigma 只刻画温度可分辨结构的耗散程度，而不直接刻画经验热量、经验粒子数或外部热交换过程。

由此，口语句“电弧旋完全转化成时间轴之时，系统熵 = 极限”，可被规范改写为：当系统状态 X 满足 $r_T(X) \to 0$ 时，电弧旋构型完成对时间轴的极限并轴化，系统进入由 $S_A^{\lim}$ 所表征的熵极限状态。

$$S_A(X) := \Sigma(r_T(X))$$

$$r_T(X_1) \leq r_T(X_2) \Longrightarrow S_A(X_1) \geq S_A(X_2)$$

$$\lim_{r_T(X)\to 0} S_A(X) = S_A^{\lim}$$

为保持记号稳定，下表给出本章最小符号卡。

符号	含义
$r_T(X)$	温度问题中定义的本征收拢参数；$r_T = 0$ 对应完全时间化
Σ	熵读数泛函；把收拢参数转写为极限型结构表征
$S_A(X)$	弧学本征熵；定义为 $\Sigma(r_T(X))$

符号	含义
$S_A^{\lim}$	完全时间化所对应的模型内熵极限记号

65.3 温度与熵的关系：关联而不等同

在本文框架内，温度与熵共同依赖于同一个本征参数 r_T，但承担不同方向的读数职责。温度读数 $T_A(X) = \Theta(r_T(X))$ 刻画的是残余非并轴度尚存时的结构差异；熵读数 $S_A(X) = \Sigma(r_T(X))$ 刻画的是该差异被持续耗散时的极限方向。因此，二者的联系不是对象同一，而是同源异向：它们共享同一个时间化过程，却分别读取该过程的未竟性与极限性。

若把这一关系写成序结构，则 Θ 保持 r_T 的顺序，而 Σ 与 r_T 的顺序反向相容。于是，对任意两个状态 X_1, X_2，只要 $r_T(X_1) \le r_T(X_2)$，便有 $T_A(X_1) \le T_A(X_2)$ 且 $S_A(X_1) \ge S_A(X_2)$。这恰好给出本文的核心区分：温度读取残余结构，熵读取结构耗散。

由此也可以把"失温原则"写成一条严格陈述。设 $\{X_n\}$ 为一列可容许状态，若 $r_T(X_n) \to 0$，则在前章零点归一化约定下应有 $T_A(X_n) \to 0$ 且 $S_A(X_n) \to S_A^{\lim}$。这意味着，随着系统对时间轴的相对收拢持续推进，温度作为"时间化未竟性"的读数趋于消失，而熵作为"时间化极限"的读数趋于极值。

需要特别强调的是，这一"失温"仅是本文模型内的定义论结果，不应立即越级等同于现行热力学与统计物理中的全部熵理论。更审慎的写法只能是：本文给出了一个以时间化极限为核心的弧学熵定义；其与外部物理熵的比较属于比较层问题；其与普通 1+3 四维描述的对接，则属于另行独立的四维接口问题。

$$T_A(X) = \Theta(r_T(X))$$

$$S_A(X) = \Sigma(r_T(X))$$

$$r_T(X_1) \le r_T(X_2) \Longrightarrow T_A(X_1) \le T_A(X_2), \quad S_A(X_1) \ge S_A(X_2)$$

$$r_T(X_n) \to 0 \Longrightarrow T_A(X_n) \to 0, \quad S_A(X_n) \to S_A^{\lim}$$

65.4 失温原则与写作禁则

在本章语境中，"失温原则"并不表示外部经验世界中所有温标读数都必须被字面归零，而是表示：在弧学本征层中，可被温度区分出来的残余弧性、残余旋性与残余非并轴结构已经被耗散至不可再分辨的极限。故所谓"失温"，首先是结构意义上的失温，而不是未经分层后的经验断言。

因此，原始口语“物理熵 = 无温度”在正式写作中必须改写为更严格的命题：当 $r_T \to 0$ 时，系统进入温度可分辨结构耗散完成的失温极限，且该极限由 $S_A^{\lim}$ 表征。只有这种写法，才同时保留了模型直觉与学术规范，而不会将候选读法越级写成裸等号定理。

同样地，黑洞/白洞等候选现象学解释，以及与传统 1+3 四维描述的对接，都不属于本章的定义段任务。它们至多只能在后续比较层或四维接口章中被作为候选读法提出，而不能提前回流到熵的本征定义之内。

下表给出本章最需要固化的规范表达。

原始口语	**可接受的规范写法**	**应避免的写法**
“物理熵 = 无温度”	熵极限对应温度可分辨结构的失温极限	熵 = 无温度
“黑洞是摄氏熵的极端偏化状态”	黑洞样状态可作为后续比较层或接口章中的候选读法	直接并入熵的本征定义
“熵负责 1+2 → 1+3 桥接”	熵章只定义时间化极限；四维接口另章处理	把四维接口并入熵章

本章小结

综上，熵在本文中被界定为电弧旋时间化过程的极限表征，而不是温度的同义替身、四维接口的隐名或经验热量语言的简单复制。它与温度共享同一个本征收拢参数 r_T，却承担相反方向的读数任务：温度读取残余结构，熵读取结构耗散。

由此，温度章与熵章的分工已经被明确固定：前者负责定义“尚未完成时间化”的读数，后者负责定义“时间化趋于完成”时的极限表征。至于与传统热力学、现象学物理以及普通 1+3 四维描述之间的进一步比较与桥接，则应在比较层或独立接口章中继续推进。

弧学稿问题推进稿

(v9.77 冻结检查点)

《第 *66* 章四维接口：弧学 *1+2* 三维时空与传统 *1+3* 四维时空的候选对接框架》全章节稿

本稿以 v9.77 为冻结检查点，常数模块与传统三几何桥接模块继续冻结；本次单独推进“第 66 章四维接口”，并与温度章、熵章及附件 C 保持同一层级语法。

项目	**当前口径**
检查点	v9.77
本稿对象	第 66 章四维接口（全章节稿）
本章职责	建立局域、可撤回、守类型、守序、守极限的 1+2 → 1+3 候选对接框架
明确不在本章内处理	温度/熵本征定义重写；常数树重开；传统三几何主桥重开

66 四维接口：弧学 1+2 三维时空与传统 1+3 四维时空的候选对接框架

本章与前述温度章、熵章并列，而不从属于二者。其任务不是把弧学 1+2 三维时空直接改写为传统 1+3 四维时空，也不是把普通四维物理语言反向提升为弧学本征定义；本章的职责仅在于建立一套可控的比较层—桥接层协议，使弧学内部已经定义的对象能够以合法、分层且可审查的方式，向传统四维描述输出读数、符号和候选结构。

因此，本章讨论的“四维接口”并非本体同一，而是候选对接框架。它首先是一套写作纪律与对象类型系统，其次才是一组局域可用的桥接卡。主文在此只给出最小定义链和可接受性标准；凡需扩展为实验校准、现象学解释或动力学兼容者，均后置到专题研究与附件 C 中处理。

66.1 接口问题的独立地位

所谓“四维接口”，首先意味着弧学本征层对象与传统四维表象之间需要一套单独的过渡语法。若无这一章节，温度章和熵章中已经建立的本征对象极易在后续写作中被外部坐标、外部温标或外部场量反向替代，从而破坏层级纪律。故四维接口问题本身必须单列，它既不是附注，也不是附庸，而是弧学走向外部比较时不可跳过的一项基础问题。

为此，本文区分两个对象域：一是弧学 1+2 三维时空描述域，记作 $M_A^{(1+2)}$；二是传统 1+3 四维时空描述域，记作 $M_{\text{std}}^{(1+3)}$。前者承载本征对象，后者承载外部读数与桥接表象。所谓接口，只是说明前者中的某些对象如何被合法输出到后者，而不说明两者已经证明同构。

$B_{1+2\to 1+3} : M_A^{(1+2)} \to M_{\text{std}}^{(1+3)}$

这里以虚线箭头表示：该映射仅具候选桥接地位，而不具已证同构地位。这样写的作用，在于把“可以比较”“可以输出”“可以局域解释”与“已经完成本体统一”严格区分开来。只要这一虚线仍未被更强证明替代，四维接口就只能按候选框架处理。

因此，本章的三项直接职责可以概括如下：第一，规定哪些弧学对象允许输出为普通四维读数，哪些对象不得越级改写；第二，规定输出时的记号域与句法纪律，防止把读数协议误写为定义同一；第三，规定桥接命题的可接受性标准，使后续出现的任何外部读法都必须接受统一审查。

66.2 对象类型、记号域与写作纪律

为了使四维接口真正可操作，本文将相关对象分为三类。第一类是本征层对象，包括状态 X、电弧旋构型 $H_{\text{e}}(X)$、时间轴 T_τ、本征收拢参数 r_T、本征温度 T_A、本征熵 S_A、临界锚点 x_* 以及接口规则 30-index $\mapsto c$ 等。这些对象的定义权完全属于弧学本征层。

第二类是比较层对象，包括摄氏、华氏、开尔文三温标及其归一化比例卡；第三类是传统四维读数对象，例如外部事件化表象 x^μ、外部温度读数字段 $\widehat{T}(x^\mu)$、外部熵读数字段 $\widehat{S}(x^\mu)$ 等。这些对象的存在价值，在于增强比较能力和外部可读性，而不在于反向夺取定义权。

由此，本文固定一条最重要的类型规则：本征层对象可以输出到比较层和桥接层；比较层对象可以继续输出到桥接层；但桥接层对象不得反向充当本征层定义项。该规则看似简单，实际上

正是防止后续全文因等号滥用而重新缠结的核心屏障。

$$R_T : T_A \longmapsto \widehat{T}(x^\mu), \qquad R_S : S_A \longmapsto \widehat{S}(x^\mu).$$

相应地，接口输出应优先写成映射句法，而非裸等号句法。允许写 $R_T : T_A \longmapsto \widehat{T}(x^\mu)$ 与 $R_S : S_A \longmapsto \widehat{S}(x^\mu)$，但不允许直接写 $T_A = \widehat{T}(x^\mu)$ 或 $S_A = \widehat{S}(x^\mu)$。前者表示外部读数协议，后者则会误导性地宣称对象同一。

同样，既有接口常数与临界点必须继续保持冻结纪律。本文只能写 30-index $\mapsto c$，不得写 $30 = c$；x_* 只能作为接口临界锚点出现，不得被折叠为普通欧氏中心或普通四维坐标原点。换言之，本章只说明它们如何被合法调用，而不重新定义它们是什么。

66.3 温度与熵的外部读数协议

在温度章与熵章已经分别定义 $T_A(X) = \Theta(r_T(X))$ 与 $S_A(X) = \Sigma(r_T(X))$ 之后，四维接口章的第一项实质性任务，是规定它们如何向传统 $1+3$ 描述输出读数。本文建议将这种输出统一写成“外部读数协议”，而不写成直接同一。

$$R_T : X \to F_T(U \subset M^{(1+3)}_{\text{std}}), \qquad X \mapsto \widehat{T}_X(x^\mu),$$
$$R_S : X \to F_S(U \subset M^{(1+3)}_{\text{std}}), \qquad X \mapsto \widehat{S}_X(x^\mu).$$

这里的 $\widehat{T}_X(x^\mu)$ 与 $\widehat{S}_X(x^\mu)$ 都只是本征对象在普通四维语言中的候选表象，而不是本征对象本身。它们是否存在、在多大范围内存在、是否与外部实验量对齐，都必须作为协议问题逐条注明，而不能由记号本身自动担保。

为保证接口输出仍受前两章定义纪律约束，这两个协议至少应满足三条相容条件。第一是序关系相容：若 $r_T(X_1) \le r_T(X_2)$，则温度输出不得逆序，熵输出不得丢失其反向极限方向。第二是零点与边界值的协议化处理：当 $r_T(X) \to 0$ 时，只能说外部读数字段逼近其协议边界值，而不能自动写成任何现实温标或现实熵定义的终式。第三是分层输出次序。

$$T_A \longmapsto (T_C, T_F, T_K) \longmapsto \widehat{T}(x^\mu), \qquad S_A \longmapsto \widehat{S}(x^\mu).$$

对温度问题而言，最稳的路径不是直接从本征量跳到外部实验量，而是先经过比较层，再进入桥接层。这样，摄氏、华氏与开尔文仍保持比较层地位，而普通四维读数被明确标记为第二步输出。对熵问题，则更适合直接写成本征极限量到外部边界字段的输出链，并把与实验热力学的终式比较单独后置。

因此，本节的结论可以压成一句：四维接口并不重新定义温度与熵，而只为温度与熵提供向传统 $1+3$ 语言输出候选读数的协议框架；该框架必须保持前两章已经建立的序结构、极限结构与层级纪律。

66.4 候选桥接映射与禁则

在前节中，四维接口已经被写成从弧学 $1+2$ 描述域向传统 $1+3$ 描述域的候选输出协议，而不是本体同一。现在进一步把这种协议压缩成可检验的桥接映射族。设

$$B_{1+2\to 1+3} = (B_X, B_T, B_S, B_c, B_*)$$

为一组候选桥接分量。其最低写法为

$$\begin{aligned} &B_X : X \longmapsto \hat{x}^{\mu}_X, \\ &B_T : T_A(X) \longmapsto \widehat{T}_X(x^{\mu}), \\ &B_S : S_A(X) \longmapsto \widehat{S}_X(x^{\mu}), \\ &B_c : \text{30-index} \mapsto c, \\ &B_* : x_* \longmapsto \hat{x}_*. \end{aligned}$$

其中，B_X 只表示弧学状态的外部事件化表象，B_T 与 B_S 分别表示温度和熵的四维读数字段，B_c 表示传播序接口向外部速度常数的候选读数映射，B_* 表示本征临界锚点向四维接口中的候选特征点输出。五个分量并不要求同时全局成立。更稳妥的写法是：对某个局域协议域 U，存在一张局域桥接卡

$$C_U = (U; B_X, B_T, B_S, B_c, B_*),$$

其作用只在 U 内有效。

在这种写法下，候选桥接映射至少应满足四条正向约束。第一是类型守恒：输入对象属于本征层时，输出对象只能作为桥接层表象，而不得反向改写输入对象的定义。第二是序结构守恒：若 $r_T(X_1) \le r_T(X_2)$，则桥接后仍应保持温度不逆序、熵不丢失其极限方向。第三是极限结构守恒：当 $r_T(X) \to 0$ 时，桥接层至多只能写成外部读数字段逼近某一协议边界值，而不得自动宣称已抵达任何现成理论的终点。第四是接口常数守恒：30-index $\mapsto c$ 只能作为映射规则出现，x_* 只能作为临界锚点出现。

与这些正向约束相对应，本章同时固定若干禁则。禁止写 $T_A = \widehat{T}(x^{\mu})$ 与 $S_A = \widehat{S}(x^{\mu})$，因为这会把外部读数误写成定义同一；禁止写 $30 = c$，因为这会把传播序接口简化成不合法的常数同一；禁止写 $x_* = 0$ 或 $x_* =$ ordinary Euclidean center，因为这会取消 x_* 的本征临界身份；禁止把黑洞/白洞、外部场方程联读、实验终式校准等桥接层或现象学层句子反向回写为本征层定义本身。

将这些禁则集中写出，并非只是形式上的谨慎。它实际上决定了整部文稿在后续扩展中是否还能保持语法稳定：本征层负责定义，比较层负责归一化与可读性，桥接层负责外部协议。一旦等号乱用，这三层就会重新缠结，前两章的全部分层成果也会失效。

66.5 可接受性标准与未决问题

为了使四维接口不止停留在“可写”，而进入“可审查”，本文最后给出候选桥接卡的可接受性标准。设一张桥接卡记为 $C_U = (U; B_X, B_T, B_S, B_c, B_*; \mathrm{Norm}, \mathrm{Lim}, \mathrm{Forb})$，其中 U 为局域协议域，Norm 记录归一化规则，Lim 记录边界值约束，Forb 记录禁则集合。本文称 C_U 为可接受桥接卡，当且仅当其满足下列五项条件。

第一，类型一致性。卡内每个输入对象都必须注明其层级身份：本征层、比较层或桥接层。任何未标明层级的公式都不得进入正式桥接卡。第二，局域有效性。卡必须明确自身有效域 U；若只在某个局部状态区间、局部参数范围或局部归一化窗口中成立，则必须如实标注，不得偷换成全域命题。

第三，序与极限相容性。卡中所有温度、熵相关输出都必须与“r_T 下降则 T_A 下降而 S_A 上升”这一内核方向兼容；若某一输出破坏了这一方向，则该卡应被判为不可接受。第四，接口纪律一致性。凡调用 pi、30-index $\mapsto c$、x_* 的桥接卡，都必须使用冻结语法，而不得擅自重写这些对象的地位。第五，可撤回性。候选桥接卡必须允许在不破坏本征层定义的前提下被整体撤回。

可撤回性尤其重要，因为它保证桥接层的试探性不会污染理论核心。即便某一四维接口读法最终被证明不适用，也不得反向动摇温度章与熵章已经建立的本征定义链。换言之，四维接口章的价值不在于宣布“弧学已经等同于普通四维物理”，而在于给出一套未来一切桥接命题都必须遵守的准入规则。

在这一标准之下，当前仍有若干未决问题需要单列保存。其一，B_X 是否可以从纯读数协议推进到动力学兼容协议，即从“如何写”推进到“如何演化”。其二，$\widehat{T}$_X 与 $\widehat{S}$_X 与现行实验温标、热力学熵、相对论性场量之间的校准规则应如何建立。其三，物质域数学原理标准化规则在四维接口中究竟扮演约束项、兼容项还是生成项。其四，黑洞/白洞及其他现象学对象是否存在真正可接受的桥接卡，抑或只能维持在隐喻级比较层。

因此，本章的最凝练结论可以写成：四维接口的职责，不是证明弧学 1+2 三维时空与传统 1+3 四维时空已经本体同一，而是建立一套局域、可撤回、守类型、守序、守极限的候选对接框架。任何合法的外部读数与桥接命题，都必须先通过这一框架的审查，方可进入正式文本。

本章小结

至此，第 66 章的基本骨架已经闭合。我们获得了三项并列基础问题之间的清晰分工：温度章定义电弧旋对时间轴的相对收拢读数，熵章定义时间化极限的结构表征，而四维接口章则定义这些本征对象如何以候选、局域、可撤回的方式进入传统 1+3 四维描述。三者互相关联，但互不替代。

由此，主文层面的推进已经可以与附件 C 形成稳定分工：主文负责对象定义、输出协议与接口纪律，附件 C 负责技术卡、候选读法、禁则表和局域校准记录。这样的安排既保留了后续研究的展开空间，也避免未决桥接命题过早回写本征定义层。

67 物质域数学原理的标准化规则

本征对象公理化分类、句法纪律与映射合法性判定

Arc Geometry Draft Chapter ·v9.77 rigid benchmark state

刚性边界与本章定位

本章承接 v9.77 刚性基准态后的新中轴推进：常数模块已阶段性收口，传统三几何桥接模块已阶段性收口；后续仅允许必要局部补遗，而不重开上述两棵主树。本章不直接给出具体物质域定律，而是为今后所有物质域条目建立统一的本征对象公理化分类、命名法、模板法与映射合法性判定机制。

主任务	将“温度 - 熵 - 四维接口”之后的物质域内容，推进为可审查、可撤回、可装配的统一规则章。
命名法	采用“主名 - 功能 - 动时空层级 - 结构语境 - 关系读数”的五层命名体系。
关键修正	引力 / 重力锁定为结构关系项；质量 / 重量锁定为拟合读数项；“量子时空 / 电子时空”降为局部说明性别名。

本章总则

本章只处理物质域原理进入正文的合法格式，不重开常数主树，不重开传统三几何桥接主树；凡涉及普通 1+3 外部输出者，均须服从上一章四维接口所规定的候选桥接协议。

67.0 命名法总则：原生型本征时空、衍生型表征时空与动时空层级

$$M_{\text{dyn}} := M_{\text{orig}}^{(1+2)} \sqcup M_{\text{der}}^{(1+3)}$$

$$\lambda_{\text{dyn}} : M_{\text{dyn}} \to \{\text{int}, \text{rep}\}$$

本章首先固定物质域讨论所依赖的命名法，以避免 1+2 与 1+3 两侧在主文中被误写为互可替代的表述。本文将弧学 1+2 描述域正式称为“原生型本征时空”，并在功能语境中称为“能量时空”；将弧学 1+3 描述域正式称为“衍生型表征时空”，并在功能语境中称为“物质时空”。二者在更高一级的统一称呼下，同属“动时空”，但所处层级不同：前者为本征级动时空，后者为表征级动时空。

在结构语境上，本文允许对 1+2 一侧附加“平直型”“对数型”“真空语境”等标签；对 1+3 一侧附加“自旋型”“算数型”“伪真空语境”等标签。这里“真空语境 / 伪真空语境”是结构与语

境标签，而不是时空本体的裸同一名称。故在主文正文中，统一优先采用“真空语境 / 伪真空语境”；仅在索引、表格或附录的简写场合，才允许短写为“真空侧 / 伪真空侧”。

此前研究语境中常见的“量子时空 / 电子时空”称谓，在本章中仅保留为局部说明性别名，而不进入总名系统的正式层级。其原因在于，二者均可归入“动时空”的不同层级：差异不在于另有一种独立时空本体，而在于同一动时空框架下所处的层级位置不同。

命名层	1+2 一侧	1+3 一侧	说明
主名	原生型本征时空	衍生型表征时空	决定两侧的正式本体称谓。
功能名	能量时空	物质时空	说明功能角色，而非重新定义本体。
动时空层级	本征级动时空	表征级动时空	用于统一上位称呼“动时空”。
结构语境	平直型、对数型、真空语境	自旋型、算数型、伪真空语境	仅作结构 / 语境标签。
关系 / 读数	引力关系、质量拟合值	重力表征关系、重量拟合值	关系与读数不得回升为时空本体名。

67.1 问题设置与边界声明

本章并不增设新的常数模块，也不重开传统三几何桥接部分，而只对“物质域数学原理进入正文的合法形式”作标准化规定。换言之，本章的职责不是直接给出某一具体物质域定律，而是回答一个更基础的问题：今后任何物质域命题，究竟必须以何种对象格式、句法格式、归一化格式和审查格式，才能进入弧学主文。

因此，本章遵守三条边界。第一，凡调用 π、$B_\kappa : I_{30} \to c$（即 30-index $\to c$ 接口）、x_* 等接口常数者，只能以既有刚性接口图式的方式调用，而不得借机重建常数主树。第二，凡涉及与传统几何或普通 1+3 描述之间的输出关系者，必须服从上一章四维接口所规定的候选桥接框架，而不得跳过桥接层直接把外部读数回写为本征定义。第三，凡涉及物质域内部的新原理者，都必须先完成本征对象公理化分类、层级定位、范围说明与映射合法性判定，未完成此项标准化者，不得作为正式原理进入正文。

67.2 物质域对象的统一登记

$$\mathrm{Obj}_{\mathrm{mat}} = \mathrm{Dom} \sqcup \mathrm{AlgRep} \sqcup \mathrm{Rel} \sqcup \mathrm{Read} \sqcup \mathrm{Map}$$

设 D_{mat} 为物质域对象总域。本文规定，凡进入物质域章节的对象，均必须首先声明其属于下列五类之一：域对象、代数代表对象、结构关系对象、拟合读数对象、映射或桥接对象。按此标准，最基本的域对象包括原生型本征时空、衍生型表征时空以及两者的统一上位域 M_{dyn}。

对于任一物质域状态 M，若其涉及质量 - 重量与引力 - 重力结构，则必须额外登记如下对象链：质量的绝对代数代表 $M_{\text{alg}}(M)$；本征结构关系 $G_{\text{int}}(M)$；表征结构关系 $G_{\text{rep}}(M;x^{\mu})$；拟合读数 $m_{\text{fit}}(M)$, $w_{\text{fit}}(M)$；以及桥接映射 $B_g : G_{\text{int}}(M) \to G_{\text{rep}}(M;x^{\mu})$。本文在此特别强调：引力与重力均为结构关系，而非普适物理实体；质量与重量均为拟合读数，而非第一性本体。

对象类别	**标准记号**	**定位**	**说明**
域对象	$M^{(1+2)}_{\text{orig}}$, $M^{(1+3)}_{\text{der}}$, M_{dyn}	本征 / 表征 / 上位域	登记动时空层级及其上位统一域。
代数代表	$M_{\text{alg}}(M)$	代数载体	质量读数所依赖的绝对代数代表。
结构关系	$G_{\text{int}}(M)$, $G_{\text{rep}}(M;x^{\mu})$	关系项	分别对应引力关系与重力表征关系。
拟合读数	$m_{\text{fit}}(M)$, $w_{\text{fit}}(M)$	读数项	分别对应质量与重量的拟合值。
桥接映射	B_g	桥接项	表示引力关系向重力表征关系的候选投射协议。

67.3 物质域原理的统一模板

$$P_{\text{mat}} = (\text{Layer}, \text{Tier}, \text{Obj}, \text{Hyp}, \text{Rule}, \text{Norm}, \text{Range}, \text{Interface}, \text{Status})$$

在本征对象公理化分类之后，本文进一步规定：任何进入主文的物质域原理，都必须写成统一模板，而不得以未标层级的散句或隐喻性命题直接入文。由于当前命名体系已将动时空层级作为必需信息，原理模板正式扩展为九元组。

其中，Layer 指该原理处于本征层、比较层还是桥接层；Tier 指该原理涉及本征级动时空、表征级动时空，或两者的桥接关系；Obj 指所涉及的登记对象；Hyp 指其前提条件；Rule 指核心断言；Norm 指归一化方式；Range 指适用范围；Interface 指所调用的冻结接口或局域桥接图式；Status 指该原理当前的理论地位。

槽位	**作用**	**审查重点**
Layer	声明位于本征层 / 比较层 / 桥接层	防止不同层级混写。
Tier	声明动时空层级	防止 1+2 与 1+3 的对象互相冒充。
Obj / Hyp / Rule	对象、前提与核心断言	保证命题结构可读可检。
Norm / Range	归一化与适用范围	防止跨窗口、跨尺度误比。

槽位	作用	审查重点
Interface / Status	接口依赖与理论地位	防止越级调用与候选命题冒充定理。

67.4 引力 - 重力映射项：时轴共轭结构性级联关系

$$M_{\text{alg}}(M) \equiv_{\text{abs-alg}} \Omega_f(M) \equiv_{\text{abs-alg}} A^{\flat}_{\text{in}}(M) L_{\tau}(M)$$

本节专门处理必须新增的两项：引力映射项与重力映射项。本文在此将其纳入物质域标准化规则的正式框架。首先，质量的绝对代数代表不是经验读数 m 本身，而是一个代数等效代表。为明确地区分“代数等效”与“对象同一”，本文引入记号 $\equiv_{\text{abs-alg}}$ 表示“绝对代数等效”。

其中，$\Omega_f(M)$ 表示频率集合，$A^{\flat}_{\text{in}}(M)$ 表示平直空间中的惯性面积，$L_{\tau}(M)$ 表示时间轴段长。该式的含义不是把“质量值”直接等同为某个集合，而是说：在本文模型内，质量读数所依赖的绝对代数代表，可以以频率集合或平直惯性面积沿时间轴的乘积来表出。

本文把引力界定为原生型本征时空一侧的“时轴共轭结构性级联关系”，记为 $G_{\text{int}}(M)$。这里“引力”不被理解为独立物理实体，而被理解为一种相对于时间轴的共轭级联结构关系。在此基础上，质量拟合值应写成 $m_{\text{fit}}(M) := R_m(M_{\text{alg}}(M))$，必要时也可写成 $m_{\text{fit}}(M) = \widetilde{R}_m(G_{\text{int}}(M))$，以强调质量拟合值本质上是对本征结构关系或其代数代表的拟合读数。

重力则被界定为上述本征结构关系在衍生型表征时空一侧的投射性表征关系，记为 $G_{\text{rep}}(M; x^{\mu})$。其桥接链写成 $B_g : G_{\text{int}}(M) \to G_{\text{rep}}(M; x^{\mu})$。与此相配，重量拟合值写作 $w_{\text{fit}}(M) := R_w(G_{\text{rep}}(M; x^{\mu}))$。这表示传统所谓“重量”，在本文中并不是某种独立实在，而只是重力表征关系在 1+3 一侧所诱导出的投射型拟合读数。

$$M_{\text{alg}}(M) \to G_{\text{int}}(M) \to m_{\text{fit}}(M) \to G_{\text{rep}}(M; x^{\mu}) \to w_{\text{fit}}(M)$$

本节硬规则
凡涉及质量 / 重量 / 引力 / 重力的物质域原理，必须显式写出它在“代数代表 - 结构关系 - 拟合读数 - 桥接映射”链中的位置，并说明其属于本征层、比较层还是桥接层。未做此说明者，不予准入。

67.5 归一化与接口依赖规则

$$\text{Interface} = \{I_T, C_U, B_g, ...\}$$

既然物质域条目必须先完成本征对象公理化分类与模板化表达，那么下一步就必须规定其归一化与接口依赖的合法边界。本文在此沿用 v9.77 的刚性基准纪律：常数模块已阶段性收口，传统三几何桥接部分已阶段性收口；因此，物质域条目可以调用这些既有模块的接口成果，但不得重新开启其推导树。

任一物质域条目的接口槽位 Interface 只能写成已有刚性接口图式与局域桥接图式的集合，例如三联接口 $I_T = (\pi, B_\kappa : I_{30} \to c, x_*)$、局域桥接图式 C_U 或引力关系向重力表征关系的桥接图式 B_g。这样写的含义是：物质域条目承认这些接口已存在并可被调用，但并不在本章中重建它们。注：本文对接口常数采取刚性基准态下的冻结调用策略，以维持当前章节的结构纯度；然而，在弧流形底层的度规盈余理论中，存在以 κ_I 为核心的代数生成引擎，可由 1+2 流形的本征时间投影基数 v_t 与空间投影基数 v_s 的差值结构，给出若干接口常数的候选代数生成路径。相关推导目前保留于刚性基准常数支路，并拟于另卷系统展开。

特别地，凡调用传播序接口者，均须保持 $B_\kappa : I_{30} \to c$（即 30-index $\to c$）之桥接写法，而不得写作 30 = c；凡调用临界锚点者，仍须把 x_* 视为接口锚点，而不得写成普通欧氏中心或普通坐标原点。任何物质域条目进入正文之前，都必须证明自己没有破坏这些既有纪律。

67.6 比较层与桥接层输出规则

$$\text{intrinsic entry} \to \text{comparative normalization} \to \text{bridge output}$$

本章进一步规定：任何物质域条目若需要向外部语言输出，都必须经过比较层与桥接层的明确分步，而不得由本征层直接裸跳到外部实验量。对质量 - 重量链而言，这一规则更应明确写成：$M_{\text{alg}}(M) \to m_{\text{fit}}(M) \to G_{\text{rep}}(M; x^\mu) \to w_{\text{fit}}(M)$。如果研究者试图直接把 $M_{\text{alg}}(M)$ 写成普通外部理论中的“质量实体”，或直接把 $G_{\text{int}}(M)$ 写成经验物理里的“引力场”，则属于层级倒置，不予接受。

此外，上一章所确立的外部读数协议在本章仍然有效：任何桥接输出都应优先写成映射句法，而不是裸等号。因此，允许写 $G_{\text{int}}(M) \to G_{\text{rep}}(M; x^\mu)$，但不允许直接写 $G_{\text{int}}(M) = G_{\text{rep}}(M; x^\mu)$；同样，允许写 $m_{\text{fit}}(M) \to \widehat{m}(M; x^\mu)$，$w_{\text{fit}}(M) \to \widehat{w}(M; x^\mu)$，但不允许直接把拟合读数与外部经验量写成未经审查的定义同一。

67.7 映射合法性判定、撤回机制与版本记录

$$A_{\text{mat}}(P_{\text{mat}}) \in \{0, 1\}$$

$$A_{\text{mat}}(P_{\text{mat}}) = 1 \iff \bigwedge_{j=1}^{7} C_j(P_{\text{mat}})$$

至此，本章可以正式给出物质域原理进入正文的准入判据。设 P_{mat} 为一条按九元组模板书写的候选物质域原理，则引入准入算子 $A_{\text{mat}}(P_{\text{mat}})$。本文规定，只有当对象类型明确、层级位置明确、动时空层级明确、接口依赖合法、归一化与适用范围明确、候选地位标明、并且即使撤回该原理也不会反向破坏温度章、熵章、四维接口章已经建立的本征定义链时，$A_{\text{mat}}(P_{\text{mat}})$ 才取值 1。

第七条“可撤回不伤核心”尤其重要。它保证物质域部分可以在后续研究中增删修订，而不

致反向动摇此前已经冻结的三章基础链条。换言之，本章所建立的不是某组具体物质域结论的不可更改性，而是一套允许条目进入、被审查、被保留、甚至被撤回而不伤核心的正式制度。

准入条件	内容
C1 - C3	对象类型、层级位置、动时空层级三项必须显式标明。
C4 - C5	接口依赖、归一化与适用范围必须合法且可检。
C6 - C7	候选地位必须标明，且撤回该条目不得损伤温度 - 熵 - 四维接口的核心定义链。

67.8 未决问题与后续专题入口

本章完成的是物质域原理的可容许性规则，而不是具体物质域专题的全部内容。故至本节为止，真正被稳定下来的，是一套本征对象公理化分类、统一模板、引力 - 重力映射项、归一化规则与映射合法性判定机制。至于具体物质域专题，例如更细的质量链标定、重量读数与外部实验量的比较、其他物质域关系的结构分解等，则都应在本章之后，按本章规定的格式另行进入。

当前最重要的未决问题至少有三类。第一，质量绝对代数代表 $M_{\mathrm{alg}}(M)$ 的具体归一化族是否需要进一步细分。第二，引力关系到重力表征关系的局域桥接图式 B_g 在不同局域协议域中的兼容性如何组织。第三，更多物质域原理是否都能纳入“关系项 - 读数项 - 桥接项”的三段式格式。对这些问题，本章不抢先给出具体答案，而只规定：今后所有答案都必须先经过本章的格式化与映射合法性判定。

本章小结

至此，第 67 章把物质域部分的写作方式正式从“主题讨论”推进为“规则制度”。全文由此获得一条清晰的新中轴：温度的本征读数 → 熵的极限表征 → 四维接口的候选协议 → 物质域原理的标准化准入。在这条中轴之上，1+2 与 1+3 的差异被统一收束为原生型本征时空与衍生型表征时空这两个动时空层级；引力与重力被归入结构关系；质量与重量被归入拟合读数；候选桥接与外部读数则被安置在可撤回、可审查的桥接层中。就当前 v9.77 刚性基准态而言，这样的组织方式既不重开旧主树，又足以为后续具体物质域专题提供统一入口。

68 原生场与衍生场：1+2 本征时空到 1+3 表征时空的几何构造关系

正式主文首稿·*v9.77* 冻结检查点后续推进稿

本章定位

本章将 1+3 表征场严格写为由 1+2 本征场生成的衍生构造结果，并以 LSD 为核心规则，固定“自然层级下降—表征复合增生—双向代数律”的标准表述。

本章关键词

LSD；惯性场取半；弧合成；层级转移；前向投射代数律；反向几何映射带律

Arc Geometry Baseline Reference ·Master Manuscript Integration Draft

68.1 问题设置与边界

本章讨论的不是某个局部物质域读数，而是一个更基础的问题：衍生型表征场如何由原生型本征场生成。依照本文已经确立的总名系统，弧学 1+2 描述域称为“原生型本征时空”，弧学 1+3 描述域称为“衍生型表征时空”；二者同属动时空，但所处层级不同。前者为本征级动时空，后者为表征级动时空。由此，本章的目标不是把 1+3 视为独立并列本体，而是把它写成由 1+2 出发的几何构造结果。

本章严格遵守四条边界。第一，1+3 的生成应以 1+2 本征场为源，而不以经验物理的现成概念为源。第二，本章只给出构造律与代数律，不重开冻结的常数主树；因此，任何数值示例都只能作为规则的说明，不得重新升格为常数本体。第三，本章只处理原生场与衍生场之间的几何构造关系及其双向代数律，凡进一步通向普通外部四维描述的内容，仍应服从上一章的桥接协议。第四，本章的结果将作为后续“质量—重量 / 引力—重力链”的先行几何基础，而不是被后者反向定义。

$$\mathcal{G}_{\mathrm{der}} : \mathfrak{M}^{(1+2)}_{\mathrm{orig}} \times \mathfrak{M}^{(1+2)}_{\mathrm{orig}} \nrightarrow \mathfrak{M}^{(1+3)}_{\mathrm{der}}.$$

上式中的虚线箭头表示：这里给出的是构造协议与候选规律，而不是已经完成的终局同构。

68.2 LSD 为核心规则：惯性场取半与弧合成

衍生型表征场的生成，不以某一组固定半径值为第一性原则，而以 LSD 约束下的惯性场取半与弧合成为核心规则。就此而言，半径 15、7.5 或 30 等写法，在当前阶段仅作为满足 LSD 的代数示例，而不构成本章的定义性常数。本文因而不把这些数值提升为一般定律，而只把它们登记为说明规则可操作性的候选示例。

$$\Psi^{\mathrm{proto}}_{\mathrm{der}} := C_{\mathrm{LSD}}\left[I_{1/2}(F^{(a)}_{\mathrm{orig}}) \boxtimes I_{1/2}(F^{(b)}_{\mathrm{orig}})\right].$$

其中 I_(1/2) 表示惯性场取半算子，⊠ 表示受 LSD 约束的二元配对耦合，C_{LSD} 表示受自倍律约束的弧合成生成算子。该式表达的核心并不是某个特定半径，而是：衍生场的生成依赖于本征场惯性结构在 LSD 规则下的取半—配对—弧合成链。为了强调“规则先于数值示例”，本节的顺序应固定写成：LSD → 取半 → 弧合成 → 衍生原型。

68.3 层级转移律：自然层级下降与表征复合增生

本节不再将原生场向衍生场的过渡描述为“层级提升”。本文区分两种不同的序关系：其一是自然生成序，其二是表征复合序。

$$\ell_{\text{nat}}(F_{\text{orig}}) > \ell_{\text{nat}}(F_{\text{der}}).$$

就自然生成序而言，原生型本征场处于原子级与上游位置，而衍生型表征场处于分子级与下游位置；因此，从本征场到衍生场的过渡应被界定为自然层级下降。

$$\chi_{\text{comp}}(F_{\text{der}}) \geq \chi_{\text{comp}}(F_{\text{orig}}).$$

但就表征复合序而言，衍生场并非更“高本体级”的构造，而只是由于引入新的局部时间轴角色与两条受二元拓扑配对约束的空间线，而表现出更高的构型复合度。于是，本章用“层级转移”来统摄两种同时成立但不可混同的序：自然层级在下降，表征复合度在增生。

68.4 轴线角色翻转与局部衍生单元

在衍生生成过程中，原本征场的一条空间线并不简单保留其原角色，而是发生角色翻转，成为衍生场的虚拟时间轴。记原生场的一条空间线为 σ_{orig}，则其角色翻转写作：

$\sigma_{\text{orig}} \to \tau_{\text{der}}^{\text{virt}}$

与此同时，衍生场中的两条空间线 $\sigma_{\text{der}}^{(1)}$、$\sigma_{\text{der}}^{(2)}$ 在二元拓扑配对约束下形成。其物理直觉可由电子对配对现象作类比理解，但本文不以后者作为定义来源。于是，衍生场首先表现为一个局部衍生单元：

$$\mathfrak{m}_{\text{der}}^{(1+2)} = \text{span}\{\tau_{\text{der}}^{\text{virt}}, \sigma_{\text{der}}^{(1)}, \sigma_{\text{der}}^{(2)}\}.$$

而完整的 1+3 表征场，不应被粗暴写成普通维数等式，而应写成“共同参照时间背景 + 局部衍生单元”的构造分解：

$$\mathfrak{M}_{\text{der}}^{(1+3)} \cong \mathbb{T}_{\tau}^{\text{ref}} \oplus \mathfrak{m}_{\text{der}}^{(1+2)}.$$

其中 $\mathbb{T}_{\tau}^{\text{ref}}$ 表示对应本征场的共同参照时间背景。由此，所有衍生场之间的比较，并不在各自局部虚拟时间轴上直接完成，而必须回到对应本征场所提供的共同参照时间轴上进行。

68.5 本征场代数归一化律：互为倒数与几何级数

在原生型本征时空一侧，代数归一化的计量规则遵守两条并行原则：其一是互为倒数原则，其二是几何级数原则。前者说明本征场中的归一化量不是孤立给出的，而是以倒数共轭对的方式出现；后者说明这些归一化量在可容许序列中按乘性比率展开，而非按加性差值排列。

$$u^{\vee} = u^{-1}, \qquad u \cdot u^{\vee} = 1.$$

$$u_{k+1} = \rho_{\text{orig}}\, u_k, \qquad u_k = u_0 \rho_{\text{orig}}^k.$$

由此，本征场的计量秩序可概括为：倒数成对、乘性展开、几何递进。它回答的不是“如何测量外显量”，而是“如何在本征几何内部建立代数归一化”。

68.6 衍生场参照计量律：参照量与算术级数

与本征场不同，衍生型表征场并不以内在倒数对与几何级数作为其首要计量法则，而是遵守参照量原则与算术级数原则。其原因在于：衍生场不是上游本征构造本身，而是以共同参照时间背景为依托的表征侧构型；因此，它的计量首先表现为相对于某一参照量的偏移，其序列结构则表现为加性推进而非乘性递进。

$$q_{n+1} = q_n + \Delta_{\text{der}}, \qquad q_n = q_{\text{ref}} + n\Delta_{\text{der}}.$$

这里 Δ_{der} 表示衍生场在给定归一化窗口下的基本加性步长。于是，衍生场的计量秩序可概括为：先有参照量，再有加性步长，最终形成算术级数。

68.6A 原生场与衍生场计量规则对照

为避免本征侧与表征侧的计量法则混写，本文在此给出一张紧凑对照表，作为后续双向代数律的检核基座。

侧别	正式名称	计量核心	序列结构	读法提示
1+2	原生型本征时空	互为倒数	几何级数	乘性、共轭、上游
1+3	衍生型表征时空	参照量	算术级数	加性、偏移、下游

68.7 前向投射代数律：由本征几何常数到衍生场可测量

在上述两套计量规则确定之后，前向投射代数律就可以被精确写出。设原生型本征场的几何常数族记为 $\mathcal{C}_{\text{orig}}$，并假定这些量已经按“互为倒数—几何级数”的规则完成归一化；又设衍生场的可

测量族记为 $\mathcal{O}_{\rm der}$，并假定这些量按“参照量—算术级数”的规则排列。则前向投射代数律写为：

$$\Pi^{\rm alg}_{1+2\to 1+3} : (\mathcal{C}_{\rm orig}, \rho_{\rm orig}, \mathrm{LSD}, \mathcal{G}_{\rm der}) \nrightarrow (\mathcal{O}_{\rm der}, q_{\rm ref}, \Delta_{\rm der}).$$

$$q_i^{\rm der} = \Phi_i(\mathcal{C}_{\rm orig}; \rho_{\rm orig}, \mathrm{LSD}, \mathcal{G}_{\rm der}, q_{\rm ref}, \Delta_{\rm der}).$$

这表示：衍生场中的可测量，不是孤立给出的经验数值，而是本征场几何常数在 LSD 规则、衍生生成链以及衍生侧参照计量规则共同约束下的外显读数。就方法论而言，早期参考草案中的 c&a 文稿模式，可被视为这种前向生成方式的早期样例，但在当前总稿中仍只应停留在冻结常数支路参考位。

68.8 反向几何映射带律：由衍生场测定量回推本征几何带

与前向投射律相配，反向几何映射带律也必须相应确立。由于衍生场的测定量服从参照量与算术级数，而本征场的归一化量服从倒数对与几何级数，因此，从衍生场回推本征场时，所得通常不是单一数值点，而是一组满足乘性与倒数约束的相容几何带。

$$\mathfrak{B}_{\rm orig}(q^{\rm der}) := \left\{ c \in \mathcal{C}_{\rm orig} \mid \Phi(c; \rho_{\rm orig}, \mathrm{LSD}, \mathcal{G}_{\rm der}, q_{\rm ref}, \Delta_{\rm der}) \sim q^{\rm der} \right\}.$$

$$\Gamma^{\rm band}_{1+3\to 1+2} : q^{\rm der} \nrightarrow \mathfrak{B}_{\rm orig}(q^{\rm der}).$$

由于本征侧满足几何级数与倒数对约束，这个映射带在一般情形下更接近乘性带或比值带，而不只是普通加性区间。也就是说，衍生场的一个测定值往往只能确定一组与之相容的本征几何归一化带，而不能无条件唯一反推出一个本征几何点。

从拓扑学角度看，反向几何映射带 $\Gamma^{\rm band}_{1+3\to 1+2}$ 可理解为前向投射算子 $\Pi^{\rm alg}$ 在表征层信息压缩与测量容差下的拓扑纤维原像（topological fiber pre-image）。这种本征侧与表征侧之间的非双射性，在本文框架内可被视为对测不准型现象与宏观测量误差的一种候选几何读法，但本文暂不将其提升为已证终极解释。

68.9 同规而异层原则与后续接口

至此，本章可以把原生场与衍生场之间的总原则压成一句：原生场与衍生场遵守同一套弧几何规则，但其自然层级、构型复合度、几何代数量及显化底物并不相同。

$$\mathcal{R}^{\rm orig}_{\rm arc} \equiv \mathcal{R}^{\rm der}_{\rm arc}.$$

$$\ell_{\rm nat}(F_{\rm orig}) > \ell_{\rm nat}(F_{\rm der}), \qquad \chi_{\rm comp}(F_{\rm der}) \geq \chi_{\rm comp}(F_{\rm orig}).$$

也就是说：规则同规，层级异层；自然生成序下降，表征复合序增生。一旦这一原则成立，后续“质量—重量链”就自动获得正确位置：它不再是一个孤立专题，而是原生场 / 衍生场双向代数律中的一个具体读数链。也正因如此，原先预设的“质量—重量链示范章”应顺延为第 69 章，而不宜再位于本章之前。

装配备注

并稿提示

本章宜直接装入 assembled master manuscript 的第 68 章位置；原“质量—重量链示范章”顺延为第 69 章，并在其导语中回引本章 §68.5—§68.8 作为先行几何与代数基础。

---

69 质量—重量链：引力关系与重力表征的标准化示范

正式主文首稿·v9.77 刚性基准态后续推进稿

本章关键词

质量的绝对代数代表；引力关系；重力表征关系；质量拟合值；重量拟合值；标准化对象链

Arc Geometry Baseline Reference ·Master Manuscript Integration Draft

69.1 问题设置与边界

本章是第 67 章“物质域数学原理标准化规则”的第一条具体落地示范，同时也是第 68 章“原生场与衍生场”所建立之几何构造关系在具体读数链条上的第一次应用。其任务不是回到经验物理中重述“质量”“重量”“引力”“重力”的常识性定义，而是在弧几何框架内，按照已经确立的本征对象公理化分类、层级法与桥接法，重新给出这四类词项的合法位置。

依照第 68 章已经固定的结果，原生型本征时空与衍生型表征时空遵守同一套弧几何规则，但其自然层级、构型复合度、计量方式与显化底物并不相同。由此，质量—重量链不应被写成一个孤立专题，而应被视为原生场 / 衍生场双向代数律中的一条具体读数链。也就是说，本章讨论的是：当原生场中的时轴共轭级联关系在衍生侧取得表征形态时，质量与重量究竟如何分别被读出。

为避免层级混同，本文在此固定三条边界。第一，质量与重量不被定义为本征实体，而被定义为拟合读数。第二，引力与重力不被定义为普适性物理实在，而被定义为结构关系。第三，凡进一步通向普通外部四维描述的内容，仍须服从第 66 章四维接口所规定的候选桥接纪律，而不得在本章中被偷换成裸等号同一。上述边界与 v9.77 刚性基准态关于“常数模块不重开、传统三几何桥接不重开、候选接口不越级”的要求保持一致。

69.2 质量的绝对代数代表

本文把质量读法的最低本征对象记为 $M_{\text{alg}}(M)$，其中 M 为任一物质域状态。

根据当前已经确认的口径，本章不把经验记号 m 直接当作第一性对象，而规定：

$$M_{\text{alg}}(M) \equiv_A \Omega_f(M) \equiv_A A_{\text{in}}^{\flat}(M) L_\tau(M).$$

记号 $\equiv_A$ 表示弧几何本征层中的代数等效，而不表示普通对象同一。这里，$\Omega_f(M)$ 表示频率集合，$A_{\text{in}}^{\flat}(M)$ 表示平直空间中的惯性面积，$L_\tau(M)$ 表示时间轴段长。上式的含义不是把“质量值”直接等同为某个集合或普通物理量纲，而是表明：在本文模型内部，质量读数所依赖的代数载体，可以以频率集合表出，也可以以“平直空间中的惯性面积沿时间轴的乘积”表出。

进一步地，此处的 $A_{\text{in}}^{\flat}(M) L_\tau(M)$ 并不直接对应经验物理中的质量量纲，而表示原生型本征时空在局部禁闭条件下的时空作用拓扑容量；其中 $A_{\text{in}}^{\flat}(M)$ 提供二维平直惯性支撑，$L_\tau(M)$ 提供一维时间轴参照，因此二者的乘积构成一个 $2+1$ 结构的代数承载体。所谓惯性质量读数，仅是对这一承载体的拟合型读取。注：这一“时空作用拓扑容量”亦可视为局部禁闭条件下的一种“时空作用量子”的几何读法，但本文在本节中优先强调其作为代数底物与拓扑容量的地位。

69.3 引力关系：原生型本征时空中的时轴共轭级联

在原生型本征时空一侧，也即 $1+2$ 本征级动时空中，本文把“引力”界定为一种时轴共轭的结构性级联关系，记为

$$G_{\text{int}}(M).$$

这一定义有两个要点。其一，$G_{\text{int}}(M)$ 是关系对象，不是实体对象。它不等同于某个“力的东西”，而是描述状态 M 如何在时间轴约束下表现出共轭级联耦合的结构形式。其二，$G_{\text{int}}(M)$ 只属于本征层中的原生型本征时空。它不能直接被外部 $1+3$ 的物理直觉替代，也不能被经验上的“重力场”说法反向定义。

在此基础上，质量拟合值写作

$$m_{\text{fit}}(M) := R_m(M_{\text{alg}}(M)),$$

必要时也可写成

$$m_{\text{fit}}(M) = \widetilde{R}_m(G_{\text{int}}(M)),$$

以强调：质量读数并不是独立存在的实体值，而是对代数代表或引力关系的拟合化读取。

因此，若要把“质量是一个纯粹的拟合化物理虚值”这一口径转成标准学术语言，本章可固定写成：在本文中，质量不作为原生型本征时空中的第一性实体引入，而仅作为对时轴共轭结构

性级联关系之代数代表的拟合型读数出现。故所谓“质量”，仅为本征级动时空一侧的拟合化虚值，而非独立普适实在。

69.4 重力表征关系：衍生型表征时空中的投射读法

与本征层中的引力关系相对应，在衍生型表征时空一侧，也即 $1+3$ 表征级动时空中，本文引入

$$G_{\text{rep}}(M; x^{\mu}),$$

并将其称为重力表征关系。

这里需要特别强调：G_{rep} 并不是另一个与 G_{int} 平行独立的实体，而是前者在表征级动时空中的投射性写法。因此，它的进入方式应写成本征关系在给定局域桥接图式内经桥接算子作用后的像，而不能被理解为本体平行并列的第二实体。相应地，本文写作

$$G_{\text{rep}}(M; x^{\mu}) := B^{(U)}_{1+2\to 1+3}[G_{\text{int}}(M)],$$

其中 $B^{(U)}_{1+2\to 1+3}$ 表示定义在局域桥接图式 C_U 上的桥接算子；因此，上式仅在给定局域协议域内定义表征关系之像，而不构成无条件全域同一。

而不允许把它反写为

$$G_{\text{int}}(M) = G_{\text{rep}}(M; x^{\mu}).$$

表征侧拟合读数可记为

$$w_{\text{fit}}(M) := R_w(G_{\text{rep}}(M; x^{\mu})).$$

69.5 质量—重量链的标准化对象链

综合以上定义，本章把质量—重量与引力—重力的标准化链条固定为：

$$M_{\text{alg}}(M) \longmapsto G_{\text{int}}(M) \longmapsto m_{\text{fit}}(M) \longmapsto G_{\text{rep}}(M; x^{\mu}) := B^{(U)}_{1+2\to 1+3}[G_{\text{int}}(M)] \longmapsto w_{\text{fit}}(M).$$

这条链必须按对象类型来读：$M_{\text{alg}}(M)$ 是代数代表对象；$G_{\text{int}}(M)$ 是本征层关系对象；$m_{\text{fit}}(M)$ 是本征侧拟合读数对象；$G_{\text{rep}}(M; x^{\mu})$ 是桥接后的表征关系对象；$w_{\text{fit}}(M)$ 是表征侧拟合读数对象。

这一标准化链条的核心，不是引入了多少新符号，而是强制建立了三条去混淆原则。第一，关系项与读数项严格分离；引力/重力是关系，质量/重量是读数。第二，本征侧与表征侧严格分离；m_{fit} 属于本征级动时空的读数位置，w_{fit} 属于表征级动时空的读数位置。第三，代数代表与经验

读数严格分离；M_{alg} 不是经验质量值，而是其绝对代数代表。

只要坚持这三条，关于质量、重量、引力、重力的绝大多数表述性混乱，都会在入文之前被拦截掉。因此，质量—重量链应被理解为第 68 章双向代数律中的一个具体示范：它以前向投射表现为 M_{alg} 向 w_{fit} 的候选输出链，以反向映射表现为由重量读数回推质量代数代表相容带的候选回路。

69.6 与第 68 章代数双核的接口

为了使本章不脱离第 68 章已经建立的构造与计量框架，本文进一步规定：质量—重量链必须同时受前向投射代数律与反向几何映射带律约束。

以前向投射而言，质量—重量链是

$$\Pi_{\mathrm{mass}} : (M_{\mathrm{alg}}(M), G_{\mathrm{int}}(M), \mathrm{LSD}, G_{\mathrm{der}}, B^{(U)}_{1+2\to 1+3}) \dashrightarrow (G_{\mathrm{rep}}(M; x^{\mu}), w_{\mathrm{fit}}(M))$$

的特例。它表明：在 LSD 规则、衍生生成链及衍生侧参照计量法则共同约束下，本征侧的代数代表与关系对象得以向表征侧输出可读数。

以反向映射而言，若给定任一重量测定量 w_{meas}，则其本征相容带不应被写成单点回推，而应写成

$$B_{\mathrm{mass}}(w_{\mathrm{meas}}) := \{\, c \in C_{\mathrm{orig}} \mid \Phi_{\mathrm{mass}}(c; \mathrm{LSD}, G_{\mathrm{der}}, q_{\mathrm{ref}}, \Delta_{\mathrm{der}}) \sim w_{\mathrm{meas}} \,\}.$$

这说明，重量测定量通常只能反推出一组与之相容的本征几何带，而不能无条件地反推出唯一质量本点。

因此，本章不单独发明新的总代数律，而是把质量—重量链明确安放在第 68 章双向代数核之下：原生场一侧遵守“互为倒数 + 几何级数”，衍生场一侧遵守“参照量 + 算术级数”，而质量—重量链正是这两套计量秩序之间的一条具体映射示范。

69.7 规范化写法与禁则

为使本章真正成为第 67 章的标准化示范，本节把允许句法与禁止句法明确列出。

允许写：

$$M_{\mathrm{alg}}(M) \equiv_A \Omega_f(M) \equiv_A A^{\flat}_{\mathrm{in}}(M) L_{\tau}(M),$$

因为这是代数等效句法；

允许写：

$$m_{\text{fit}}(M) = R_m(M_{\text{alg}}(M)),$$

因为这是代数代表到拟合读数的合法读数句法；

允许写：

$$G_{\text{rep}}(M; x^\mu) := B^{(U)}_{1+2\to1+3}[G_{\text{int}}(M)],$$

因为这是局域桥接图式内由本征关系到表征关系的合法桥接算子句法。

但下列写法一律禁止：$m = \Omega_f$，因为这会把数值读数与集合对象做无类型裸等同；“质量 = 引力，重量 = 重力”，因为这会把关系项与读数项重新混同；$G_{\text{int}}(M) = G_{\text{rep}}(M; x^\mu)$，因为这会把候选桥接关系误写成已证同一；“1+2 = 质量时空，1+3 = 重量时空”，因为这会把读数项重新升格为时空本体名。

此外，本章继续服从全稿刚性禁止型句法约束：凡调用传播接口者，必须写 $B_\kappa : I_{30} \to c$，即 30-index $\mapsto c$，不得写成 $30 = c$；凡调用临界锚点者，必须保留 x_* 的接口地位，而不得将其塌缩成普通欧氏中心。

69.8 本章地位与后续接口

本章的意义，不在于宣布已经完成了关于质量与重力的一切理论建造，而在于：它第一次把一个高风险、最易混写的物质域主题，完整地纳入了第 67 章所要求的标准化框架中，并使之明确服从第 68 章所建立的原生场/衍生场双向代数律。

其后仍可继续展开的方向至少有三类。第一，是 M_{alg} 的内部归一化族细分。第二，是 $B^{(U)}_{1+2\to1+3}$ 在不同局域协议域中的兼容性与版本管理。第三，是 w_{fit} 如何通过第 66 章四维接口进一步与普通外部描述建立候选校准关系。但这些内容都不应在本章中越级展开。本章只负责完成对象分层、句法固定、标准链条与禁止型句法示范；进一步的外部校准、实验读法或现象级解释，必须继续服从桥接层与附件 C 的技术图式制度。\1 至此，第 69 章已经把“质量—重量 / 引力—重力”链正式压成一个符合弧几何分层纪律的物质域示范专题。其最重要的收获可以凝练成一句话：在弧几何中，引力与重力属于结构关系，质量与重量属于拟合读数；前者分居原生型本征时空与衍生型表征时空两侧，后者则分别是这两种关系在不同动时空层级中的读数位置。

弧几何基准参考文本（V9 系列）

Arc Geometry Baseline Reference Text (V9 Series)

附录 A：四组接口的细单元展开与最小组合链

附录 A：四组接口的细单元展开、最小组合链、术语储备，以及投影—闭合链 / 递阶—结点链专章

Appendix A: Fine-Grained Expansion of the Four Interfaces, Minimal

Combinational Chains, Terminological Reserve, and the Projection-Closure / Hierarchical-Node Chapters

v9.76 ·详细版。附录 A 本版在 v9.75 的基础上，新增“π-c-x_* 的常数接口联动”专节。

本次内文生产版受控并入 A99–A107 微观框架模块（四联主式：分弧、相干、守恒与定域），作为 Appendix A 的新增技术续层。

版本	v9.78 / Final production corrected draft
发布结构	Main Text + Appendix A + Appendix B + Appendix C + Appendix D + Appendix E
本版目的	主文保持压缩稳固；D / E 已并入；本轮先做内部架构重整并为后续总编辑工程预留合并接口
术语政策	Arc-Spinor / e-Arc-Helix / Arc-Frame / Static Spacetime / Dynamic Spacetime / Appendix D-E governance

本版 Appendix A 在保持技术接口主线稳定的前提下，继续保留 A16“κ_I 下的循环长度等价候选律”、A18“候选律与质量接口链的对象化调用”以及 A20–A30 的代表型实例调用卡、跨对象共享调用包与工作卡/检查卡，并新增 A31“第一性原理候选接口检查表”、A32“对象化调用的收束式总表”与表 A48–A49，使候选律进一步从“可操作”推进到“可总核验、可总收束”的第一性原理候选接口形态。

本附录与《Arc Geometry Baseline Reference Text (V9 Series) ·Main Text, v9.57》及 Appendix B 同步发布。其任务现可概括为五：第一，把主文中只压缩保留结果的四组接口、投影—闭合链、递阶—结点链与质量接口链继续维持在可回查的技术层；第二，为对象族分流、具体工作对象映射与任务模板提供稳定的后场；第三，持续保持比较层质量读法的禁越级边界；第四，继续为 Appendix B 中的传统几何桥接、共享句法骨架、共享段落节奏与混排切换模板提供不被跨写法打断的技术底盘；第五，在版本同步的意义上，维持主文—附录 A—附录 B 三者之间的调用纪律。

本版 Appendix A 继续作为主文与 Appendix B 的技术后场。它不追求过度拆分，而是在跨对象共享调用包已经齐备之后，继续把候选律推进为可直接执行的工作卡与检查卡，以便把候选律从“可复用”进一步推进到“可操作”的技术接口。

因此，附录 A 的功能不是重复主文，而是为主文提供可接续的技术腹地。凡涉及 Π_I / κ_I / η_n / x_* 的顺序拆分、局部职责、允许语句与禁写边界时，应优先查阅本附录；若进一步聚焦投影可读性如何进入补偿闭合，则应直接参照 A8 专章，尤其是例示/反例图谱；若进一步聚焦递阶同一极如何压缩到关键重合结点，则应参照 A9 专章；若进一步聚焦维度对齐、基础质量双路径与对象型恢复子链，则应参照 A10—A15。至于传统几何向弧标系的桥接问题，则不再在本附录内混写，而改查阅 Appendix B。

A1 四组接口为何需要细单元化

如果只有“大接口名 + 一句解释”，正文虽然可以勉强前进，但一旦遇到投影、圆化、递阶与中心性之间的局部接续问题，就会不断退回总论层重新解释。细单元化的意义，正是在不过度机械化的前提下，把每一组接口拆成几个可按顺序引用的小步，从而使后续推演能以较低的歧义继续扩展。

这里的“细单元”不是已经定理化的严密函数，而是介于总接口与完整证明之间的中间句法层。它们让写作者可以清楚说出：当前段落究竟是在给定背景、指定截断、显读轨迹、组织补偿、重标定极点，还是在压缩关键结点。

表 A1 四组接口的细单元分解

接口	细单元 1	细单元 2	细单元 3	主要输出
Π_I	背景给定	截断指定	轨迹显读	$\mathrm{trace}_I(e_A)$
κ_I	闭合序预整	补偿组织	圆化结果	C_I
η_n	同一极保持	角色重标定	倍律读法保持	递阶可读性
x_*	投影重合	时向贯通	中心性压缩	关键结点

A2 Π_I：背景给定、截断指定与轨迹显读

Π_I 最容易被误写成“把对象画成某种图”的简便符号。为避免这种退化，Π_I 的调用至少应经过三步。第一步是背景给定：e-Arc-Helix 必须首先被置回 Arc-Spinor 的 Static Spacetime 背景与既定惯性场之中。第二步是截断指定：标准惯性截断面 Σ_I 与 Time Line 的贯入方向 τ 必须被明确指定，否则图示读法缺乏统一条件。第三步才是轨迹显读：在前述条件成立后，e_A 输出为惯性可读的 $\mathrm{trace}_I(e_A)$。

记号上可写作：$\Pi_I[e_A \mid S_{\mathrm{st}}(A), \mathrm{I}, \Sigma_I, \tau] \to \mathrm{trace}_I(e_A)$。此写法的要点不在于表现某种严格函数语法，而在于提醒读者：Π_I 的输入并非孤立对象，而是带着背景条件与标准读法条件的本征构型。

允许语句包括：Π_I 给予本征构型以惯性可读性；Π_I 的输出属于表征轨迹层；Π_I 是后续 κ_I 的输入前提。禁写边界包括：不得说 Π_I 生成了 e_A；不得说 Π_I 穷尽了本征对象；不得把标准惯性图中的轨迹反向等同为 e-Arc-Helix 自身。

表 A2 Π_I 的细单元职责

Π_I 细单元	任务	必要条件	输出	禁写边界
背景给定	把 e_A 放回 Static Spacetime 与惯性场	$S_{\text{st}}(A)$, I 已给定	可投影背景	不得跳过背景直接画图
截断指定	固定 Σ_I 与 τ	标准惯性读法已声明	可读截断条件	不得把任意视角混入同一读法
轨迹显读	输出 $\text{trace}_I(e_A)$	前两步成立	表征轨迹	不得把轨迹当本征对象

A3 κ_I：闭合序预整、补偿组织与圆化结果

κ_I 负责的不是本征闭合，而是表征层中的补偿闭合。为防止“圆即对象”的误写，κ_I 也应拆为三步：先做闭合序预整，再做补偿组织，最后给出圆化结果。只有在 Π_I 已经输出可闭合处理的轨迹，并且 Static Spacetime 背景、惯性场与标准截断条件都已固定的前提下，κ_I 才能被调用。

本文保持如下压缩写法：在给定 (A, $S_{\text{st}}(A)$, I, Σ_I) 下，$\kappa_I(\text{trace}_I(e_A)) = C_I$ 为条件唯一。这里的“条件唯一”必须始终附着于给定 Arc-Spinor、给定 Static Spacetime、给定惯性场与给定标准截断条件；离开这些条件，所谓“唯一圆形”便重新滑回无边界的图形想象。

允许语句包括：κ_I 组织补偿闭合；κ_I 输出圆化表征结果；κ_I 的结果服务于标准惯性图。禁写边界包括：不得用 κ_I 定义本征闭合；不得让 κ_I 直接作用于本征 e_A；不得把补偿闭合倒写成本体来源。

A4 η_n：同一极保持、角色重标定与倍律读法保持

η_n 的关键在于递阶语法。若只说“P_n 对下一层即为 M_{n+1}”，主旨虽然抓住了，但仍容易使人误以为极点在层间移动。为防止此种误读，η_n 最少也应拆成三步：同一极保持、角色重标定与倍律读法保持。

可以写作：$\eta_n(P_n) := M_{n+1}$；η_n^{-1}(M_n) := P_{n-1}。第一步强调递阶关系首先不是位置移动，而是同一极点位置的持续保留。第二步才说明相邻层级中的功能命名如何重写。第三步则说明 η_n 并不生成弧学倍律，而只是维持 LSD 在递阶链中的读法一致。

因此，η_n 的允许语句包括：同一极点在层级间被重新记号化；η_n 维持 LSD 的可读连续性；递阶连接图展示的是角色接力而非平面拼装。禁写边界包括：不得把 η_n 说成极点移动算子；不得把 LSD 写成 η_n 的派生结果；不得把递阶图理解为模块堆叠图。

A5 x_*：投影重合、时向贯通与中心性压缩

x_* 的特殊性在于它不产生新的几何对象，而是把若干关键关系压缩到同一点的受限读法之中。为了不退回普通“圆心语言”，x_* 同样应拆成三步：先有投影重合，再有时向贯通，最后才谈中心性

压缩。

压缩写法为：$x_* := \Pi_I(P_n) = \Pi_I(M_n) = \tau \cap \Sigma_I$。第一步表明 P 与 M 的投影位置在标准惯性截断条件下取得同点重合；第二步表明 Time Line 作为本征时间振荡轴在截断面上的贯通像，也穿入这一重合位置；第三步才允许读图者把这两种关系压缩为关键结点。

允许语句包括：x_* 提供受限中心性；x_* 组织圆化结果、极点关系与时向关系的交汇读法。禁写边界包括：不得把 x_* 无条件升级为欧氏圆心；不得把局部相位锚点回灌为本体定义；不得在没有 Π_I 与 $\tau \cap \Sigma_I$ 条件时单独假定 x_* 已经成立。

A6 两条最小组合链的详细读法

在四组接口被细单元化之后，较自然的下一步不是直接扩张为大规模公式体系，而是先固定它们如何在局部范围内形成最小组合链。当前至少有两条链最值得优先稳定：一条围绕投影与补偿闭合，一条围绕递阶与关键结点。

表 A3 两条最小组合链

组合链	顺序	输出	用途	禁写边界
链 A：投影—闭合链	$\eta_n \to \Pi_I \to \kappa_I$	C_I	说明标准惯性图为何成立	不得跳过 η_n 或把圆化反写成本征闭合
链 B：递阶—结点链	$\eta_n \to \Pi_I(\mathrm{P/M}) \to \tau \cap \Sigma_I \to x_*$	关键重合结点	说明中心性为何可读	不得把 x_* 直接设为先验中心

链 A 的作用，是把“图怎么来”和“圆为什么成立”拆回有顺序的接口链。η_n 先保证递阶角色与 LSD 读法不被倒置，Π_I 再把本征构型接入可读轨迹，κ_I 最后才给出条件唯一的圆化结果。若缺少其中任一环，标准惯性图都会失去应有的层级前提。

链 B 的作用，则是把“中心为何可读”拆回受限条件链。η_n 固定极点角色，$\Pi_I(P_n/M_n)$ 给出投影重合，$\tau \cap \Sigma_I$ 接入时向贯通，x_* 由此压缩为关键结点。只要这条链没有被写清，所谓“中心性”就仍容易退回未经限制的几何直觉。

A7 术语储备（非激活）

为顺应 v9.7 所确立的高强度“防误读”语境，本附录保留若干未来可能启用的英文术语建议，但明确标注为“非激活储备”。它们的作用是为猜想延拓层或更高阶构型预留位置，而不是在本版正文中强行提前启用。

表 A4 未来术语储备

中文概念	建议英文	当前地位	说明
空场状态	Quiescent State	预留候选	强调 Static Spacetime 已就绪而 Dynamic 尚未显化；优先于 empty-field state
零动时空态	Null-Dynamic State	备选技术词	适合更技术化语境，但当前不如 Quiescent State 自然
本征闭合	Intrinsic Processual Closure	推荐写法	强调过程返回而非端点相接
对偶闭合	Dual-Conjugate Closure	推荐写法	对应镜像共轭与反向矢态
磁弧旋	m-Arc-Helix	对称预留位	供未来主从破缺或对仗构型讨论使用

若未来需要进一步整理术语表，可把上述词汇纳入独立的“Reserved Terms”小节，但不宜在未正式展开相应构型之前回流支配主文定义。其适当位置，应始终是术语储备层，而非当前理论核层。

A8 Π_I—κ_I 的投影—闭合链专章

本专章不再并列处理 η_n 与 x_*，而是把焦点收束到 Π_I—κ_I 这一条对主文最关键的表征链：本征 e-Arc-Helix 如何在既定 Arc-Spinor、Static Spacetime、惯性场与标准截断条件下进入惯性可读轨迹，并进一步取得补偿性圆化结果。其目的不是把该链条提前写成强定理，而是把“投影如何成为闭合”这件事，稳定为一个可以持续扩展的局部推演单元。

A8.1 链的压缩写法与层级归属

在当前阶段，Π_I—κ_I 链宜采用压缩而非过度函数化的写法。其最小表述可收束为：

$$(A, S_{\text{st}}(A), I, \Sigma_I; e_A) \xrightarrow{\Pi_I} \text{trace}_I(e_A) \xrightarrow{\kappa_I} C_I.$$

这里的 A 表示既定 Arc-Spinor，$S_{\text{st}}(A)$ 表示其 Static Spacetime 背景，I 与 Σ_I 分别表示惯性场与标准惯性截断条件，e_A 表示其中已被指定的 e-Arc-Helix。该链的输出 C_I 属于表征闭合层，而不属于本征对象层；故它是一条表征接口链，而不是对象生成链。

链条的激活前提也必须被说清：Π_I—κ_I 不是把 Quiescent State 直接变成 Dynamic Spacetime 的算子，也不是把弧旋子“生成”为电弧旋的存在论链。它所处理的，只是在 e_A 已经被指定之后，如何使这一构型进入惯性可读性并取得补偿性圆化。凡越过这一前提，都会把接口链误写为本体生成链。

A8.2 Π_I 前件：背景给定、截断指定与可读入口

Π_I 的第一职责不是“画出图形”，而是为本征 e_A 提供惯性可读入口。为此，Π_I 的前件至少包含三项：第一，Arc-Spinor A 及其 Static Spacetime 背景已经给定；第二，e_A 已作为该构型之 Dynamic Spacetime 层中的特指显化被明确指定；第三，惯性场 I 与标准截断条件 Σ_I 已经被固定。只有在这三项条件同时成立时，Π_I 才有资格被调用。

因此，Π_I 的输出不应被写成“圆”或“对象图像”，而应首先被写成 $\mathrm{trace}_I(e_A)$：一种属于表征轨迹层的惯性可读轨迹。它的意义在于把本征构型接入可读平面，而不在于穷尽对象本身。若在此处直接把输出写成圆化结果，便等于把 κ_I 的职责偷渡回 Π_I。

A8.3 从 $\mathrm{trace}_I(e_A)$ 到可闭合准备

Π_I 输出 $\mathrm{trace}_I(e_A)$ 之后，并不能立刻把任意轨迹无条件写成圆。投影轨迹首先必须进入“可闭合准备”阶段：其相位顺序、轨迹连续性与表征层的闭合优先级，需要先被整理为能够接受补偿组织的状态。这里所谓“准备”，并不是额外发明一个新对象，而是强调 Π_I 的后件与 κ_I 的前件之间存在一段不可省略的顺序过渡。

这一中间带的理论意义很大。它表明：标准惯性图之所以能够成立，不是因为本征构型天然就是一个平面圆，而是因为惯性可读轨迹在既定条件下可以被组织成可闭合序列。换言之，圆化并不是投影一出现就自动完成的，它必须以后续补偿组织为前提。

A8.4 κ_I：补偿组织、圆化结果与条件唯一性

κ_I 的职责是把已经进入可闭合准备的 $\mathrm{trace}_I(e_A)$ 组织为补偿性闭合结果。它不重新定义 e_A，也不把几何端点非闭合改写为本征闭合；它所给出的，是一个属于表征层的圆化结果 C_I，即标准惯性投影圆。由此，κ_I 的作用是“组织补偿闭合”，而不是“制造本征闭合”。

在给定 A、$S_{\mathrm{st}}(A)$、I、Σ_I 与既定 e_A 的条件下，C_I 的输出可以写成条件唯一。这里的“唯一”必须始终附着于条件：给定 Arc-Spinor，给定 Static Spacetime，给定标准惯性场与截断读法，给定被投影的 e_A，则补偿性圆化结果具有唯一可读性。它绝不是脱离条件的绝对唯一，更不是由此反推本征对象已经被完全确定。

表 A5 Π_I—κ_I 投影—闭合链的最小顺序

环节	核心问题	主要输入	主要输出	允许写法
链前提	链是否已经具备对象前提	A, $S_{\mathrm{st}}(A)$, e_A, I, Σ_I	可调用接口条件	链从既定 e_A 出发
Π_I-1	谁被放入惯性可读框架	A, $S_{\mathrm{st}}(A)$, e_A	可投影背景	Π_I 给予惯性可读入口
Π_I-2	如何进入表征轨迹层	I, Σ_I	$\mathrm{trace}_I(e_A)$	输出是轨迹而非圆
中间准备	轨迹何以可接受闭合组织	$\mathrm{trace}_I(e_A)$	可闭合序列	圆化前存在顺序准备
κ_I	谁负责补偿性闭合	$\mathrm{trace}_I(e_A)$ 与既定条件	C_I	κ_I 组织圆化结果
结果定位	输出属于哪一层	C_I	表征闭合层	圆化结果不得回灌本体层

A8.5 允许语句与禁写边界

Π_I—κ_I 链可以支持若干相对稳健的表述：其一，Π_I 使本征 e_A 获得惯性可读入口；其二，$\mathrm{trace}_I(e_A)$ 是 κ_I 的必要前件；其三，κ_I 组织的是补偿性闭合，而不是本征闭合；其四，C_I 属于表征层并在给定条件下具有唯一可读性。这些语句都保持在接口层，不越级回写本体层。

相应地，也存在几类必须严格禁止的误写：不得把 Π_I 写成 e_A 的生成算子；不得把 κ_I 写成对象闭合的本体定义；不得把 C_I 直接等同于 e_A；不得因为 C_I 呈圆形，就宣称 e_A 在几何端点意义上天然闭合；也不得把该链条直接升级为关于粒子态、质量态或物质态的封闭定理。投影—闭合链的地位，是表征接口链，而不是高阶物理对应的最终证明。

表 A6 Π_I—κ_I 投影—闭合链的禁写边界

误写类型	为何失真	建议改写	所属层
把 Π_I 写成对象生成	把接口链误当成本体生成链	改写为“Π_I 给予惯性可读入口”	接口层
把 $\mathrm{trace}_I(e_A)$ 直接写成圆	偷渡了 κ_I 的职责	改写为“Π_I 输出表征轨迹”	接口层
把 κ_I 写成本征闭合	混淆补偿闭合与本征过程闭合	改写为“κ_I 组织补偿性圆化”	表征层

误写类型	为何失真	建议改写	所属层
把 C_I 等同于 e_A	将表征结果回灌本体对象	改写为“C_I 为标准惯性投影圆”	层级区分
把条件唯一写成绝对唯一	忽略 Arc-Spinor 与读法条件	改写为“在给定条件下具有唯一可读性”	条件边界

A8.6 $\mathrm{trace}_I(e_A)$ 的相位连续性条件

在 Π_I 已经输出 $\mathrm{trace}_I(e_A)$ 之后，最先需要补足的，不是新的圆化图形，而是该轨迹何以保持可读的相位连续性。这里的“连续性”并不等于欧氏平滑性定理，而是一个较弱但更关键的接口条件：在给定 Arc-Spinor、Static Spacetime、惯性场、标准截断面与 Time Line 方向的前提下，表征轨迹必须保持与本征 e_A 一致的相位次序，不得在惯性读法中出现角色倒置、局部逆序或无根据的断裂片段。

因此，$\mathrm{trace}_I(e_A)$ 的最低连续性条件至少可压缩为三项：其一，相位顺序保持，即由 M→P 或 P→M 所规定的读法方向不能在投影层被任意翻转；其二，轨迹连贯保持，即表征轨迹不能被拆成彼此无序的碎片后再交由 κ_I 强行拼接；其三，局部相位邻接保持，即那些将在闭合准备阶段进入补偿组织的关键邻接关系，必须在投影层中仍然可追踪。只有在这些弱条件成立时，$\mathrm{trace}_I(e_A)$ 才可被称为“可闭合准备的轨迹”，否则 κ_I 所面对的将不再是有序表征，而只是失序图形。

A8.7 κ_I 的补偿组织次序

一旦 $\mathrm{trace}_I(e_A)$ 已具备最低连续性，κ_I 的职责才开始变得可分解。就当前阶段而言，其补偿组织次序宜被理解为三步：先确认闭合序已经被预整为可读的相位序列，再对该序列施加与标准惯性读法相一致的补偿组织，最后才输出圆化结果 C_I。换言之，κ_I 不是把任意轨迹一把压成圆，而是在既定条件下，把已经保持相位连贯的表征轨迹组织为条件唯一的补偿性闭合。

这一顺序之所以必须被明确，是因为 κ_I 并不修补本体缺失，也不弥补投影阶段的任意失序。它只能在既定 Arc-Spinor、Static Spacetime、惯性场、截断条件与已保持连续的 $\mathrm{trace}_I(e_A)$ 上工作。由此，较稳健的表述应是：C_I 是补偿组织完成后的最终表征结果，而不是先验存在的圆形模板；所谓“条件唯一”，也应理解为当且仅当顺序预整、相位连续性与标准读法同时成立时，圆化结果才具有唯一可读性。若跳过这些前件，κ_I 就会被误写为一种脱离条件的几何拟合器。

A8.8 $\mathrm{trace}_I(e_A)$ 的弱连续性判据组

为避免把“连续性”误写成欧氏曲线的强光滑性定理，本节只提出弱连续性判据组。所谓“弱”，是指这些判据只保证 $\mathrm{trace}_I(e_A)$ 已经达到可以被 κ_I 合法接手的最低接口状态，而不宜称该轨迹已具有完整解析表达、完美平滑性或本征闭合地位。

在当前阶段，弱连续性至少包括四项互相关联的最低判据。第一，矢向保序：由 M→P 或 P→M 所规定的读法方向，不能在同一条惯性可读轨迹内部被任意翻转。第二，连贯单链：轨迹必须能被读成一条有顺序的单链，而不是若干彼此无序的碎片拼贴。第三，极端可辨：与 P/M 角色相关的端部或邻域信息，必须仍可维持最低限度的可辨识性，以便后续补偿组织不至于失去角色依托。第四，截断一致：同一条 $\mathrm{trace}_I(e_A)$ 的读法必须附着于同一组 Σ_I 与 Time Line 贯通约定，而不能在读取过程中暗中更换截断规范。

这四项判据之所以被称为“组”，而非单一定理，是因为它们只共同保证一件事：$\mathrm{trace}_I(e_A)$ 仍然保持为一个可交付给 κ_I 的、条件受限但未失序的表征轨迹。若其中任一项破坏，就不应再把该轨迹写成“可圆化准备完毕”的输入，而只能写成不稳定、失序或待重设条件的轨迹状态。

表 A7 $\mathrm{trace}_I(e_A)$ 的弱连续性判据组

判据	压缩表述	最低作用	若失败则
矢向保序	M→P / P→M 的读法方向不得中途翻转	保持相位读法的一致方向	不得交付 κ_I；先回到读法设定层
连贯单链	轨迹可被读成单条有序链	防止碎片拼接冒充连续轨迹	只可写为失序轨迹，不得写为可闭合准备
极端可辨	P/M 邻域的最低角色信息仍可辨	维持角色重标定与端部读法	后续补偿失去极端依托，圆化无从判定
截断一致	Σ_I 与 Time Line 约定保持一致	保证同一条轨迹在同一组读法条件下被读取	属于条件切换，不可视作同一 $\mathrm{trace}_I(e_A)$

因此，较稳妥的允许语句是：$\mathrm{trace}_I(e_A)$ 在给定 Arc-Spinor、Static Spacetime、惯性场与标准截断条件下，若保持矢向保序、连贯单链、极端可辨与截断一致，则可被称为满足弱连续性。相反，禁止把“弱连续性”直接升级为本征光滑性、对象闭合性或任意投影皆可圆化的证明。

A8.9 κ_I 的圆化判据与失败边界

即使 $\mathrm{trace}_I(e_A)$ 已满足弱连续性，κ_I 也并非自动成功。圆化是表征层中的结果性条件，而不是只要有轨迹就必然发生的普遍事件。为了避免把补偿组织误写成无条件“圆生成”，有必要进一步给出 κ_I 的圆化判据与失败边界。

在当前版本中，圆化判据至少包括四项。第一，闭合序已预整：轨迹的相位顺序已经足够明确，不再需要由 κ_I 代替 Π_I 去修补失序。第二，补偿可接入：补偿组织与既定标准惯性读法相容，而不要求额外更换 Σ_I、Time Line 或角色方向。第三，结果单值：在同一组 A、$S_{\mathrm{st}}(A)$、I、Σ_I 与既定 e_A 条件下，不应同时出现多个彼此冲突的圆化结果。第四，层级不过冲：所得 C_I 只能被写成表征层的圆化结果，而不能回灌去定义本征闭合。

与之对应，失败边界也必须被同时写明。若 $\mathrm{trace}_I(e_A)$ 尚未满足弱连续性，κ_I 应被判为尚不可调用；若补偿组织只能靠更换读法条件才能得到圆，则该圆不属于同一链条的合法输出；若在同一条件下出现两个以上互不相容的圆化结果，则条件唯一性尚未建立；若作者试图用 C_I 去证明 e_A 在几何端点意义上天然闭合，则已越过层级边界，构成禁写。

表 A8 κ_I 的圆化判据与失败边界

判据 / 边界	含义	允许输出	禁写边界
闭合序已预整	$\mathrm{trace}_I(e_A)$ 已具备可闭合序而非任意失序	可进入补偿组织	不得由 κ_I 代替前序去修补失序
补偿可接入	补偿组织不要求更换既定读法条件	可继续圆化	不得通过偷换 Σ_I 或 τ 取得“成功”
结果单值	同一条件下不出现冲突性 C_I	可写为条件唯一	多圆并存时不得宣称唯一性已成立
层级不过冲	C_I 只属于表征圆化层	可作为标准惯性图结果	不得反写成本征闭合定义
失败边界 1	弱连续性未成	应停在 trace 层并回退检查	不得直接输出圆
失败边界 2	圆化依赖条件偷换或结果冲突	应写为失败或未定	不得把失败伪装为对象性质

这样一来，Π_I—κ_I 链就获得了一个更清楚的停机语法：并非一旦出现 $\mathrm{trace}_I(e_A)$ 就总能圆化，而是必须先满足弱连续性，再满足圆化判据，方可得到条件唯一的 C_I。凡不满足这些条件的情形，都应被明确写成“失败边界”“未定状态”或“需回退到前件重设”，而不是被模糊吞入标准惯性图。

A8.10 与后续专章的接口

在本版中，前述两条细化方向继续分化但节奏不同：一方面，Π_I—κ_I 链已由弱连续性、圆化判据与回退语法推进到例示/反例图谱；另一方面，η_n—x_* 链则不再只停留在初步专章，而开始拆入同一极保持、角色重标定、倍律读法保持、投影重合、时向贯通与受限中心性的细判据组。由此，附录中的双链结构开始出现更接近“判据矩阵”的技术密度。

A8.11 $\text{trace}_I(e_A)$ 的三项细判据

为使 A8.8 的“判据组”能够在后续写作中被更精细地调用，本节将其再压缩为三项细判据：相位保持条件、截断一致性条件与局部可读性条件。三者仍属于弱连续性内部的接口性判据，不构成强光滑定理，也不自动推出圆化成功。它们的作用只是回答：在什么意义上，$\text{trace}_I(e_A)$ 可被称为仍然保持为同一条、同一读法、同一截断条件下的惯性可读轨迹。

A8.11.1 相位保持条件

所谓相位保持，并非要求每一点都附带数值相位，而是要求由 M→P 或 P→M 所规定的读法方向在同一条 $\text{trace}_I(e_A)$ 内不被任意倒置；与 P/M 角色有关的先后关系、接近关系与端部邻域，不得在表征层被改写为无方向的对称碎片。只要读法方向发生不可恢复的翻转，就不应继续称之为同一相位序下的 $\text{trace}_I(e_A)$，而应判为读法失保。

A8.11.2 截断一致性条件

所谓截断一致，不是说所有可能的 Σ_I 都给出同一轨迹，而是说在一条既已指定的标准截断条件下，轨迹的连续读法不能依赖于中途更换截断面、切换 Time Line 贯入方向或改写惯性读图规范。若只有不断更换截断条件才能维持所谓连续性，则该连续性并不属于同一链条，而只属于不同条件下的拼接说明。

A8.11.3 局部可读性条件

局部可读性是最低限度的图读条件：后续将进入 κ_I 的关键邻接关系，在 $\text{trace}_I(e_A)$ 上仍须局部可辨。这里的“局部”不是细节描摹，而是指至少能分辨哪些片段仍属同一单链，哪些端部或邻域仍可承受 P/M 角色读法，以及哪些局部连接已破坏到不足以进入补偿组织。若局部可读性丧失，则即便总体轮廓尚可辨，也不应贸然判定其已具弱连续性。

表 A9 $\text{trace}_I(e_A)$ 的三项细判据

判据	最低要求	允许语句	禁写边界
相位保持	M→P / P→M 的读法方向在同一 $\text{trace}_I(e_A)$ 内不被任意翻转。	可写为“相位顺序仍被保持”或“读法方向未失保”。	不得升级为数值相位已完备、轨迹已解析光滑。
截断一致	同一连续读法不依赖中途更换 Σ_I、τ 或惯性读图规范。	可写为“在既定标准截断条件下保持连续”。	不得把不同截断结果拼接后仍称为同一链。

判据	最低要求	允许语句	禁写边界
局部可读性	关键邻接、端部或局部连接仍可支持后续补偿组织。	可写为“局部仍可进入 κ_I 的组织步骤”。	不得因总体轮廓尚可辨而直接断言已可圆化。

A8.12 κ_I 的允许区、失败边界与回退语法

在 A8.9 中，“圆化判据与失败边界”仍以组的方式给出。为便于实际引用，本节将其再整理为三层：圆化允许区、最小失败判据与失败后的回退语法。这样做的目的，不是把 κ_I 机械程序化，而是把“何时可以继续、何时必须停机、停机后如何表述”分开。

A8.12.1 圆化允许区

所谓允许区，是指在给定 Arc-Spinor、Static Spacetime、I、Σ_I、τ 与 e_A 的条件下，$\mathrm{trace}_I(e_A)$ 已满足弱连续性，且补偿组织无需更换读法条件即可接入；此时 κ_I 才可被调用，并输出单值的 C_I。允许区的特征不是“看上去像圆”，而是顺序已预整、角色读法未漂移、结果单值且不过冲本体层。

A8.12.2 最小失败判据

最小失败判据至少包括三类：其一，前件失败，即 $\mathrm{trace}_I(e_A)$ 尚未满足弱连续性或三项细判据；其二，组织失败，即补偿组织必须依赖于更换 Σ_I、重置 τ 或改写 P/M 方向才能给出圆；其三，结果失败，即同一条件下出现多个彼此冲突的 C_I，或所得 C_I 被拿来反证 e_A 在几何端点意义上本来闭合。

A8.12.3 失败后的回退语法

一旦 κ_I 失败，最稳妥的写法不是把失败结果硬写成“非标准圆”或“近似成功”，而是明确回退到前一层接口：若失在相位保持，应回退至 Π_I 的读法条件；若失在截断一致，应回退至 Σ_I 与 τ 的指定；若失在局部可读性或组织接入，应把输出降为待整轨迹而非 C_I。故失败后的语法应优先写成“需回退”“未定状态”或“不可调用”，而不应写成“已圆化但不规则”。

表 A10 κ_I 的允许区、失败判据与回退语法

层次	判断重点	可继续与否	推荐写法
允许区	弱连续性已成立，补偿组织无需更换读法条件即可接入，结果单值且不过冲本体层。	可以继续调用 κ_I，并输出条件唯一的 C_I。	“位于圆化允许区，可给出条件唯一的补偿闭合结果。”
最小失败判据	前件失败、组织失败或结果失败之一成立。	不可继续把该链写成已圆化完成。	“尚不可调用” / “触及失败边界” / “结果未定”。
回退语法	失败原因指向 Π_I 的读法条件、Σ_I/τ 的指定，或局部可读性/组织接入不足。	可回退到前件重设，但不可伪称近似成功。	“需回退至前件重设” / “降为待整轨迹状态”。

A8.13 Π_I—κ_I 链的例示/反例图谱

到 A8.12 为止，Π_I—κ_I 链已拥有“何时可继续、何时必须停机、停机后如何回退”的接口语法。下一步最自然的推进，不是立刻把这些条件强行升级为定理，而是先把它们转写为可反复调用的例示/反例图谱。这里所谓“图谱”，并不要求当前版本已经附带全部成图，而是先固定一组可在未来图示中稳定复用的标准案例：哪些情形属于允许区，哪些情形只是伪连续，哪些情形会导致多值圆化，哪些情形必须被明确写成失败边界。

这种图谱化的好处，在于它把 A8.8—A8.12 的判据与语法从文字说明推进为“案例矩阵”。如此一来，后续图示不再只是为段落配图，而能直接承担检验功能：读者可据此判断某个标准惯性图究竟是在展示合法的投影—闭合链，还是只是在视觉上近似为圆却并不满足同一链条的条件。

A8.13.1 例示图谱 I：单链保序、同一截断与条件唯一圆化

在最标准的例示情形中，$\mathrm{trace}_I(e_A)$ 同时满足矢向保序、连贯单链、极端可辨与截断一致，且补偿组织无需更换 Σ_I、Time Line 方向或角色读法即可接入。此时 κ_I 才处于允许区，并输出单值的 C_I。对这一图谱案例，允许的写法是：在既定 Arc-Spinor、Static Spacetime、I、Σ_I、τ 与 e_A 条件下，表征轨迹可被组织为条件唯一的补偿圆化结果。禁写边界则是：不得把该结果反向提升为 e_A 在本征层已天然闭合的证明。

A8.13.2 反例图谱 I：矢向翻转导致的伪连续

若同一条 $\mathrm{trace}_I(e_A)$ 在惯性读法过程中发生不可恢复的 M→P / P→M 翻转，则相位保持条件已经失守。此时即便总体轮廓仍可视觉上连成一条线，也不能把它继续视作同一相位序下的可交付轨迹，更不能把其后的圆形整理写成合法 C_I。对这一反例，最稳妥的语法是“需回退到 Π_I 的读法条件重设”，而不是“略经调整后仍可近似圆化”。

A8.13.3 反例图谱 II：截断切换型伪连续

另一类常见反例是：表征轨迹之所以看似连续，只因为读取过程暗中切换了 Σ_I、改写了 τ 的贯入方向，或混用了两套不同的惯性图读规范。此种情形不属于同一链条内部的连续读法，只属于不同条件下结果的拼贴。故其正确写法应是“截断一致性失败”或“需重设截断条件”，而不是“同一 $\mathrm{trace}_I(e_A)$ 在更灵活的读法下仍可连续”。

A8.13.4 反例图谱 III：多值圆化与结果失败

即使前件保持到 κ_I 可被调用的边缘，也仍可能出现同一组 A、$S_{\mathrm{st}}(A)$、I、Σ_I、τ 与 e_A 条件下产生两个以上互不相容的圆化结果。此时失败不在 Π_I 的显读，而在 κ_I 的结果单值性尚未建立。对这一反例，唯一稳妥的输出是“未定状态”或“结果失败”，而不能把多个圆同时并列地写成同一链条的合法输出。

表 A11 Π_I—κ_I 链的例示/反例图谱矩阵

案例	输入状态	链内判定	允许输出	禁写边界
例示 I：单链保序	相位保持、截断一致、局部可读	κ_I 进入允许区	单值 C_I	不得反证 e_A 本征几何闭合
反例 I：矢向翻转	读法方向中途失保	弱连续性失败	回退至 Π_I 条件重设	不得写成“近似仍可圆化”
反例 II：截断切换	需改换 Σ_I 或 τ 才显连续	截断一致性失败	重设截断条件	不得拼贴为同一 $\mathrm{trace}_I(e_A)$
反例 III：多值圆化	同一条件下出现冲突圆化结果	结果失败 / 未定状态	停止于 C_I 之前	不得把多个圆并列为同链合法输出

有了这组图谱原型，Π_I—κ_I 链在后续版本中便可继续过渡到真正的图例系统：每一张图不只是“帮助理解”，而是承担判据检验与禁写拦截的双重作用。

A9 η_n—x_* 链专章：递阶—结点链的初步展开

A9.1 链的目标与压缩写法

与 Π_I—κ_I 链主要回答“投影如何进入补偿闭合”不同，η_n—x_* 链主要回答“递阶读法如何保持到关键结点”。它所关心的不是圆化本身，而是：在同一极点位置保持不变的前提下，P_n / M_n 的角色如何被重标定；以及在标准惯性截断条件下，这一递阶读法如何与 P/M 的投影重合及 Time Line 的贯通一起压缩为 x_*。可压缩写作：$\eta_n(P_n, M_n) \to$ role-stable re-indexing $\to \Pi_I(P_n$ / $M_n)$ + (τ ∩ $\Sigma_I) \to x_*$。

A9.2 η_n 的前件：同一极保持、角色重标定与倍律读法保持

η_n 的最低职责，不是生成新的极点，也不是移动既有极点，而是在递阶链中保持“同一极点位置 + 不同层级角色”的读法结构。故 P_n 可在下一层被重标为 M_{n+1}，而 M_n 又可在次级构造中回标为 P_{n-1}；但这一切变化都不得被误写为极点位置迁移。与此同时，η_n 还必须保持弧学倍律（LSD）的读法连续：重标定改变的是角色索引，而不是 2:1 结构比例本身。

A9.3 x_* 的输出：投影重合、时向贯通与受限中心性

x_* 的地位只能在标准截断条件下理解。它不是一个先验欧氏中心，也不是任何图形都自带的“圆心”。更稳妥的说法是：当 P/M 的投影在 Σ_I 上出现关键重合，而 Time Line 又以既定 τ 方向贯入同一截断面时，链条才可把这些条件压缩为 x_*。因此，x_* 的输出同时压缩了三件事：投影重合、时向贯通与受限中心性。只要其中任何一项依赖于更换截断规范或改写读法条件，x_* 就不应被写成同一链条内部已稳定成立的结果。

A9.4 链的允许语句与禁写边界

对 η_n—x_* 链而言，允许的语句包括：同一极点可在递阶链中发生角色重标定；x_* 是 P/M 投影重合与 Time Line 贯通在标准截断条件下的压缩输出；x_* 的“中心性”只能是受限的、条件性的，而不能回灌为一般欧氏中心。禁写边界则包括：不得说 η_n 使极点发生空间迁移；不得说 x_* 是一切惯性图无条件共有的圆心；不得把 x_* 的存在反向当作 Π_I—κ_I 链必然成功的证明。

A9.5 与 Π_I—κ_I 链的接口

两条链并不是彼此替代，而是相互校核。Π_I—κ_I 链告诉我们何种表征轨迹可以进入补偿闭合，η_n—x_* 链则进一步追问：该闭合结果是否仍保持递阶读法、关键重合与受限中心性的一致。换言之，前者偏向“如何可圆化”，后者偏向“圆化后是否仍守住递阶—结点结构”。未来更完整的图系与推演，将需要把两条链交错起来，才能避免圆化结果与递阶读法相互脱节。

表 A12 η_n—x_* 链的最小顺序与禁写边界

链步	最低职责	输出	禁写边界
η_n	保持同一极点位置并重标角色	role-stable re-indexing	不得写成极点迁移
$\Pi_I(P_n / M_n)$	在标准 Σ_I 下给出投影重合条件	projected coincidence	不得混用多套截断读法
$\tau \cap \Sigma_I$	提供时向贯通入口	time-line penetration	不得改写 τ 以迎合图形

链步	最低职责	输出	禁写边界
x_*	压缩重合与贯通为关键结点	constrained central node	不得写成无条件欧氏圆心

A9.6 η_n 的弱保持判据组

若 η_n 只被写成“P_n 改记为 M_{n+1}”的简式，容易把递阶读法误降为命名替换。为避免这种退化，本版把 η_n 的前件再拆成三项弱保持判据：同一极保持条件、角色重标定一致条件与倍律读法保持条件。所谓“弱”，并非它们不重要，而是它们尚未被写成封闭定理，只用来判断链条是否仍在同一递阶读法中。

A9.6.1 同一极保持条件

第一项判据要求：在从 P_n 到 M_{n+1}，或从 M_n 到 P_{n-1} 的读法转接中，被重标的必须是同一极点位置，而不是两个邻近但不同的投影位置。只要读法需要偷偷引入第二极点，η_n 就已失守。故允许的写法是“同一极点在相邻层级中被重索引”；禁写则是“上一层的 P 移动后变成下一层的 M”。

A9.6.2 角色重标定一致条件

第二项判据要求：重标定必须在同一链条内部保持方向一致，即角色索引的变更要与当前递阶读法的上行/下行方向相一致，不得在同一段推演中任意混用 $P_n \to M_{n+1}$ 与 $M_n \to P_{n-1}$ 两套重标逻辑。前者与后者都可以被写，但不能在未说明层级方向时彼此叠加。

A9.6.3 倍律读法保持条件

第三项判据要求：重标定之后，LSD 所给定的 2:1 结构比例读法仍须可保持。也就是说，η_n 改变的是角色索引，而不是让 P/M 比例在链内漂移为新的任意值。若为了保住 x_* 而临时更改比例解释，则不属于同一 η_n 链，而是读法层面的越级修补。

表 A13 η_n 的三项弱保持判据

判据	最低问题	允许输出	禁写边界
同一极保持条件	是否仍为同一极点位置	same polar locus	把重标写成极点迁移
角色重标定一致条件	层级方向是否单一且明确	role-stable re-indexing	上下行逻辑混写

判据	最低问题	允许输出	禁写边界
倍律读法保持条件	2:1 结构比例是否仍被保持	LSD-consistent reading	为迎合结点而改写比例

A9.7 x_* 的受限成立判据组

与 η_n 主要处理递阶角色保持不同，x_* 处理的是何时可以把“P/M 投影重合 + Time Line 贯通 + 条件中心性”压缩为同一关键结点。本版把 x_* 的输出再拆为三项受限成立判据：投影重合条件、时向贯通条件与受限中心性条件。

A9.7.1 投影重合条件

第一项判据要求：在既定 Σ_I 与同一读法条件下，P/M 的投影必须在同一截断面上出现可确认的重合，而不是在两张图、两种比例或两次不同读法之间被后验拼接。若重合只在拼图式比较中成立，则 x_* 尚未成立。

A9.7.2 时向贯通条件

第二项判据要求：Time Line 必须以既定 τ 方向贯入同一 Σ_I，并与前述投影重合处共同构成可压缩条件。若 τ 被改写以迎合图形中心，或其贯通点来自另一套惯性读法，则只能说“可能存在中心性暗示”，不能输出 x_*。

A9.7.3 受限中心性条件

第三项判据要求：所谓中心性只能在投影重合与时向贯通同时成立时被有条件地赋予，且这种中心性只服务于链内读法，不得回灌为一般欧氏圆心。换言之，x_* 不是“图上中心先在、链条随后解释”，而是“链条条件先到、受限中心性随后压缩”。

表 A14 x_* 的三项受限成立判据

判据	最低要求	允许输出	禁写边界
投影重合条件	同一 Σ_I 与同一读法下的 P/M 重合	projected coincidence	跨图拼接式重合
时向贯通条件	同一 τ 贯入同一 Σ_I	time-line penetration	改写 τ 以迎合图形中心

判据	最低要求	允许输出	禁写边界
受限中心性条件	重合与贯通同时成立后方可压缩	constrained centrality	升级为一般欧氏圆心

A9.8 η_n—x_* 链的失败判据与伪中心反例

有了 A9.6 与 A9.7，链条不仅能说明何时可继续，也应能说明何时必须停机。对 η_n—x_* 而言，最小失败至少包括四类：同一极漂移、重标定越级、无 τ 贯通的伪中心，以及欧氏回灌型伪中心。它们分别对应不同的回退位置，因而不能笼统写成“中心性尚不稳定”。

A9.8.1 同一极漂移型失败

若一个推演段落把 P_n 与 M_{n+1} 说成“极点转移到下一位置”，或用两个不同投影点代替同一极点的层级重标，则同一极保持条件失败。此时不应继续调用 x_*，更不应把后续重合图样反向证明为递阶读法天然成立。

A9.8.2 重标定越级型失败

若同一段推演同时借用上行和下行的两套角色重标逻辑，或未说明层级方向便把 $P_n \to M_{n+1}$ 与 $M_n \to P_{n-1}$ 混写为一个步骤，则链条的重标定一致性失败。此时应回退到 η_n 的层级方向说明，而不是把混写当作“更一般的递阶同时性”。

A9.8.3 无 τ 贯通的伪中心

若图上出现视觉中心，但没有同一 τ 在同一 Σ_I 上的贯通条件，则这只是一种几何对称感，而非 x_*。最稳妥的写法应是“中心样外观”或“需补足时向条件”，而非“关键结点已经存在”。

A9.8.4 欧氏回灌型伪中心

最常见的误写是：先把惯性图中的圆心当作先验事实，再倒推 η_n 与 x_* 只是其解释。这种写法把链条完全欧氏化，属于应禁止的回灌。x_* 只能在链条末端被压缩出来，不能在链条起点被预设。

表 A15 η_n—x_* 链的失败判据与伪中心反例

失败类型	最低失守处	应回退到	禁写形式
同一极漂移型失败	同一极保持条件	η_n 前件	极点移动后变成下一层角色

失败类型	最低失守处	应回退到	禁写形式
重标定越级型失败	角色重标定一致条件	层级方向说明	上下行逻辑混写为一步
无 τ 贯通的伪中心	时向贯通条件	τ 与 Σ_I 的统一指定	视觉中心即关键结点
欧氏回灌型伪中心	受限中心性条件	x_* 输出层	先有圆心再解释链条

A9.9 与 Π_I—κ_I 的联校规则（细化）

当 Π_I—κ_I 链给出 C_I 时，η_n—x_* 链并不自动随之成功。至少还需追问三件事：该圆化结果是否仍对应同一极点的层级重标？是否保持 LSD 的读法连续？是否在同一 Σ_I 与 τ 条件下给出受限中心性而非欧氏中心幻象？只有三问都过，圆化结果才可与递阶—结点链并列成立。反过来，若 x_* 只能在更换圆化读法、切换截断条件或挪动角色索引后才出现，也必须把这种成功写成“联校失败后需回退”，而不是把两条链各自的局部成功相加为整体成功。

A9.10 本轮推进的意义

到 v9.18 为止，η_n—x_* 链已不再只停留在“有一个专章”的层次，而已获得最小的判据组结构：η_n 方面有三项弱保持判据，x_* 方面有三项受限成立判据，并配有失败边界、伪中心反例与联校规则。这样一来，递阶—结点链开始具备与 Π_I—κ_I 例示/反例图谱相对应的技术密度。

A10 维度对齐、时间轴空间虚拟化与质量接口专章

A10.1 任务与方法边界

本专章的任务，不是立刻给出“积分 = 质量”的终式，而是先解决更上游的维度对齐问题。弧几何内部并不存在与传统数学物理同位阶的本原“质量”概念；因此，若后续要讨论积分与质量的关系律，就必须先说明：在 1T + 2S 的弧几何本征结构下，传统三维空间背景与质量读法究竟以何种方式被受限地引入。

因此，本专章只处理三件事：第一，区分本征层、对齐层与比较层；第二，规定如何在 Static Spacetime 中把时间轴作空间虚拟化处理；第三，把质量限定为一种比较层接口量，而不是让其回灌为弧学本原量。凡超出这三件事的终式推导、经验拟合或传统质量公式对译，暂不在本章中抢跑完成。

A10.2 本征层、对齐层与比较层

为避免两套时空语法互相吞并，本章把相关语句固定分为三层。其一，本征层：弧几何自身的 1T + 2S 结构、Static Spacetime / Dynamic Spacetime 分层、Arc-Spinor 与 e-Arc-Helix 的构型关系，均属于这一层。其二，对齐层：当正文需要与传统三维尺度语法发生接口时，允许在不

改写本征层的前提下，引入一个“拟三维静背景”。其三，比较层：只有到了这一层，才允许把传统物理中的尺度、密度、惯性与质量作为比较量接入。

三层区分的作用，在于阻止最常见的两种误写：其一，把拟三维静背景误写成本体扩维；其二，把比较层中的质量读法提前写回 Dynamic Spacetime 本身。若没有这三层区分，后续任何积分—质量关系式都会在起点处混合两套不同本体。

A10.3 x_* 作为拟三维静背景的展开原点

对齐层的展开原点不能任意选取某个欧氏圆心，而必须回到 P/M 投影重合与 Time Line 贯通共同压缩出来的关键重合结点 x_*。正因为 x_* 同时承担投影重合、时向贯通与受限中心性的角色，它才有资格在对齐层被用作“拟三维静背景”的共同起步点。

由此，Static Spacetime 中原本与弧学二维相对应的两条静空间尺度，连同在 x_* 处被空间虚拟化的时间轴，共同给出一个比较层上的拟三维静背景。需要强调的是：这里的“共同起步”只发生在比较层，不意味着 x_* 因此变成了弧学本体中的一般欧氏原点。

A10.4 时间轴的空间虚拟化与空时比 30/32

所谓“时间轴的空间虚拟化”，是指：在 Static Spacetime 中，时间轴不被当作真实第三空间维，而是在 x_* 条件下被读作可与传统三维尺度概念相对齐的虚拟空间轴。其作用不是改写弧几何本征维度，而是提供一个比较层上的“借长”方向。

在弧几何内部，空时比的代数比当前工作性地写为 30/32。这个比值首先属于弧几何内部关于空间/时间关系的代数读法，而不是传统速度单位下的数值。只有当它被送入比较层、与传统物理的空间/时间参数化发生接口时，才对应为以 c 为上界的换算规则。故更稳的说法不是“30/32 直接等于 c”，而是“30/32 在比较层上通过 c 获得传统物理可读的参数化表达”。

A10.5 虚拟第三维的借长上界与一秒光程

一旦时间轴被读作虚拟第三空间维，其长度就不再是任意自由的几何长度，而是来自时向的受限借长。故本文把这一借长记为 $L_\tau^{(v)}$，并以 c 作为其最大换算上界，则有 $L_\tau^{(v)} \le c\,\Delta\tau$。这里的 c 不是“长度本身”，而是时间轴空间虚拟化进入传统物理参数化时的最大换算率。

若取 $\Delta\tau = 1$ s 作为比较窗，则虚拟第三维的最大借长不超过一秒光程，即约 3×10^5 km。用弧学语言说，这意味着虚拟第三维的有效长度永远不能无限借长到脱离时向上界；用传统比较层语言说，则意味着一切把质量或惯性增长解释为“第三维无限伸展”的说法，都必须受到 c 所代表的借长上界约束。

A10.6 尺度对齐与相对论式读法的受限落点

在比较层读法中，传统三维空间的另外两维与弧学二维静截面相对齐，而最具可变性的，是时间轴借出的虚拟第三维。因此，当传统“质量”被放回动时空相关的比较语境时，首先应当考虑的不是二维静截面的宽窄高矮被同时任意改写，而是这条借长维在上界约束下发生受限缩短或受限伸展。

这也给出一个更稳的接口性解释：相对论语境下与质量相关的尺度异常，不宜直接写成“本征空间维全面变形”，而应优先写成“由时向空间虚拟化所提供的第三维有效借长，在 c 所代表的上界规则下发生受限变化”。如此处理，既保住了弧几何本征二维空间的地位，也为传统物理中的惯性、速度极限与质量读法保留了一个可比较的入口。

A10.7 密度的自然本质：定域化能量叠加

若质量不是本原量，那么密度也不应先被理解为“物质塞进体积”的几何填充率。对弧几何而言，密度的自然本质是定域化的能量叠加状态：也就是说，某一局域区段之所以表现出更高的“密度读法”，不是因为先有一个材料体积被填满，而是因为纯能交互在该区段形成了更强的局域叠加。

因此，本章把密度接口重新表述为：局域化能量测度相对于拟三维静背景的比较读法。如此一来，密度不再直接等于传统体积观中的装填程度，而成为“局域能量叠加 / 虚拟体度量”的接口性结果。

A10.8 两条局域化测度路径

为把上述密度接口落到可继续写下去的两条路径上，本文预留两类局域化能量测度。第一类是拓扑—时间路径，可记为 $E_{\text{loc}}^{(T)}$：它服务于基于 e-Arc-Helix 的拓扑 / 时间积分读法，强调交互链条在动时空中的累计。第二类是频率—投影路径，可记为 $E_{\text{loc}}^{(\omega)}$：它服务于基于量子频率与投影圆叠加的惯性可读性，强调在投影层中可被统计、叠加与比较的局域频率强度。

两条路径未必在当前阶段被强制写成同一函数，但它们都可以在比较层上回收到同一目标：即给出一个可与拟三维静背景联立的局域化能量测度。后续若要讨论“积分如何接入质量”，就应优先在这两条路径中选定入口，而不是越过局域化测度，直接把某个传统质量公式硬套回弧几何。

A10.9 质量接口：比较层函数而非本原量

在上述准备下，本文只把质量写成比较层函数，而不把它写成弧学本原量。可工作的最小语法是：先由弧学二维静截面在 x_* 周围给出一个 $A_{\text{static}}(x_*)$，再由时间轴空间虚拟化给出 $L_\tau^{(v)}$，于是比较层上的虚拟体度量可写为 $V_{3v} = A_{\text{static}}(x_*) * L_\tau^{(v)}$。局域化能量测度则由 $E_{\text{loc}}^{(T)}$ 或 $E_{\text{loc}}^{(\omega)}$ 提供。

在此基础上，质量接口只需被写为 $m_{\text{cmp}} = M(E_{\text{loc}}, A_{\text{static}}, L_\tau^{(v)})$。这里的 M 目前只表示一个比较层读法函数：它说明传统物理所谓的“质量”，在弧几何中只能通过局域化能量测度与拟三维静背景的联立而被读取，而不能反向被宣称为 Arc-Spinor 或 e-Arc-Helix 的先验组成元。目前只表示一个比较层读法函数：它说明传统物理所谓的“质量”，在弧几何中只能通过局域化能量测度与拟三维静背景的联立而被读取，而不能反向被宣称为 Arc-Spinor 或 e-Arc-Helix 的先验组成元。

A10.10 局域化能量测度的最小接口链

A10.8 只指出了两条路径的存在，A10.9 也只把 m_{cmp} 固定为比较层函数。若后续要真正进入“积分—质量关系律”的可写区域，则还需要一条更细、但仍不过强的最小接口链：即从何种局域化窗口出发、通过何种读法产生 $E_{\text{loc}}^{(T)}$ 或 $E_{\text{loc}}^{(\omega)}$，并在何种虚拟体度量条件下把它们接入 m_{cmp}。当前版本不试图给出最终质量公式，只固定这条最小接口链的输入、顺序与禁越级边界。

A10.10.1 T 路径局域化能量的最小接口链

$E_{\text{loc}}^{(T)}$ 服务于拓扑—时间路径。它的最小可写链，不是“对全部 e-Arc-Helix 直接积分”，而是：在既定 Arc-Spinor、Dynamic Spacetime、既定 e_A、给定 τ 方向与比较窗 Δτ 的条件下，先围绕 x_* 选定一个局域化窗口 $U_T(x_*;\ \Delta\tau)$，再对其中保持同一读法的交互区段施加拓扑—时间累计算子，方可得到 $E_{\text{loc}}^{(T)}$。因此，更稳的工作性写法应是 $E_{\text{loc}}^{(T)} = \mathcal{E}_T(e_A\ ;\ x_*,\ U_T,\ \tau,\ \Delta\tau)$。这里的 $\mathcal{E}_T$ 只表示“局域化累计读法”，而不预设它已经等于总能、总积分或质量本身。

A10.10.2 ω 路径局域化能量的最小接口链

$E_{\text{loc}}^{(\omega)}$ 服务于频率—投影路径。它的最小可写链，不是“把全部频率简单求和”，而是：在既定 Static Spacetime、惯性场 I、截断面 Σ_I、Time Line 读法与比较窗 Δω 的条件下，围绕同一 x_* 选定一个投影读窗 $U_\omega(x_*;\ \Delta\omega)$，再对其中满足既定投影规范的频率或相位叠加施加局域化叠加算子，方可得到 $E_{\text{loc}}^{(\omega)}$。因此，更稳的工作性写法应是 $E_{\text{loc}}^{(\omega)} = \mathcal{E}_\omega(C_I\ ;\ x_*,\ U_\omega,\ \Sigma_I,\ \Delta\omega)$。这里的 $\mathcal{E}_\omega$ 只表示“局域化叠加读法”，并不自动等于传统频谱总能或粒子数统计。

A10.10.3 共用锚点与比较窗

两条路径虽然分别偏向 Dynamic Spacetime 与投影表征层，但它们若要进入同一个比较层质量接口，就必须共享三个最小前件：第一，共用同一 x_* 作为局域化锚点；第二，共用同一比较窗 W_{cmp}，以保证所比较的是同一区段、同一时向借长背景下的结果；第三，共用同一条“不得越过 V_{3v} 直接写质量”的接口纪律。缺少任一前件，$E_{\text{loc}}^{(T)}$ 与 $E_{\text{loc}}^{(\omega)}$ 就只能是两条彼此平行的读法，而尚不能进入同一 m_{cmp} 链。

A10.11 两条局域化路径的分工与共用前件

在最小接口链中，两条局域化能量测度路径不是互相消灭的竞争关系，而是针对不同读法重心的并行入口。其目的不是立刻断言二者数值恒等，而是先说明：哪一条更适合描述动时空累计，哪一条更适合描述投影叠加，以及它们何以仍能在同一比较层窗口中被并置。

A10.11.1 动时空累计的入口

当讨论对象主要是 e-Arc-Helix 在 Dynamic Spacetime 中的局域累计、交互持续与拓扑顺序保持时，应优先调用 $E_{\text{loc}}^{(T)}$。此时作者关心的不是“图上看见多少频率叠加”，而是“在同一 τ 方向与同一比较窗内，局域交互如何累积到足以构成一个可比较的能量测度”。因此，$E_{\text{loc}}^{(T)}$ 更适合作为积分型推演的前件入口。

A10.11.2 投影叠加的入口

当讨论对象主要是 C_I 或相关投影读窗中的频率强度、相位密集度与可统计叠加时，应优先调用 $E_{\text{loc}}^{(\omega)}$。此时作者关心的不是动时空中的累计顺序本身，而是惯性可读层中哪些频率或相位成分在同一局域窗口内形成了更强的叠加读法。因此，$E_{\text{loc}}^{(\omega)}$ 更适合作为统计型、表征型或频率型接口的前件入口。

A10.11.3 两路径的比较兼容边界

需要特别限定的是：$E_{\text{loc}}^{(T)}$ 与 $E_{\text{loc}}^{(\omega)}$ 在当前阶段并不被强制写成同一数值函数。更稳的表述是：它们在共享 x_*、W_{cmp} 与 V_{3v} 的前提下，可以被并置为同一比较层质量接口的两种候选入口；但在未建立更强映射规则之前，不应贸然写成 $E_{\text{loc}}^{(T)} = E_{\text{loc}}^{(\omega)}$，更不能把其中一条路径的局部成功直接视为另一条路径的自动验证。

A10.12 比较层质量函数 m_{cmp} 的最小接口链

在 A10.10 与 A10.11 的准备下，m_{cmp} 才能获得一条最低限度的可写链。它的目标不是在本章中给出终极质量公式，而是把“局域化能量测度—虚拟体度量—比较层质量读法”串成可引用的最小顺序，从而防止后续文本越过中介量直接把积分或频率叠加写成质量终式。

A10.12.1 虚拟体度量与局域比较密度

一旦 x_* 周围的二维静截面面积被写为 $A_{\text{static}}(x_*)$, 时间轴空间虚拟化所借出的第三维长度被写为 $L_\tau^{(v)}$，比较层上的虚拟体度量即可记为 $V_{3v} = A_{\text{static}}(x_*) \cdot L_\tau^{(v)}$。在此基础上，局域比较密度只应写成导出量：$\rho_{\text{loc}}^{(3v)} = E_{\text{loc}}/V_{3v}$，其中 E_{loc} 可以由 $E_{\text{loc}}^{(T)}$ 或 $E_{\text{loc}}^{(\omega)}$ 取代。这里的 $\rho_{\text{loc}}^{(3v)}$ 不是弧学本体中的“实体密度”，而是比较层上“局域能量叠加强度相对于拟三维静背景”的读法。

A10.12.2 m_{cmp} 的最小可写语法

由此，m_{cmp} 的最小接口链可写为：Arc-Spinor / $e_A \to x_*$-anchored $A_{\text{static}} \to L_\tau^{(v)} \to V_{3v}$；并联地，$e_A$ 或 $C_I \to E_{\text{loc}}^{(T)}$ / $E_{\text{loc}}^{(\omega)}$；随后两支在 $\rho_{\text{loc}}^{(3v)}$ 处汇合，最终进入 $m_{\text{cmp}} = M_{\text{cmp}}(E_{\text{loc}}, V_{3v}, \rho_{\text{loc}}^{(3v)}; W_{\text{cmp}})$。其中 M_{cmp} 只表示比较层质量函数，而不表示本体层的质量终

式。目前只表示一种比较层读法函数：它说明传统物理中的“质量”在弧几何中只能通过局域化能量测度与拟三维静背景的联立而被读取，而不能在本征层上被预设为先在量。

A10.12.3 禁止的抢跑写法

因此，当前阶段最需要禁止的抢跑写法至少有三类：第一，跳过 E_{loc} 直接把某个时间积分写成质量；第二，跳过 V_{3v} 直接把局域频率叠加写成三维质量；第三，把 m_{cmp} 反向宣称为 Arc-Spinor 或 e-Arc-Helix 的本原组成元。只要出现这些写法，就说明“比较层接口”已经被越级误写成“本体层定理”。

A10.13 允许语句、慎写语句与禁写边界

在这一接口问题上，允许的写法包括：质量不是弧学本原量；时间轴可在 x_* 条件下被空间虚拟化为比较层的虚拟第三维；空时比 30/32 在比较层上通过 c 获得传统物理可读的参数化表达；密度的自然本质是定域化能量叠加；$E_{\mathrm{loc}}^{(T)}$ 与 $E_{\mathrm{loc}}^{(\omega)}$ 可以作为两条局域化能量测度路径；m_{cmp} 只能经由 E_{loc} 与 V_{3v} 的联立进入。

需要慎写的语句包括：把“30/32 = c”写成简单的数值恒等；把虚拟第三维误写成弧学本体中的真实第三空间维；把一秒光程的借长上界误写成任意时间窗下固定不变的绝对长度；把 $E_{\mathrm{loc}}^{(T)}$ 与 $E_{\mathrm{loc}}^{(\omega)}$ 过早写成数值相等；以及在未说明比较窗 W_{cmp} 的情况下直接比较不同局域化结果。明确禁止的写法则包括：把质量宣称为弧学内部先验存在的本原量；把二维静截面与虚拟第三维混写成未经说明的实体三维空间；在未建立局域化能量测度之前，直接把传统质量公式当作弧学终式；以及越过 V_{3v} 把单一步积分或单一步频率叠加写成 m_{cmp}。

A10.14 本轮推进的意义

到 v9.18 为止，附录的技术推进不仅从双链内部细化，转向了一个更上游的接口问题，而且开始在该接口问题内部建立一条更可引用的最小链条：即如何在不牺牲弧几何本征维度结构的前提下，由局域化能量测度 $E_{\mathrm{loc}}^{(T)}$ / $E_{\mathrm{loc}}^{(\omega)}$ 进入比较层质量函数 m_{cmp}。由此，维度对齐、时间轴空间虚拟化、空时比 30/32 的比较层参数化、局域化能量测度，以及质量接口，开始被压到同一受控语法带内。

A10.14.1 阶段性英文回顾

Appendix A up to this point has established a controlled bridge from the Π_I-κ_I and η_n-x_* chains to the dimension-alignment and mass-interface problem. What follows in later subsections should therefore be read as further technical decompositions of that bridge rather than as a finalized physical law.

A10.15 T 路径的最小积分接口

A10.10 虽然已经把 $E_{\mathrm{loc}}^{(T)}$ 作为“拓扑—时间累计”路径固定下来，但若后续要进入积分与质量关系的可写区域，仍须把它继续拆成一个最低限度可引用的积分接口。此接口的目标，不是给出完整积分定律，而是说明：在何种锚点、窗口、时向跨度与累计规则下，$E_{\mathrm{loc}}^{(T)}$ 才可以被称为局域化能量测度，而非任意时间求和。

A10.15.1 输入前件：锚点、比较窗与时向跨度

$E_{\mathrm{loc}}^{(T)}$ 的最低输入至少包含四项：其一，x_* 作为比较层展开的锚点；其二，W_{cmp} 作为局域比较窗；其三，$\Delta\tau_T$ 作为参与累计的时向跨度；其四，χ_T 作为允许的累计读法。只有在 x_* 与 W_{cmp} 已经把读法定域，且 $\Delta\tau_T$ 被明确限定为同一比较窗中的可比较时向段时，$E_{\mathrm{loc}}^{(T)}$ 才能避免退化为“任意长程积分”。

因此，最压缩的接口写法可先记为：$E_{\mathrm{loc}}^{(T)} = I_T[e_A \mid x_*, W_{\mathrm{cmp}}, \Delta\tau_T, \chi_T]$。这里的 I_T 不是最终函数形式，而是一个提醒性记号：它说明 $E_{\mathrm{loc}}^{(T)}$ 必须通过时向累计进入，而这个累计又必须被同一锚点与同一比较窗所约束。

A10.15.2 最小积分语法：累计、定域与不可越级

在允许语句层，$E_{\mathrm{loc}}^{(T)}$ 可以被写成“同一比较窗中的时向累计所得的局域化能量测度”，也可以被写成“e-Arc-Helix 在给定读法下的拓扑—时间累计输出”。但不得直接写成“时间积分即质量”，也不得把任意时向长度的简单累加无条件认作 $E_{\mathrm{loc}}^{(T)}$。

换言之，$E_{\mathrm{loc}}^{(T)}$ 的最小合法句法是：先有 x_* 锚定，后有 W_{cmp} 定域，再有 $\Delta\tau_T$ 的选取与 χ_T 的累计规则，最后才允许输出 $E_{\mathrm{loc}}^{(T)}$。只要其中任一环节缺失，就只能回退到“累计尝试”或“比较前件”，不能越级写成局域化能量测度。

A10.15.3 最小失败边界

$E_{\mathrm{loc}}^{(T)}$ 的三类最小失败尤其需要防范：第一，长程泛化型失败，即把未定域的全时向求和写成局域测度；第二，锚点悬空型失败，即未通过 x_* 把累计放回拟三维静背景；第三，质量抢跑型失败，即尚未进入 V_{3v} 与 $\rho_{\mathrm{loc}}^{(3v)}$ 的比较层读法，便把累计结果直接写成 m_{cmp}。

A10.16 ω 路径的最小叠加接口

与 $E_{\mathrm{loc}}^{(T)}$ 偏向动时空中的拓扑—时间累计不同，$E_{\mathrm{loc}}^{(\omega)}$ 偏向投影—频率路径中的局域叠加。这里的关键不是“频率越多越大”，而是：在同一比较窗与相位可读条件下，频率叠加如何形成可比较的局域能量测度。

A10.16.1 输入前件：投影圆、相位区间与频率簇

$E_{\text{loc}}^{(\omega)}$ 的最低输入至少包含：其一，经 $\Pi_I—\kappa_I$ 链验证后的惯性可读结果 C_I；其二，仍与 x_* 对齐的比较窗 W_{cmp}；其三，局域相位区间 Φ_{cmp}；其四，参与叠加的频率簇 Ω_{cmp}；其五，允许的叠加读法 χ_ω。若没有 C_I 与 Φ_{cmp}，则所谓“频率叠加”只会退化为脱离图谱的频数堆叠。

其压缩记法可写为：$E_{\text{loc}}^{(\omega)} = S_\omega[C_I \mid x_*, W_{\text{cmp}}, \Phi_{\text{cmp}}, \Omega_{\text{cmp}}, \chi_\omega]$。这里的 S_ω 同样不是最终谱函数，而是提醒：$E_{\text{loc}}^{(\omega)}$ 的成立条件在于频率叠加必须受到投影圆、相位区间与同一比较窗的共同约束。

A10.16.2 最小叠加语法：相位受限、频率受限与定域输出

在允许语句层，$E_{\text{loc}}^{(\omega)}$ 可以被写成“同一惯性投影与同一相位区间下的频率—投影叠加输出”，也可以被写成“局域频率簇在比较窗中的受限叠加所给出的能量测度”。但不得把单纯频率个数、单纯投影圆面积，或任何未经相位受限的叠加结果，直接认作 $E_{\text{loc}}^{(\omega)}$。

因此，$E_{\text{loc}}^{(\omega)}$ 的最小合法句法是：先有 C_I 的可读投影结果，再有 x_* 与 W_{cmp} 的共同定域，随后指定 Φ_{cmp} 与 Ω_{cmp}，并给出 χ_ω 的叠加读法，最后才允许输出 $E_{\text{loc}}^{(\omega)}$。

A10.16.3 最小失败边界

$E_{\text{loc}}^{(\omega)}$ 的最小失败也有三类：第一，脱相位型失败，即没有 Φ_{cmp} 便直接叠加；第二，脱投影型失败，即不经 C_I 而把任意频率集合写成局域测度；第三，质量抢跑型失败，即把某一步频率叠加直接写成 m_{cmp}，而略过了 V_{3v} 与 $\rho_{\text{loc}}^{(3v)}$ 的比较层接口。

表 A11 $E_{\text{loc}}^{(T)}$ / $E_{\text{loc}}^{(\omega)}$ 的最小接口分解

接口	最低输入	允许输出	禁写边界
$E_{\text{loc}}^{(T)}$	x_*、W_{cmp}、$\Delta\tau_T$、χ_T	局域化的拓扑—时间累计测度	把任意时向积分直接写成质量
$E_{\text{loc}}^{(\omega)}$	C_I、x_*、W_{cmp}、Φ_{cmp}、Ω_{cmp}、χ_ω	局域化的频率—投影叠加测度	把频率堆叠直接写成质量

A10.17 两路径进入 m_{cmp} 的受限联校

当 $E_{\text{loc}}^{(T)}$ 与 $E_{\text{loc}}^{(\omega)}$ 都已在同一 x_* 与同一 W_{cmp} 下取得可比较输出时，二者才允许进入比较层质量函数 m_{cmp} 的联校。这里的联校不是要求两路径立即给出数值同一，而是要求它们至少在锚点、比较窗、虚拟体度量 V_{3v} 与比较密度 $\rho_{\text{loc}}^{(3v)}$ 的读法上不彼此冲突。

A10.17.1 联校前件

最小联校前件有四：同一 x_*；同一或可比较的 W_{cmp}；同一 V_{3v} 读法；以及同一 $\rho_{\mathrm{loc}}^{(3v)}$ 的比较语法。若 $E_{\mathrm{loc}}^{(T)}$ 与 $E_{\mathrm{loc}}^{(\omega)}$ 分别附着于不同锚点、不同比较窗或不同虚拟体度量，则它们只能被写成“并行候选路径”，而不能共同进入 m_{cmp}。

A10.17.2 允许输出

满足联校前件时，可以允许如下压缩语句：$m_{\mathrm{cmp}} = M_{\mathrm{cmp}}[E_{\mathrm{loc}}, V_{3v}, \rho_{\mathrm{loc}}^{(3v)}$
$midx_*, W_{\mathrm{cmp}}]$，其中 E_{loc} 可以暂以 $E_{\mathrm{loc}}^{(T)}$ 或 $E_{\mathrm{loc}}^{(\omega)}$ 代表两条不同局域化路径的候选输入。

A10.17.3 抢跑失败的三种形式

第一，单路径绝对化：把 $E_{\mathrm{loc}}^{(T)}$ 或 $E_{\mathrm{loc}}^{(\omega)}$ 之一无条件宣布为质量本身。第二，虚拟体缺失：未经过 V_{3v} 便直接输出 m_{cmp}。第三，比较密度省略：不经 $\rho_{\mathrm{loc}}^{(3v)}$ 而把局域能量测度直接代入质量函数。以上三种都属于当前版本的禁写边界。

表 A12 进入 m_{cmp} 的最小联校与失败边界

步骤	最低问题	允许输出	失败边界
联校前件	两路径是否共享 x_* 与 W_{cmp}	可比较的双路径候选	不同锚点下强行并式
体度量接入	是否经 V_{3v} 进入比较层	比较层体度量读法	无体度量的质量直写
比较密度接入	是否形成 $\rho_{\mathrm{loc}}^{(3v)}$	局域能量—体度量比较	省略密度层直接写 m_{cmp}
质量函数接口	是否仍保持受限语法	m_{cmp} 的最小可写式	把候选接口写成最终定律

A10.18 本轮拆解的意义

经过本轮拆解，A10 专章中“局域化能量测度—质量接口”的语法已从总接口层进一步落到三个更细的可引用层：其一，$E_{\mathrm{loc}}^{(T)}$ 的最小积分接口；其二，$E_{\mathrm{loc}}^{(\omega)}$ 的最小叠加接口；其三，二者进入 m_{cmp} 的受限联校。这样做的意义，不是提前给出积分—质量关系的终式，而是为后续推导保留一条受控、可回退、可比较的接口链。

A10.19 T 路径的最小积分核与比较窗权重

若 A10.15 只把 $E^{(T)}_{\mathrm{loc}}$ 固定为“局域化的拓扑—时间累计测度”，那么 v9.18 需要继续说明：这一累计最少依靠什么样的核函数写法与什么样的比较窗权重，才能避免从“累计”直接跳成“质量”或“全域能量”。这里的目标不是给出终极积分律，而是把积分路径压缩到一个最小可写、可回退的内核层。

A10.19.1 T 路径最小积分核

$E^{(T)}_{\mathrm{loc}}$ 的最小积分核可工作性地写为 K_T[e_A(τ) | x_*, χ_T]。这里的 K_T 不是传统场论中的完备拉格朗日密度，也不是质量密度本身；它只承担一个较弱但必要的职责：把 e-Arc-Helix 在局域时向段 τ 上的可累计贡献，以 x_* 为锚点并按照累计读法 χ_T 送入比较窗之内。若没有 x_*，K_T 便无法声明自己属于哪个拟三维静背景；若没有 χ_T，K_T 便只能退回到“尚未指定累计读法”的前件。

在最小合法句法上，可把 $E^{(T)}_{\mathrm{loc}}$ 的压缩写法表述为：$E^{(T)}_{\mathrm{loc}}$ = 在最小压缩写法中，可把路径 A 记为 $E^{(T)}_{\mathrm{loc}} = \mathrm{Int}_{\Delta\tau_T \cap W_{\mathrm{cmp}}}[K_T(e_A; x_*, \chi_T)$ w_{W}^{(T)}$(\tau \mid W_{\mathrm{cmp}}, x_*)]$。] dτ。这里的 Int 与 dτ 只是提醒“存在一个受限的时向累计”，而不是在当前版本中就宣称已经得到最后的积分终式。

A10.19.2 T 路径比较窗权重

比较窗权重

$$w^{(T)}_W$$

的作用，是保证累计贡献只在给定比较窗 W_{cmp} 内部被读作“局域化”而非“任意全局求和”。它至少承担三项弱职责：第一，限制 τ 对比较窗边界的可入性；第二，标记该累计是否仍与 x_* 保持同一锚定；第三，防止远离比较窗中心的尾部贡献无条件吞并局域结果。

因此，

$$w^{(T)}_W$$

不能被当作任意的数值修饰符，而应被视为比较窗语法的守门项。允许的写法是“比较窗加权后的时向累计”；慎写的写法是“比较窗决定了全部物理内容”；禁写的写法则是把

$$w^{(T)}_W$$

直接升级为质量权重，或者让它脱离 x_* 而单独决定 $E^{(T)}_{\mathrm{loc}}$ 的成立。

A10.19.3 允许语句与失败边界

在允许语句层，可以写：$E_{\text{loc}}^{(T)}$ 来自同一 x_*、同一 W_{cmp} 与同一 χ_T 下的受限累计；也可以写：K_T 决定“可累计什么”，而

$$w_W^{(T)}$$

决定“在何处、以多强的比较层资格累计”。但不得写：K_T 本身就是质量密度；

$$w_W^{(T)}$$

一旦给出便自动产生 m_{cmp}；或任何不经过比较窗而把全域累计强行叫作局域化测度的句子。最小失败至少有三类：核漂移型失败、窗脱锚型失败，以及权重抢跑型失败。

表 A13 $E_{\text{loc}}^{(T)}$ 的最小积分核与比较窗权重

项	最低职责	允许写法	禁写边界
K_T	给出时向累计的最小核	受 x_* 与 χ_T 约束的累计内核	把 K_T 直接写成质量或终极密度
$w_W^{(T)}$	限定 W_{cmp} 内的局域资格	比较窗加权后的时向累计	把窗口权重直接写成质量权重
$\text{Int}_{\Delta\tau_T \cap W_{\text{cmp}}}$	标记受限累计而非全局求和	局域化的拓扑—时间积分	未定域的全时向求和
联立输出	生成 $E_{\text{loc}}^{(T)}$ 的受限候选	进入 $\rho_{\text{loc}}^{(3v)}$ 前的局域能量测度	绕过 V_{3v} 直接输出 m_{cmp}

A10.20 ω 路径的最小叠加核与相位权重

与 $E_{\text{loc}}^{(T)}$ 通过时向累计进入局域化测度不同，$E_{\text{loc}}^{(\omega)}$ 通过投影—频率路径进入局域化测度。但要使这种叠加具有比较层资格，仅有频率簇 Ω_{cmp} 与可读投影 C_I 还不够；还必须继续说明：什么是最小叠加核，什么是相位权重，以及为何它们不能脱离 Φ_{cmp} 与 x_* 独立运作。

A10.20.1 ω 路径最小叠加核

$E_{\text{loc}}^{(\omega)}$ 的最小叠加核可工作性地写为 $K_\omega[C_I, \Omega_{\text{cmp}} \mid x_*, \chi_\omega]$。它的职责不是替代完整谱结构，而是把“哪些频率簇在何种可读投影条件下允许进入局域叠加”固定下来。若没有 C_I，K_ω 便失去投影可读性前件；若没有 Ω_{cmp}，K_ω 便退化为空核；若没有 χ_ω，它就只能停留在“尚未指定叠加读法”的比较前件。

最小压缩写法可表述为：$E_{\mathrm{loc}}^{(\omega)}$ = Sum_{Ω_{cmp} @ Φ_{cmp}}[$K_\omega(C_I, \Omega_{\mathrm{cmp}}; x_*, \chi_\omega)$ * $w_\Phi^{(\omega)}$(φ | Φ_{cmp}, C_I, x_*)]。这里的 Sum 与 φ 并不要求当前版本就给出离散还是连续的谱学终式；它们只说明：$E_{\mathrm{loc}}^{(\omega)}$ 的成立必须通过受限叠加核与受限相位权重的联立，而不能化约为"频率个数越多越大"的直观叠加。

A10.20.2 ω 路径相位权重

相位权重 $w_\Phi^{(\omega)}$ 的作用，是把 Φ_{cmp} 作为叠加合法性的内部约束写进局域测度。它至少承担三项弱职责：第一，保证参与叠加的频率簇不脱离同一相位区间；第二，保证相位读法仍然附着在已获验证的 C_I 上；第三，限制相位边界外的贡献不无条件流入局域测度。

因此，$w_\Phi^{(\omega)}$ 不是任意相位修饰因子，而是"相位受限的定域门槛"。允许的写法是"相位加权后的频率—投影叠加"；慎写的写法是"相位权重决定全部投影物理"；禁写的写法则是把 $w_\Phi^{(\omega)}$ 直接等同于频率贡献本身，或让其脱离 C_I 与 Φ_{cmp} 后单独输出 $E_{\mathrm{loc}}^{(\omega)}$。

A10.20.3 允许语句与失败边界

在允许语句层，可以写：K_ω 决定"哪些局域频率簇允许进入叠加"，而 $w_\Phi^{(\omega)}$ 决定"这些叠加是否仍处于同一相位可读区间"。但不得写：K_ω 直接给出质量；$w_\Phi^{(\omega)}$ 一经给出便自动决定密度；或任何跳过 C_I 与 Φ_{cmp} 而把频率集合直接写成 $E_{\mathrm{loc}}^{(\omega)}$ 的句子。最小失败至少有三类：脱投影核失败、脱相位权重失败，以及叠加抢跑型失败。

表 A14 $E_{\mathrm{loc}}^{(\omega)}$ 的最小叠加核与相位权重

项	最低职责	允许写法	禁写边界
K_ω	给出频率—投影叠加的最小核	受 C_I、Ω_{cmp} 与 χ_ω 约束的叠加内核	把 K_ω 直接写成质量或终极谱函数
$w_\Phi^{(\omega)}$	限定 Φ_{cmp} 内的相位合法性	相位加权后的频率—投影叠加	把相位权重直接写成密度或质量权重
Sum_{Ω_{cmp} @ Φ_{cmp}}	标记受限叠加而非任意频率求和	局域频率簇的相位受限叠加	脱相位、脱投影的频率拼接
联立输出	生成 $E_{\mathrm{loc}}^{(\omega)}$ 的受限候选	进入 $\rho_{\mathrm{loc}}^{(3v)}$ 前的局域能量测度	绕过 V_{3v} 与 $\rho_{\mathrm{loc}}^{(3v)}$ 直接输出 m_{cmp}

A10.21 本轮继续拆解的意义

经过 v9.18 的继续拆解，A10 专章中“局域化能量测度—质量接口”的语法已不再只停留在接口链、最小接口与受限联校层，而开始进入更接近可写公式的核函数与权重层：其一，$E_{\text{loc}}^{(T)}$ 已取得 K_T 与

$$w_W^{(T)}$$

的最小合法写法；其二，$E_{\text{loc}}^{(\omega)}$ 已取得 K_ω 与 $w_\Phi^{(\omega)}$ 的最小合法写法。这样做的意义，不是提早宣布积分—质量关系定律已经闭合，而是为后续版本继续讨论比较窗权重如何进入最小积分核、相位权重如何进入最小叠加核，以及双路径如何进入更严格的比较层质量函数，提供一套更稳的起笔语法。

A10.22 κ_I 如何进入基础质量的双路径接口

在当前版本中，κ_I 仍不得被误写为“直接产生质量”的本体算子。更准确的说法是：κ_I 在比较层上提供闭合条件，使基础质量的读法得以沿两条受限路径进入。换言之，κ_I 的职责首先是把 Π_I 所显读的结果组织成可比较的闭合前件；只有在这一前件被带入拟三维静背景、局域化能量测度与比较层质量函数的受控语法后，才允许讨论“基础质量”的工作性读法。

A10.22.1 路径 A（拓扑向）：基于 $\Delta v = 2$ 盈余的挠率张量积分写法

路径 A 的对象侧重点，是高速环境中的大质量问题，例如天文学与宇宙学语境中的高速度、大尺度与强几何背景情形。其核心不是把 κ_I 当成质量本身，而是把 κ_I 所给出的闭合条件，连同时间轴的空间虚拟化，组织为一条沿时向展开的挠率张量累计路径。这里所说的 $\Delta v = 2$ 盈余，当前只作为工作性盈余参数使用，用以标示闭合后仍可进入挠率累计的剩余几何张力，而不是已被证明的数值终式。

在最压缩的写法上，可工作性地记为：$E_{\text{loc}}^{(T,\kappa)} \asymp \text{Int}_{\Delta\tau_T \cap W_{\text{cmp}}}[K_A^{(\kappa)}(\tau)]$。$\mathbb{T}_{\Delta v=2}^{(\kappa)}(e_A\,;\,\tau,$ $x_*, \chi_T) \cdot$

$$w_W^{(T)}$$

$(\tau \mid W_{\text{cmp}}, x_*)$] dτ，其中 $\mathbb{T}_{\Delta v=2}^{(\kappa)}$ 表示受 κ_I 闭合条件约束的挠率张量累计核。进一步进入比较层时，只允许写成 $m_{\text{cmp}}^{(A)} = \mathcal{M}_A[E_{\text{loc}}^{(T,\kappa)}, V_{3v}, \rho_{\text{loc}}^{(3v)}]$。此处的 $\mathcal{M}_A$ 不是广义相对论终式，而只是说明：路径 A 在几何底色上更接近曲率 / 挠率型的连续累计读法。

A10.22.2 路径 B（量子向）：基于 x_* 结点与投影圆闭合的离散频率求和

路径 B 的对象侧重点，是日常物理与粒子尺度中的质量问题。它不沿长时向累计进入，而是围绕 x_* 关键结点，把 e-Arc-Helix 的闭合条件、Π_I—κ_I 验证后的投影圆结果 C_I，以及局域相位区间 Φ_{cmp}，一起组织成一条离散频率求和路径。其底色更接近狭义相对论与量子力学可接受的离散读法。

其最压缩的写法可工作性地记为：$E_{\mathrm{loc}}^{(\omega,\kappa)} \asymp \sum_{\Omega_{\mathrm{cmp}}@\Phi_{\mathrm{cmp}}}[K_B^{(\kappa)}(\omega)]$。$\mathbb{Q}_n^{(\kappa)}(C_I\,;x_*,\varphi_n,\chi_\omega)$ $\cdot w_\Phi^{(\omega)}(\varphi_n \mid \Phi_{\mathrm{cmp}}, C_I, x_*)$]，其中 $\mathbb{Q}_n^{(\kappa)}$ 表示经 κ_I 闭合条件允许后进入离散叠加的频率项。进一步进入比较层时，只允许写成 $m_{\mathrm{cmp}}^{(B)} = \mathcal{M}_B[E_{\mathrm{loc}}^{(\omega,\kappa)}, V_{3v}, \rho_{\mathrm{loc}}^{(3v)}]$。此处的 $\mathcal{M}_B$ 不是量子质量终式，而只是说明：路径 B 在离散底色上更接近闭合投影圆的频率—相位求和。

A10.22.3 对象分工、适用域与禁写边界

在当前版本中，两条路径的分工应被严格限定：路径 A 更适合高速环境中的大质量问题，路径 B 更适合日常物理与粒子尺度中的质量问题；二者可以是并行候选路径，但不得在未说明比较窗、对象类别与联校前件的情况下，被粗暴写成数值等价。允许的写法是：κ_I 为两路提供闭合前件；路径 A 提供连续累计底色；路径 B 提供离散叠加底色。慎写的语句包括：把 $\Delta v = 2$ 直接写成经验常数；把 $\mathbb{T}_{\Delta v=2}^{(\kappa)}$ 直接写成标准广义相对论张量；以及把 $\mathbb{Q}_n^{(\kappa)}$ 直接写成通常量子本征值。明确禁止的写法则包括：把 κ_I 说成质量生成算子；把路径 A 与路径 B 的对象域混写；以及把任一路的局域输出直接升格为普适终式。

A10.23 本轮质量接口扩展的意义

通过把 κ_I 的职责进一步压到“基础质量的双路径入口”这一层，A10 专章的语法获得了一个新的中介环节：局域化能量测度与比较层质量函数之间，不再只有抽象的接口链，还出现了对象分工明确的连续累计路径与离散求和路径。这样做的意义，不在于提前宣称质量定律已经完成，而在于为后续把积分—质量关系律、离散频率—质量关系律，以及两条路径的联校问题，放进同一受控语法带内。

A10.24 路径 A / 路径 B 的核函数层与最低联校

在 A10.22 中，κ_I 的基础质量双路径接口还停留在“连续累计底色 / 离散求和底色”的工作性描述。若后续要把两路推进到更接近可写关系式的层面，就必须继续说明：路径 A 与路径 B 各自依靠什么最小核层运作，它们各自的权重项如何守住局域化资格，以及何时才允许把二者并置为比较层上的并行候选质量接口。当前版本仍不追求封闭终式，而只把双路径推进到‘最小核层 + 最小失败边界 + 最低联校’的可引用层。

A10.24.1 路径 A：连续累计核的最小工作层

若路径 A 以 $\Delta v = 2$ 盈余为连续累计的工作入口，则其最小核层不宜直接写成“积分 = 质量”，而应先写成一个受 κ_I 闭合条件、x_* 锚点与比较窗共同约束的连续累计核。更稳的工作性记号是：$K_A^{(\kappa)}(\tau) := \mathbb{T}_{\Delta v=2}^{(\kappa)}(e_A\,;\tau, x_*, \chi_T)\,\cdot$

$w_W^{(T)}$

(τ | W_{cmp}, x_*)。其中，$\mathbb{T}^{(\kappa)}_{\Delta v=2}$ 负责标记在 κ_I 已经给出闭合前件之后，沿时向仍允许累计的挠率贡献；

$$w^{(T)}_W$$

负责把这些贡献限定在同一比较窗之内，而不致滑向任意全域求和。

由此，路径 A 的最小合法压缩写法可表述为：$E^{(T,\kappa)}_{\text{loc}} = \text{Int}_{\Delta\tau_T \cap W_{\text{cmp}}}[K^{(\kappa)}_A(\tau)]$。$W_{\text{cmp}}$}[$K^{(\kappa)}_A$(τ)] dτ。这里的 Int 与 dτ 只意味着“存在一个受限的连续累计”，而不是已经宣称得到质量终式。允许的写法是：路径 A 以连续累计核进入局域化能量测度；慎写的写法是：Δv = 2 自身就是质量生成量；禁写的写法则是绕过 x_*、W_{cmp} 或 V_{3v} 而把连续累计结果直接写成 m_{cmp}。

A10.24.2 路径 B：离散频率核的最小工作层

若路径 B 围绕 x_* 与经 Π_I—κ_I 链验证后的投影圆结果 C_I 展开，则其最小核层也不宜直接写成“频率求和 = 质量”，而应先写成一个受 x_*、C_I、相位区间 Φ_{cmp} 与叠加读法 χ_ω 共同限制的离散频率核。更稳的工作性记号是：$K^{(\kappa)}_{B,n}(\varphi_n) := \mathbb{G}^{(\kappa)}_n(C_I\,;\, x_*,\, \varphi_n,\, \chi_\omega)\cdot w^{(\omega)}_\Phi(\varphi_n$ | Φ_{cmp}, C_I, x_*)。其中，$\mathbb{G}^{(\kappa)}_n$ 负责给出可进入局域叠加的离散频率项；$w^{(\omega)}_\Phi$ 负责保证这些项不脱离同一相位区间与同一投影可读前件。

由此，路径 B 的最小合法压缩写法可表述为：$E^{(\omega,\kappa)}_{\text{loc}} = \sum_{\Omega_{\text{cmp}}@\Phi_{\text{cmp}}}[K^{(\kappa)}_B(\omega)]$。$\Phi_{\text{cmp}}$} $K^{(\kappa)}_{B,n}(\varphi_n)$。这里的 Σ 与 φ_n 只意味着“存在一个受限的离散求和”，而不是已经给出狭义相对论或量子力学中的最终质量公式。允许的写法是：路径 B 以离散频率核进入局域化能量测度；慎写的写法是：任何量子频率簇都天然对应质量项；禁写的写法则是绕过 C_I、Φ_{cmp} 或 $\rho^{(3v)}_{\text{loc}}$ 而把求和结果直接升级为质量。

A10.24.3 双路径的最低联校与禁越级边界

当路径 A 与路径 B 都已取得各自的最小核层时，最低联校问题也必须被进一步压稳。当前版本最稳的写法, 不是要求两路数值同一, 而是要求它们至少共享三类前件: 第一, 同一 x_* 作为局域化锚点；第二, 同一或可比较的 W_{cmp} 作为比较窗；第三，同一 V_{3v} 与同一 $\rho^{(3v)}_{\text{loc}}$ 的比较层语法。满足这些前件时, 只允许写成两条并行候选质量接口: $m^{(A)}_{\text{cmp}} = M_{\text{cmp}}[E^{(T,\kappa)}_{\text{loc}}, V_{3v}, \rho^{(3v)}_{\text{loc}} \mid x_*, W_{\text{cmp}}]$ 与 $m^{(B)}_{\text{cmp}} = M_{\text{cmp}}[E^{(\omega,\kappa)}_{\text{loc}}, V_{3v}, \rho^{(3v)}_{\text{loc}} \mid x_*, W_{\text{cmp}}]$。

相应地，最需要禁止的越级写法至少有三类：其一，把连续路径或离散路径之一绝对化为“唯一质量来源”；其二，在未经过 V_{3v} 与 $\rho^{(3v)}_{\text{loc}}$ 的前提下，直接从 $K^{(\kappa)}_A$ 或 $K^{(\kappa)}_{B,n}$ 输出质量；其三，把两路径的局部成功粗暴写成 $m^{(A)}_{\text{cmp}}$ = $m^{(B)}_{\text{cmp}}$ 的终式。到 v9.21 为止，双路径只被允许写成对象分工明确、核层受限、可继续联校但尚未闭式完成的并行入口。

A10.25 本轮继续推进的意义

至 v9.21 为止，A10 专章中 κ_I 的基础质量双路径接口已由路径名、对象分工与工作性读法，继续推进到更接近可写关系式的最小核层：路径 A 取得了受 κ_I 约束的连续累计核与比较窗权重，路径 B 取得了受 κ_I 允许的离散频率核与相位权重，二者也同时获得了最低联校与禁越级边界。这样一来，基础质量问题不再只停留在“可由两路进入”的纲领层，而开始具备‘核层—窗口—失败边界—联校前件’四项同时可引用的技术腹地。

A11 跃迁—辐照的逆同构范式

如果说 A10 处理的是“质量如何作为比较层接口量进入弧几何文本”，那么 A11 处理的则是“能量在本位与邻位弧旋子之间如何以跃迁 / 辐照方式形成成对范式”。其关键判断是：跃迁不是实体物质的空间位移，而是拓扑张力在本位与邻位流形之间的几何代偿与形式转移；辐照则是该链条的逆同构范式。

A11.1 跃迁不是实体位移，而是几何代偿与形式转移

在弧几何的严密语境下，跃迁（Transition）不宜再被理解为“某个实体粒子从一个位置跳到另一个位置”。更准确的写法是：当本位弧旋子达到能量饱和状态时，系统沿下级时性轴联系统向邻位弧旋子传导，其表现为拓扑张力在本位与邻位流形之间的几何代偿与形式转移，亦即一种双向性的系间拓变。故跃迁首先是一条构型链，而不是一条实体位移链。

A11.2 邻位最低基态要求与传统“激发能”接口

本位系统的能量传递并非任意外泄。要使跃迁成立，邻位 e-Arc-Helix 必须满足最低量子基态的接受条件。当前版本可工作性地把这一前件记为 $G_{\min}$(neighbor)。只有在本位系统达到饱和且邻位系统满足 $G_{\min}$ 时，几何代偿才允许从“尝试跃迁”进入“有效跃迁”。这一最低基态要求，在比较层上与传统物理中诱发跃迁时所说的“激发能”构成经验接口，但二者在本体层上不应被直接等同。

A11.3 辐照作为跃迁的逆同构范式

若把从本位向邻位的外向补偿链称为“跃迁”，则从系外向系内的内向诱导链最合适的对应名可工作性地写为“辐照”（Irradiation）。这里的辐照不是单纯的光学照射名词，而是跃迁链在方向反转后的逆同构范式：前者由系内向系外完成几何代偿，后者由系外向系内完成诱导吸收。由此，传统光电原理语境中的照射—吸收过程，在弧几何中可以被读作“跃迁—辐照”这一对子在相反方向上的两种表现。

A11.4 过载跃迁受阻与爆炸性代偿失稳

当本位弧旋子已经达到过载跃迁条件，而其向邻位系统的允许跃迁又被外加边界或人为条件受迫阻断时，累积的拓扑张力无法沿正常跃迁路径完成几何代偿，于是宏观上可表现为爆炸性代偿失稳。故在弧几何语境中，传统物理中的“爆炸”不宜先被理解为物质实体的突发性外逸，而应被理解为：过载跃迁受阻后，拓扑张力以破裂或失稳方式出现的经验接口现象。

A11.5 辐照吸收受阻与隔热性阻断

与上一条对称，当系外向系内的辐照诱导路径被边界条件抑制，使外来能量不能在本位弧旋子中完成允许吸收时，宏观上便表现为传统物理所说的隔热。故“隔热”在弧几何中并不是某种本原热实体被阻止移动，而是辐照吸收链的阻断结果。允许的经验接口写法是：thermal insulation as blocked irradiative absorption；但不得把“热”重新回灌为弧学本原量。

A11.6 允许语句、慎写语句与禁写边界

允许的写法包括：跃迁是几何代偿与形式转移；辐照是跃迁的逆同构范式；邻位最低基态要求是跃迁得以成立的门槛前件；过载跃迁受阻可表现为爆炸性代偿失稳；辐照吸收受阻可表现为隔热性阻断。慎写的语句包括：把跃迁直接翻译成传统粒子位移；把辐照简单缩减为电磁波照射；把“激发能”与 $G_{\min}$ 无条件认作同一物。明确禁止的写法则包括：把爆炸写成跃迁本身；把隔热写成热实体被困住；以及把本位 / 邻位的拓扑张力传导误写成无条件的物质搬运。

A11.7 本轮扩展的意义

通过引入“跃迁—辐照的逆同构范式”，附录现已把质量接口之外的另一条关键经验接口也纳入受控语法：其一，跃迁可被稳定地写回几何代偿链；其二，辐照可被写成其方向反转的逆同构链；其三，爆炸与隔热这两类传统经验现象，可以分别对应于跃迁受阻与辐照吸收受阻的宏观结果。这样一来，A10 与 A11 共同为后续版本提供了从“质量读法”到“能量转移 / 吸收读法”的双接口带。

A12 核层到比较密度接口

如果说 A10.24—A10.25 已经把 κ_I 的基础质量双路径推进到最小核层，那么下一步最必要的工作，就是说明这些核层输出如何进入比较密度而又不越级冒充最终质量公式。A12 因此把两条路径各自推进到“核层 $\to$ 比较密度”的中介接口：路径 A 从连续累计核进一步通向挠率张量累计与比较密度，路径 B 则从离散频率核进一步通向闭合频率簇与比较密度；最后，再给出双路径在比较密度层的最低共读与禁越级边界。

A12.1 路径 A：挠率张量累计如何进入比较密度

路径 A 在 A10.24 中获得的最小核层，当前写作 $K_A^{(\kappa)}(\tau) := \mathbb{T}_{\Delta v=2}^{(\kappa)}(e_A\,;\,\tau,\,x_*,\,\chi_T)\cdot$

$$w_W^{(T)}$$

。若要从这里继续推进，就必须增加一个仍受 κ_I、比较窗 W_{cmp} 与拟三维体度量 V_{3v} 共同限制的“累计结果层”。当前最稳的工作性记号可写为 $T_{\text{cmp}}^{(\kappa)} := \text{Int}_{\Delta\tau_T\cap W_{\text{cmp}}}[K_A^{(\kappa)}(\tau)]\,d\tau$，其中 $T_{\text{cmp}}^{(\kappa)}$ 不再被直接读成质量，而只被允许读成“受限的挠率张量累计结果”或“连续累计后的局域化挠率量”。

在此基础上，路径 A 的比较密度接口应写成 $\rho_{\text{loc},A}^{(3v)} := D_A(\,T_{\text{cmp}}^{(\kappa)}\,;\,V_{3v},\,x_*,\,\chi_\rho\,)$，其中 D_A 只是比较层上的工作性读法算子，用来表示“如何把累计后的局域挠率量读成拟三维静背景中的比较密度”。允许的写法是：路径 A 通过挠率张量累计进入比较密度；慎写的写法是：把 $T_{\text{cmp}}^{(\kappa)}$ 直接写成质量；明确禁止的写法是：在没有 V_{3v} 或没有 x_* 锚定时，让连续累计核直接输出 m_{cmp}。

A12.2 路径 A 的最低局域化前件

要使 $\rho_{\text{loc},A}^{(3v)}$ 获得局域化资格，至少还须共同满足三项前件。第一，$\Delta v = 2$ 只能被当作工作性盈余参数，而不能被绝对化为宇宙学质量的唯一来源。第二，比较窗 W_{cmp} 必须稳定给定，否则 $T_{\text{cmp}}^{(\kappa)}$ 的累计范围会漂移，导致密度读法失去比较一致性。第三，x_* 必须继续作为拟三维静背景的共同展开原点，使路径 A 的结果能够被放回相同的比较窗与相同的 V_{3v} 中。

A12.3 路径 B：闭合频率簇如何进入比较密度

路径 B 在 A10.24 中获得的最小核层，当前写作 $K_{B,n}^{(\kappa)}(\varphi_n) := \mathbb{G}_n^{(\kappa)}(\,C_I\,;\,x_*,\,\varphi_n,\,\chi_\omega\,)\cdot w_\Phi^{(\omega)}$。若要继续推进，就必须把离散频率核从单频项提升到“闭合频率簇”的层次。当前最稳的工作性记号可写为 $\Omega_{\text{cl}}^{(\kappa)}$:= { $K_{B,n}^{(\kappa)}(\varphi_n)$ }_{n ∈ N_{cmp} @ Φ_{cmp} }，而相应的叠加结果可写为 $G_{\text{cmp}}^{(\kappa)} := \sum_{\Omega_{\text{cmp}}@\Phi_{\text{cmp}}}[K_B^{(\kappa)}(\omega)]$。$K_{B,n}^{(\kappa)}(\varphi_n)$。这里 $G_{\text{cmp}}^{(\kappa)}$ 不是质量，也不是量子终式，而只是经 Π_I—κ_I 链验证后的离散频率簇在局域相位区间中的受限叠加结果。

在此基础上，路径 B 的比较密度接口应写成 $\rho_{\text{loc},B}^{(3v)} := D_B(\,G_{\text{cmp}}^{(\kappa)}\,;\,V_{3v},\,x_*,\,\chi_\rho\,)$。其中 D_B 与 D_A 一样，只是比较层上的工作性读法算子，用来表示“如何把闭合频率簇的受限叠加结果读成拟三维静背景中的比较密度”。允许的写法是：路径 B 通过闭合频率簇进入比较密度；慎写的写法是：把 $G_{\text{cmp}}^{(\kappa)}$ 直接写成粒子质量常数；明确禁止的写法是：绕开 κ_I 验证后的闭合条件，直接从单一频项写出 m_{cmp}。

A12.4 路径 B 的最低局域化前件

要使 $\rho_{\text{loc},B}^{(3v)}$ 获得局域化资格，至少还须共同满足三项前件。第一，频率核只能在经 Π_I—κ_I 链验证后的 C_I 上调用，不能绕开闭合条件。第二，相位区间 Φ_{cmp} 必须稳定给定，否则闭合频率簇的成员资格会漂移，导致叠加结果失去比较窗可读性。第三，x_* 仍须作为共同锚点，以保证路径 B 与路径 A 至少在局域化位置上是可比较的。

表 A16 双路径从核层进入比较密度的最小接口

路径	核层输出	中介结果层	比较密度接口
A（拓扑向）	$K_A^{(\kappa)}(\tau)$	$T_{\text{cmp}}^{(\kappa)} = \text{Int}[K_A^{(\kappa)}]\, d\tau$	$\rho_{\text{loc},A}^{(3v)} := D_A(T_{\text{cmp}}^{(\kappa)}; V_{3v}, x_*, \chi_\rho)$
B（量子向）	$K_{B,n}^{(\kappa)}(\varphi_n)$	$G_{\text{cmp}}^{(\kappa)} = \Sigma\, K_{B,n}^{(\kappa)}(\varphi_n)$	$\rho_{\text{loc},B}^{(3v)} := D_B(G_{\text{cmp}}^{(\kappa)}; V_{3v}, x_*, \chi_\rho)$

A12.5 双路径在比较密度层的最低共读

当路径 A 与路径 B 都已推进到比较密度接口时，最稳的共读方式仍不是要求 $\rho_{\text{loc},A}^{(3v)}$ 与 $\rho_{\text{loc},B}^{(3v)}$ 在数值上立即同一，而是要求它们至少共享同一 x_*、同一或可比较的 V_{3v}，并且都在受限的比较窗 W_{cmp} 与相位区间 Φ_{cmp} 中取得局域化资格。因而当前允许的压缩写法只到如下程度：$m_{\text{cmp}} := M_{\text{cmp}}(\, \rho_{\text{loc},A}^{(3v)}, \rho_{\text{loc},B}^{(3v)}, V_{3v}, x_*, \chi_M\,)$。这里的 M_{cmp} 仍只是比较层工作性函数，而不是已经完成定理化的质量公式。

A12.6 慎写语句与禁越级边界

到比较密度层之后，最容易出现三类误写。第一，把 $\rho_{\text{loc},A}^{(3v)}$ 或 $\rho_{\text{loc},B}^{(3v)}$ 直接当作传统质量终值。第二，在路径 A 中绕过 $T_{\text{cmp}}^{(\kappa)}$ 的中介层，直接让 $K_A^{(\kappa)}$ 输出质量；或在路径 B 中绕过 $G_{\text{cmp}}^{(\kappa)}$ 的中介层，直接让 $K_{B,n}^{(\kappa)}$ 输出质量。第三，把双路径的可比较性误写成双路径的数值恒等。当前最稳的写法，是把双路径都限制在“局域化能量测度 $\rightarrow$ 比较密度 $\rightarrow$ m_{cmp} 的工作性读法”这一链条之内。

表 A17 比较密度层的允许语句、慎写语句与禁写边界

允许	慎写	禁止
路径 A 通过挠率张量累计进入比较密度	把 $T_{\text{cmp}}^{(\kappa)}$ 写成“近似质量”	由 $K_A^{(\kappa)}$ 直接输出 m_{cmp}
路径 B 通过闭合频率簇进入比较密度	把 $G_{\text{cmp}}^{(\kappa)}$ 写成“粒子质量常数”	由单一频项或未闭合频项直接输出 m_{cmp}
双路径在 x_* 与 V_{3v} 上取得最低共读	把可比较性写成数值恒等	把 $\rho_{\text{loc},A}^{(3v)} = \rho_{\text{loc},B}^{(3v)}$ 当作已证结论

A12.7 比较密度层小结

通过把 κ_I 的基础质量双路径从最小核层进一步推进到比较密度接口，附录现已为后续版本提供了一个更稳的中介带：路径 A 不再只停留在连续累计核，而获得了“挠率张量累计—比较密度”的可写过渡；路径 B 不再只停留在离散频率核，而获得了“闭合频率簇—比较密度”的可写过渡。这样一来，m_{cmp} 的进入条件被进一步压稳：它只能建立在受 x_*、V_{3v}、比较窗与局域化资格共同约束的比较密度层之上，为下一步连续 / 离散读法的分流接口提供稳定前件。

A12.8 路径 A 的比较密度如何进入 m_{cmp} 的连续读法

当 $\rho^{(3v)}_{\text{loc},A}$ 已稳定给定后，路径 A 仍不允许一步跳成传统质量终值，而只能先进入比较层上的连续读法。当前最稳的工作性记号可写为 $m^{(\text{cont})}_{\text{cmp},A} := M^{(\text{cont})}_{A}(\ \rho^{(3v)}_{\text{loc},A}\ ;\ T^{(\kappa)}_{\text{cmp}},\ V_{3v},\ x_*,\ W_{\text{cmp}},\ \chi_M\ )$。这里的 cont 指的是：质量读法沿受 κ_I 约束的时间累计方向保持连续，而不是围绕离散频项直接给出本征值。允许的写法是：路径 A 通过比较密度进入 m_{cmp} 的连续读法；慎写的写法是：把 $m^{(\text{cont})}_{\text{cmp},A}$ 直接等同于传统广义相对论质量公式；明确禁止的写法是：在没有 $\rho^{(3v)}_{\text{loc},A}$ 或没有 W_{cmp} 稳定给定时，让 $T^{(\kappa)}_{\text{cmp}}$ 越级输出质量。

A12.9 路径 A 连续读法的最低成立前件

要使 $m^{(\text{cont})}_{\text{cmp},A}$ 获得最小可写资格，至少须共同满足四项前件。第一，$T^{(\kappa)}_{\text{cmp}}$ 必须来自在 W_{cmp} 内保持连通的连续累计，而不是被离散断片任意拼接。第二，V_{3v} 与 x_* 必须继续保持同一比较背景与同一展开原点，否则连续读法失去尺度参照。第三，$\Delta v = 2$ 仍只被允许作为工作性盈余参数，而不是被夸张为一切大质量现象的唯一充分条件。第四，路径 A 在经验接口层面更适于处理天文学、宇宙学以及高速环境中的大质量问题，但这种“适于”首先是对象型分流原则，而不是对路径 B 的否定。

A12.10 路径 B 的比较密度如何进入 m_{cmp} 的离散读法

当 $\rho^{(3v)}_{\text{loc},B}$ 已稳定给定后，路径 B 进入的不是连续累计读法，而是围绕 x_* 与闭合频率簇组织起来的离散读法。当前最稳的工作性记号可写为 $m^{(\text{disc})}_{\text{cmp},B} := M^{(\text{disc})}_{B}(\ \rho^{(3v)}_{\text{loc},B}\ ;\ G^{(\kappa)}_{\text{cmp}},\ V_{3v},\ x_*,\ \Phi_{\text{cmp}},\ \chi_M\ )$。这里的 disc 指的是：质量读法以经 Π_I—κ_I 验证后的闭合频率簇为基础，在受限相位区间中给出分项可数的离散质量读取，而不是沿时间累计方向连续展开。允许的写法是：路径 B 通过比较密度进入 m_{cmp} 的离散读法；慎写的写法是：把 $m^{(\text{disc})}_{\text{cmp},B}$ 直接写成现成的粒子质量常数；明确禁止的写法是：绕开 κ_I 闭合验证与 $\Omega^{(\kappa)}_{\text{cl}}$ 的成员资格，直接从单一频项写出质量。

A12.11 路径 B 离散读法的最低成立前件

要使 $m_{\mathrm{cmp},B}^{(\mathrm{disc})}$ 获得最小可写资格，至少须共同满足四项前件。第一，$G_{\mathrm{cmp}}^{(\kappa)}$ 必须来自闭合频率簇 $\Omega_{\mathrm{cl}}^{(\kappa)}$ 的受限叠加，而不是来自未经闭合验证的任意频率集合。第二，Φ_{cmp} 必须稳定给定，否则离散成员资格会漂移，导致离散读法失去相位一致性。第三，x_* 与 V_{3v} 仍须作为共同锚点与共同体度量保留，以保证路径 B 与路径 A 至少在比较层上可被并读。第四，路径 B 在经验接口层面更适于处理日常物理与粒子科学中的质量问题，但这种“适于”仍是对象型优先级，而不是对路径 A 的删除。

A12.12 双路径进入 m_{cmp} 的最低分流与共读

当 $m_{\mathrm{cmp},A}^{(\mathrm{cont})}$ 与 $m_{\mathrm{cmp},B}^{(\mathrm{disc})}$ 都已获得最小可写资格时，最稳的做法仍不是立刻宣称二者数值恒等，而是先给出对象型分流与最低共读。当前允许的压缩写法可到如下程度：$m_{\mathrm{cmp}} := R_{\mathrm{obj}}(\ \Xi_{\mathrm{obj}}\ ;\ m_{\mathrm{cmp},A}^{(\mathrm{cont})},\ m_{\mathrm{cmp},B}^{(\mathrm{disc})},\ x_*,\ V_{3v},\ \chi_R\ )$。其中 Ξ_{obj} 表示比较层上的对象型或环境型窗口：若问题偏向大尺度、高速、连续累计主导的情形，则优先调用路径 A 的连续读法；若问题偏向局域闭合、离散频簇、日常或粒子层级的情形，则优先调用路径 B 的离散读法。若二者同时可用，当前也只允许把它们读成受限共读、上/下界或相容区间，而不允许抢写成无条件的数值恒等。

A12.13 禁写边界与本轮推进的意义

通过把双路径进一步拆到 m_{cmp} 的连续读法与离散读法，附录现已把“比较密度如何进入质量接口”从单一统读推进为对象型分流的受限语法。路径 A 获得了从 $\rho_{\mathrm{loc},A}^{(3v)}$ 通向 $m_{\mathrm{cmp},A}^{(\mathrm{cont})}$ 的连续入口，路径 B 获得了从 $\rho_{\mathrm{loc},B}^{(3v)}$ 通向 $m_{\mathrm{cmp},B}^{(\mathrm{disc})}$ 的离散入口，而双路径的共同边界也被压稳：任何一条路径都不得把局部核、累计结果、频率簇或单一比较密度直接越级写成最终质量定律。由此，m_{cmp} 在 v9.23 中首次取得“连续 / 离散双入口 + 对象型分流 + 受限共读”的最小接口语法。

A12.14 路径 A：m_{cmp} 的连续窗口稳定条件

当 $m_{\mathrm{cmp},A}^{(\mathrm{cont})}$ 已取得最小读法入口后，下一步最必要的工作就是说明：哪些比较窗仍可维持其连续质量读法，哪些比较窗则会因截断漂移、累计断裂或背景换位而丧失连续稳定性。当前最稳的工作性记号可写为 $\mathrm{Stab}_W^{(A)} := S_A^{(W)}(\ m_{\mathrm{cmp},A}^{(\mathrm{cont})}\ ;\ W_{\mathrm{cmp}},\ x_*,\ V_{3v},\ T_{\mathrm{cmp}}^{(\kappa)},\ \chi_S\ )$。这里的“稳定”并不表示数值恒定不变，而表示：在同一比较窗族中，连续读法仍保持同一锚点、同一体度量参照与同一累计顺序。允许的写法是：路径 A 的质量读法需要连续窗口稳定条件；慎写的写法是：把任何连续变化都自动当作稳定；明确禁止的写法是：在窗口切换或累计断裂时，仍把 $m_{\mathrm{cmp},A}^{(\mathrm{cont})}$ 抢写为可比较的同一质量值。

A12.15 路径 A 连续窗口稳定的最低判据组

要使 $\mathrm{Stab}_W^{(A)}$ 获得最低成立资格，至少须共同满足四项判据。第一，锚点保持：x_* 不能在比较窗内部发生替换或漂移。第二，窗口连通：W_{cmp} 必须保持连续可积，而不能被不相容的小窗拼接冒充。第三，累计保序：$T_{\mathrm{cmp}}^{(\kappa)}$ 在窗口中的进入顺序必须保持一致，否则连续读法会被伪连续遮蔽。第四，体度量一致：V_{3v} 必须在同一比较背景中保持可比较，而不得在不同虚拟尺度间任意跳换。若上述任一判据失效，则路径 A 只能退回比较密度层，或改写为不稳定窗口下的局部读法，而不得维持连续质量读法。

表 A18 路径 A 连续窗口稳定的最低判据

判据	最低职责	允许写法	禁写边界
锚点保持	x_* 不漂移	同一锚点下比较	替换锚点仍称同一读法
窗口连通	W_{cmp} 连续可积	连续窗内累积	拼接小窗冒充连续窗
累计保序	$T_{\mathrm{cmp}}^{(\kappa)}$ 顺序一致	保序进入连续读法	断裂/倒序仍称稳定
体度量一致	V_{3v} 可比较	同背景内稳定比较	跨背景跳换仍称同一质量

A12.16 路径 B：m_{cmp} 的离散簇稳定条件

路径 B 的问题与路径 A 对称，但其不再围绕连续窗口，而是围绕闭合频率簇的成员资格与簇结构是否稳定。当前最稳的工作性记号可写为 $\mathrm{Stab}_\Omega^{(B)} := S_B^{(\Omega)}(\,m_{\mathrm{cmp},B}^{(\mathrm{disc})}\,;\,\Omega_{\mathrm{cl}}^{(\kappa)},\,\Phi_{\mathrm{cmp}},\,x_*,\,V_{3v},\,G_{\mathrm{cmp}}^{(\kappa)},\,\chi_S\,)$。这里的“稳定”并不表示簇成员永不变化，而表示：在同一相位区间与同一闭合验证条件下，成员资格、簇边界与相位分桶仍保持比较层上的可追踪一致性。允许的写法是：路径 B 的质量读法需要离散簇稳定条件；慎写的写法是：把任何有限簇都视为稳定簇；明确禁止的写法是：在成员漂移、闭合失效或相位分桶变更时，仍把 $m_{\mathrm{cmp},B}^{(\mathrm{disc})}$ 当作已稳定的离散质量读法。

A12.17 路径 B 离散簇稳定的最低判据组

要使 $\mathrm{Stab}_\Omega^{(B)}$ 获得最低成立资格，至少须共同满足四项判据。第一，闭合成员资格必须稳定：$\Omega_{\mathrm{cl}}^{(\kappa)}$ 的成员必须来自经 Π_I—κ_I 链验证后的闭合频项。第二，相位桶保持：Φ_{cmp} 的分桶边界必须稳定，否则簇成员资格会被相位漂移重写。第三，簇边界可辨：$G_{\mathrm{cmp}}^{(\kappa)}$ 的叠加必须保留簇边界，而不能被混叠为无差别频率堆。第四，共同比较背景必须保留：x_* 与 V_{3v} 仍须作为路径 B 的共同锚点与共同体度量。若上述任一判据失效，则路径 B 只能退回比较密度层，或写成离散簇不稳定下的局部读法，而不得维持离散质量读法。

表 A19 路径 B 离散簇稳定的最低判据

判据	最低职责	允许写法	禁写边界
成员资格	频项经闭合验证	只读 $\Omega_{\mathrm{cl}}^{(\kappa)}$ 成员	任意频项直接入簇
相位桶保持	Φ_{cmp} 分桶稳定	同桶内比较簇读法	桶漂移后仍称同簇
簇边界可辨	$G_{\mathrm{cmp}}^{(\kappa)}$ 保留边界	区分簇内/簇外贡献	混叠后仍称稳定簇
共同背景	x_* 与 V_{3v} 保留	同背景下离散比较	换背景后仍称同一读法

A12.18 双路径稳定条件下的受限并读

当 $\mathrm{Stab}_W^{(A)}$ 与 $\mathrm{Stab}_\Omega^{(B)}$ 都已取得最低稳定资格时，双路径才首次获得受限并读的最小条件。当前允许的压缩写法可到如下程度：m_{cmp}^*(Ξ_{obj}) := R_{stab}(Ξ_{obj} ; $m_{\mathrm{cmp},A}^{(\mathrm{cont})}$, $m_{\mathrm{cmp},B}^{(\mathrm{disc})}$, $\mathrm{Stab}_W^{(A)}$, $\mathrm{Stab}_\Omega^{(B)}$, x_*, V_{3v}, χ_R)。这里的 R_{stab} 仍不是质量终式，而只是说明：在对象型窗口 Ξ_{obj} 已经明确、双路径读法都已稳定、并且仍共享 x_* 与 V_{3v} 的情况下，连续读法与离散读法可以被写成受限并读、相容区间、上/下界、或交叉校验。明确禁止的写法是：借“稳定”之名，把双路径并读直接写成无条件数值恒等。

A12.19 禁写边界与本轮推进的意义

通过把双路径由 m_{cmp} 的读法入口继续推进到稳定条件层，附录现已把比较层质量接口从“可读”进一步推进到“可稳读”。路径 A 不再只要求能够进入连续读法，而进一步要求其比较窗保持锚点、窗口、顺序与体度量的一致；路径 B 不再只要求能够进入离散读法，而进一步要求其闭合频簇保持成员资格、相位桶、簇边界与共同背景的一致。由此，m_{cmp} 在 v9.23 中首次取得“连续窗口稳定 / 离散簇稳定 / 受限并读”的最小稳定语法。最重要的禁写边界也因此被压稳：未稳定的窗口不得冒充连续质量读法，未稳定的频簇不得冒充离散质量读法，而双路径的稳定资格也不得被偷换成最终质量定律。

A12.20 路径 A：窗口失稳类型谱

当连续窗口稳定条件开始失守时，路径 A 的问题就不再只是“是否稳定”，而转化为“如何失稳”的类型分辨。当前最稳的工作性记号可写为 $\mathrm{Spec}_W^{(A)}$:= { I_{anchor}, I_{split}, I_{order}, I_{volume} }。其中，I_{anchor} 表示以 x_* 为展开原点的锚点漂移型失稳；I_{split} 表示 W_{cmp} 由单连通窗口退化为拼接窗口的裂分型失稳；I_{order} 表示 $T_{\mathrm{cmp}}^{(\kappa)}$ 的进入顺序被局部重排或反转而导致的保序失稳；I_{volume} 表示 V_{3v} 与同一比较背景失配所引发的体度量失稳。四类失稳允许共现，但不得被压缩改写成“连续质量自然不稳定”这一失去类型分辨的总句。

A12.21 路径 A 失稳类型谱的最低反例矩阵

为便于回查，当前把路径 A 的最低反例矩阵压缩为四类：其一，锚点漂移型反例，显示 x_* 的替换或滑移如何立即破坏连续读法；其二，窗口裂分型反例，显示被拼接的小窗如何伪装成连续可积窗口；其三，保序反转型反例，显示 $T_{\mathrm{cmp}}^{(\kappa)}$ 局部进入次序错置后为何不再允许维持连续累计；其四，体度量失配型反例，显示 V_{3v} 的背景换位如何把比较密度读法推离原比较背景。其目的不是枚举全部病理，而是为“何时必须退回分流或失稳报告”提供最低可见边界。

表 A20 路径 A 窗口失稳类型谱的最低反例矩阵

类型	最小触发	立即后果	禁写边界
I_{anchor}	x_* 被替换、滑移或局部重定锚	连续窗口失去共同原点，$m_{\mathrm{cmp},A}^{(\mathrm{cont})}$ 失去比较参照	不得继续写连续质量读法；须退回分流或失稳报告
I_{split}	W_{cmp} 由单窗退化为不相容拼接窗	连续可积性被伪装，窗口连通性被破坏	不得把拼接结果冒写为单一连续窗口
I_{order}	$T_{\mathrm{cmp}}^{(\kappa)}$ 的进入顺序被局部反排	累计核失去保序，$\rho_{\mathrm{loc},A}^{(3v)}$ 不再可连续追读	不得维持连续累计终式；须回退到顺序校核
I_{volume}	V_{3v} 与同一比较背景失配	比较密度转入异背景，连续读法失去尺度一致性	不得跨背景并读；须重新给定体度量与比较窗

A12.22 路径 B：簇漂移 / 簇塌缩类型谱

与路径 A 相对，路径 B 的问题不再是窗口是否连通，而是闭合频率簇是否维持成员资格、相位分桶与簇边界。当前最稳的工作性记号可写为 $\mathrm{Spec}_{\Omega}^{(B)} := \{ D_{\mathrm{member}}, D_{\mathrm{phase}}, C_{\mathrm{blur}}, C_{\mathrm{collapse}} \}$。其中，$D_{\mathrm{member}}$ 表示闭合成员资格发生漂移的成员漂移型失稳；D_{phase} 表示相位桶边界滑移所造成的相位漂移型失稳；C_{blur} 表示簇边界变得不可分辨的边界模糊型失稳；C_{collapse} 表示多个闭合频项在同一低分辨核中塌缩为不可区分团簇的簇塌缩型失稳。前两类主要体现“漂移”，后两类主要体现“塌缩”，二者均可使 $m_{\mathrm{cmp},B}^{(\mathrm{disc})}$ 丧失最低离散资格。

A12.23 路径 B 漂移 / 塌缩类型谱的最低反例矩阵

为便于与路径 A 对照，当前把路径 B 的最低反例矩阵也压缩为四类：成员漂移、相位漂移、边界模糊与簇塌缩。它们分别对应闭合成员资格被重写、Φ_{cmp} 的分桶边界滑移、$G_{\mathrm{cmp}}^{(\kappa)}$ 的边界不再可辨，以及多个频项在低分辨条件下塌缩为不可区分团簇。其共同作用，是迫使离散读法退回到成员校核、相位重分桶、簇重构或失稳报告，而不得继续冒写为稳定的离散质量值。

表 A21 路径 B 漂移 / 塌缩类型谱的最低反例矩阵

类型	最小触发	立即后果	禁写边界
D_{member}	未经闭合验证的频项被并入 $\Omega_{\text{cl}}^{(\kappa)}$	成员资格漂移，离散簇失去闭合纯度	不得把新成员直接计入 $m_{\text{cmp},B}^{(\text{disc})}$
D_{phase}	Φ_{cmp} 的分桶边界滑移或重划	频项分配改变，离散读法失去相位一致性	不得在未重分桶前维持旧簇读法
C_{blur}	$G_{\text{cmp}}^{(\kappa)}$ 的簇边界变得不可辨	簇结构模糊，单簇与邻簇不再可分	不得把模糊簇写成清晰离散值
C_{collapse}	多个闭合频项塌缩为低分辨团簇	离散成员退化为不可区分塌缩核	不得继续使用原离散簇终式；须回退到簇重构或失稳报告

A12.24 双路径失稳下的禁止并读

当 $\text{Spec}_W^{(A)}$ 或 $\text{Spec}_\Omega^{(B)}$ 中任一失稳类型被触发时，双路径并读必须立即收缩。当前允许的最强写法至多为：$R_{\text{inst}}(\,\Xi_{\text{obj}}\,;\text{Spec}_W^{(A)},\text{Spec}_\Omega^{(B)},m_{\text{cmp},A}^{(\text{cont})},m_{\text{cmp},B}^{(\text{disc})}\,)$，其中 R_{inst} 只报告失稳类型、影响范围与允许回退方向，而不再输出共同质量终式。若路径 A 失稳而路径 B 仍稳，则只能保留 B 路的离散读法并显式声明 A 路失稳；反之亦然。若两路同时失稳，则只允许给出对象型失稳图谱或相容区间，不得继续冒写共读。

A12.25 禁写边界与本轮推进的意义

通过把双路径由稳定条件继续推进到失稳类型谱，附录现已把比较层质量接口从“可稳读”进一步推进到“可辨失稳”。路径 A 不再只要求连续窗口稳定，还能区分锚点漂移、窗口裂分、保序反转与体度量失配；路径 B 不再只要求离散簇稳定，还能区分成员漂移、相位漂移、边界模糊与簇塌缩。由此，m_{cmp} 的受限读法首次同时拥有稳定判据与失稳判据两套配对语法。当前必须坚持的禁写边界是：不得把任何一种失稳类型压扁改写成“质量自然波动”；不得把单路失稳时的残余值冒写成双路径共读终式；不得把失稳图谱当作本体层性质。

A12.26 路径 A：窗口失稳恢复 / 回退链

当 $\text{Spec}_W^{(A)}$ 中任一失稳类型被触发时，路径 A 的首要任务不再是维持连续质量读法，而是把已经失稳的读法沿受限顺序回退到仍可比较的层。当前最稳的工作性记号可写为 $\text{Rec}_W^{(A)} := F_{\text{back}}^{(A)}(\text{Spec}_W^{(A)}\,;x_*,W_{\text{cmp}},T_{\text{cmp}}^{(\kappa)},V_{3v},\rho_{\text{loc},A}^{(3v)},\chi_{\text{back}}\,)$。这里的“恢复 / 回退”不是把失稳自动抹去，而是要求：先识别窗口究竟在哪一环失守，再把连续读法退回到仍可校核的锚点、窗口、顺序与体度量层。路径 A 当前允许的输出只有三类：其一，已重新取得最低稳定资格的连续读法；其二，只能停留在比较密度层的回退读法；其三，显式失稳报告。明确禁止的写法是：在窗口仍失稳时，

直接沿用旧的 $m_{\mathrm{cmp},A}^{(\mathrm{cont})}$ 作为有效连续质量值。

A12.27 路径 A 回退链的最低顺序与允许输出

路径 A 的最低回退顺序至少包含四步。第一，类型锁定：必须先把失稳归入锚点漂移、窗口裂分、保序反转或体度量失配。第二，共同背景回收：以 x_* 与 V_{3v} 重新固定比较背景，禁止在漂移状态下直接保留旧窗口。第三，窗口重整：对 W_{cmp} 作重新切定，对 $T_{\mathrm{cmp}}^{(\kappa)}$ 作顺序复核，并把无法保序的局部段落退回到 $\rho_{\mathrm{loc},A}^{(3v)}$ 的区间读法。第四，资格再判：只有当 $\mathrm{Stab}_W^{(A)}$ 的最低判据重新成立时，路径 A 才能重新写成 $m_{\mathrm{cmp},A}^{(\mathrm{cont})}$。若第四步失败，则路径 A 只能停留在回退后的比较密度区间或显式失稳报告，而不得越级返回连续质量终读。

表 A22 路径 A 窗口失稳恢复 / 回退链的最低顺序

步次	链环	最低任务	允许输出
1	类型锁定	判定属于锚点漂移、窗口裂分、保序反转或体度量失配	失稳类型标签
2	背景回收	以 x_* 与 V_{3v} 重固定共同比较背景	可回退背景
3	窗口重整	重切 W_{cmp}，复核 $T_{\mathrm{cmp}}^{(\kappa)}$ 顺序	可比较窗口 / 密度区间
4	资格再判	检查 $\mathrm{Stab}_W^{(A)}$ 是否重新成立	再入连续读法或停留回退层
5	失败分流	若资格未恢复，则转为显式失稳报告	分流 / 区间 / 报告

A12.28 路径 B：簇漂移修复 / 簇塌缩重构链

与路径 A 相对，路径 B 的问题不是连续窗口如何重整，而是闭合频率簇如何在漂移与塌缩后重新取得可分辨结构。当前最稳的工作性记号可写为 $\mathrm{Rec}_\Omega^{(B)} := F_{\mathrm{repair}}^{(B)}(\ \mathrm{Spec}_\Omega^{(B)}\ ; \Omega_{\mathrm{cl}}^{(\kappa)}, \Phi_{\mathrm{cmp}}, G_{\mathrm{cmp}}^{(\kappa)}, x_*, V_{3v}, \chi_{\mathrm{repair}}\ )$。这里的“修复 / 重构”至少包含两类操作：其一，对成员漂移与相位漂移进行成员校核与相位重分桶；其二，对边界模糊与簇塌缩进行簇边界重刻与闭合团簇重构。路径 B 当前允许的输出同样只有三类：其一，已重新取得最低稳定资格的离散读法；其二，只能停留在闭合频率簇区间或比较密度层的局部读法；其三，显式漂移 / 塌缩报告。明确禁止的写法是：把仍处于漂移或塌缩中的频簇直接冒写为稳定的 $m_{\mathrm{cmp},B}^{(\mathrm{disc})}$。

A12.29 路径 B 修复 / 重构的最低顺序与允许输出

路径 B 的最低修复 / 重构顺序至少也包含四步。第一，类型锁定：必须先区分成员漂移、相位漂移、边界模糊与簇塌缩。第二，成员与相位校核：对 $\Omega_{\mathrm{cl}}^{(\kappa)}$ 的闭合成员资格与 Φ_{cmp} 的分桶边界进行复核，并将失配成员暂时移出候选簇。第三，边界重刻与簇重构：若存在边界模糊或簇塌缩，则必须在 $G^{(\kappa)}_{\mathrm{cmp}}$ 上重新获得可辨边界，否则不得声称已恢复离散簇。第四，资格再判：只有当 $\mathrm{Stab}^{(B)}_{\Omega}$ 的最低判据重新成立时，路径 B 才能重新写成 $m^{(\mathrm{disc})}_{\mathrm{cmp},B}$。若第四步失败，则路径 B 只能停留在簇区间、成员列表、局部叠加读法或显式失稳报告。

表 A23 路径 B 簇漂移修复 / 簇塌缩重构链的最低顺序

步次	链环	最低任务	允许输出
1	类型锁定	区分成员漂移、相位漂移、边界模糊与簇塌缩	失稳类型标签
2	成员 / 相位校核	复核 $\Omega^{(\kappa)}_{\mathrm{cl}}$ 成员与 Φ_{cmp} 分桶	候选簇与待修复成员
3	边界重刻	在 $G^{(\kappa)}_{\mathrm{cmp}}$ 上恢复可辨簇边界	可重构簇或簇区间
4	资格再判	检查 $\mathrm{Stab}^{(B)}_{\Omega}$ 是否重新成立	再入离散读法或停留回退层
5	失败分流	若资格未恢复，则保留局部簇读法或报告	区间 / 列表 / 报告

A12.30 双路径恢复下的受限再并读

当路径 A 已完成窗口回退并重新取得 $\mathrm{Stab}^{(A)}_{W}$，且路径 B 已完成成员修复或簇重构并重新取得 $\mathrm{Stab}^{(B)}_{\Omega}$ 时，双路径才首次获得受限再并读的最小资格。当前允许的压缩写法可到如下程度：$R_{\mathrm{rejoin}}(\,\Xi_{\mathrm{obj}}\,;\,\mathrm{Rec}^{(A)}_{W},\mathrm{Rec}^{(B)}_{\Omega},\mathrm{Stab}^{(A)}_{W},\mathrm{Stab}^{(B)}_{\Omega},m^{(\mathrm{cont})}_{\mathrm{cmp},A},m^{(\mathrm{disc})}_{\mathrm{cmp},B},x_*,V_{3v}\,)$。这里的 R_{rejoin} 不是重新宣告“共同质量恒等”，而只是说明：在双路径都经回退 / 修复后，连续读法与离散读法可以重新被写成受限并读、相容区间、上下界或交叉校验。若任一路径仍停留在回退层、簇区间或显式失稳报告，则双路径不得重新并读。

A12.31 禁写边界与本轮推进的意义

通过把双路径由失稳类型谱继续推进到恢复 / 回退链，附录现已把比较层质量接口从“可辨失稳”进一步推进到“可修复 / 可回退”。路径 A 现在不仅能判定窗口如何失稳，还能规定何时必须退回比较密度层、何时允许重新取得连续读法；路径 B 现在不仅能判定簇如何漂移或塌缩，还能规定何时必须停留在簇区间、何时允许重新取得离散读法。由此，m_{cmp} 的比较层接口首次同时拥有稳定判据、失稳类型谱、修复 / 回退链与受限再并读四套配对语法。当前必须坚持的禁写边界是：不得把回退后的区间、成员列表或局部叠加读法冒写成已恢复的质量终式；不得把单路修复成功时的残余值偷换成双路径再并读；不得把恢复 / 回退链重新神化为本体层自动守恒。

A12.32 路径 A：对象型回退链的分型展开

如果说 A12.26—A12.27 已经给出了连续窗口失稳后的最低回退顺序，那么下一步就必须说明：不同失稳类型究竟应沿哪一种子链回退，且这些子链如何与对象型口径对应。当前最稳的工作性记号可写为 $\mathrm{Rec}^{(A)}_{W,\mathrm{obj}} := F^{(A)}_{\mathrm{obj}}(\ \Xi^{(A)}_{\mathrm{obj}}\ ;\ \mathrm{Spec}^{(A)}_{W},\ x_*,\ V_{3v},\ W_{\mathrm{cmp}},\ T^{(\kappa)}_{\mathrm{cmp}}\ )$。这里的“对象型”并不是重新引入实体物分类学，而是说明：当某类比较对象以连续窗口读法为主时，其回退链必须根据失稳类型被分派到不同的操作顺序，而不能一概使用同一条抽象回退链。就当前版本而言，路径 A 的对象型口径更自然地覆盖连续累计占优、窗口连通性要求较高、且比较背景较大尺度保持的对象族，例如天文学与宇宙学环境中的大质量—高速对象，或其他以连续累计为主导的工作对象。

A12.33 锚点漂移型对象子链

当失稳类型锁定为锚点漂移时，最稳的对象型回退链应写成 $\mathrm{Rec}^{(A)}_{W,\mathrm{anchor}} := F^{(A)}_{\mathrm{anchor}}(\ \Xi^{(A)}_{\mathrm{obj}}\ ;\ x^{\mathrm{old}}_*,\ x^{\mathrm{new}}_*,\ V_{3v},\ W_{\mathrm{cmp}}\ )$。其最低顺序不是先修窗口，而是先回收锚点：第一，停止沿旧 x_* 继续调用连续读法；第二，以 x^{new}_* 或经复核后的同一锚点重新给定比较背景；第三，在新锚点下重建 V_{3v} 与 W_{cmp}；第四，仅允许输出新的比较密度区间或重新进入 $T^{(\kappa)}_{\mathrm{cmp}}$ 的累计前件，而不允许直接保留旧的 $m^{(\mathrm{cont})}_{\mathrm{cmp},A}$。这种子链适合那些其对象身份首先依赖共同展开原点的连续对象；在这类对象上，锚点漂移不是局部噪声，而是对象型识别本身的漂移。

A12.34 窗口裂分型对象子链

当失稳类型锁定为窗口裂分时，最稳的对象型回退链应写成 $\mathrm{Rec}^{(A)}_{W,\mathrm{split}} := F^{(A)}_{\mathrm{split}}(\ \Xi^{(A)}_{\mathrm{obj}}\ ;\ W^{(1)}_{\mathrm{cmp}},\ W^{(2)}_{\mathrm{cmp}},\ \cdots,\ x_*,\ V_{3v}\ )$。这里的核心任务不是在碎裂小窗之间“挑一个最像原窗”的片段，而是先把裂分窗口重新归并到可比较的同一背景之下，再判定是否存在可恢复的主窗。最低顺序至少包括：小窗登记、连通性复核、主窗候选筛选、裂分残片剔除或延期报告。允许输出至多为主窗候选上的比较密度区间或受限的连续读法候选；禁止把多个不相容裂分窗的累计结果简单求和后冒充原来的连续质量读法。

A12.35 保序反转与体度量失配型对象子链

保序反转与体度量失配虽然在性质上不同，但都属于“连续累计不再可直接继承”的对象型故障，因此当前版本将其并置为一组对象型子链。对保序反转，可写 $\mathrm{Rec}^{(A)}_{W,\mathrm{order}} := F^{(A)}_{\mathrm{order}}(\ \Xi^{(A)}_{\mathrm{obj}}\ ;\ T^{(\kappa)}_{\mathrm{cmp}},\ \chi_{\mathrm{ord}},\ W_{\mathrm{cmp}}\ )$；其最低任务是恢复累计顺序、移除伪连续片段，并把输出回退到仍保持顺序单调的区段上。对体度量失配，可写 $\mathrm{Rec}^{(A)}_{W,\mathrm{vol}} := F^{(A)}_{\mathrm{vol}}(\ \Xi^{(A)}_{\mathrm{obj}}\ ;\ V^{\mathrm{old}}_{3v},\ V^{\mathrm{new}}_{3v},\ x_*,\ \chi_{\mathrm{vol}}\ )$；其最低任务是停止使用旧体度量，重算拟三维体背景，并仅在体度量重新一致后才允许恢复比较密度读法。二者共同的禁写边界是：不得在顺序反转或体度量失配仍未排除时，继续保留旧的 $m^{(\mathrm{cont})}_{\mathrm{cmp},A}$ 作为对象型结果。

表 A24 路径 A 对象型回退子链的最低分型口径

对象型子链	对应失稳类型	最低回退动作	允许输出上限
$\mathrm{Rec}^{(A)}_{W,\mathrm{anchor}}$	锚点漂移	先回收锚点，再重建 V_{3v} 与 W_{cmp}	比较密度区间 / 连续读法候选
$\mathrm{Rec}^{(A)}_{W,\mathrm{split}}$	窗口裂分	登记小窗、筛选主窗、剔除残片	主窗候选上的受限读法
$\mathrm{Rec}^{(A)}_{W,\mathrm{order}}$	保序反转	恢复累计顺序，移除伪连续片段	单调区段上的受限比较密度
$\mathrm{Rec}^{(A)}_{W,\mathrm{vol}}$	体度量失配	停止旧体度量，重算 V_{3v}	体度量更新后的比较密度候选

A12.36 路径 B：对象型修复链的分型展开

与路径 A 相对，路径 B 的对象型问题不是连续窗口如何回退，而是离散簇如何按成员、相位与边界问题被分别修复。当前最稳的工作性记号可写为 $\mathrm{Rec}^{(B)}_{\Omega,\mathrm{obj}} := F^{(B)}_{\mathrm{obj}}(\ \Xi^{(B)}_{\mathrm{obj}}\ ;\ \mathrm{Spec}^{(B)}_{\Omega},\ \Omega^{(\kappa)}_{\mathrm{cl}},\ \Phi_{\mathrm{cmp}},\ x_*,\ V_{3v}\ )$。这里的对象型口径更自然地覆盖离散闭合占优、相位分桶重要、且局域频率簇可被辨认的对象族，例如日常物理、原子/分子尺度与粒子科学中的工作对象。对象型细分的目的，不是把这些对象实体验证为离散簇本身，而是说明：其修复链的主导故障到底是成员资格、相位边界、簇边界，还是已经进入重构阶段。

A12.37 成员修复子链

当失稳类型锁定为成员漂移时，最稳的对象型修复链应写成 $\mathrm{Rec}^{(B)}_{\Omega,\mathrm{member}} := F^{(B)}_{\mathrm{member}}(\ \Xi^{(B)}_{\mathrm{obj}}\ ;\ \Omega^{(\kappa)}_{\mathrm{cl}},\ \Phi_{\mathrm{cmp}},\ x_*,\ \chi_{\mathrm{mem}}\ )$。最低顺序至少包括：闭合成员复核、失配成员暂时移出、候选成员重新验闭、簇内成员重排。其允许输出上限通常不是立刻恢复 $m^{(\mathrm{disc})}_{\mathrm{cmp},B}$，而是先恢复一个经复核的闭合候选簇 Ω_cl$^{(\kappa)}$。对于以离散成员资格为首要识别依据的对象，这条子链往往比相位重分桶更先被调用。

A12.38 相位重分桶子链

当问题主要来自相位漂移时，最稳的对象型修复链应写成 $\mathrm{Rec}^{(B)}_{\Omega,\mathrm{phase}} := F^{(B)}_{\mathrm{phase}}(\ \Xi^{(B)}_{\mathrm{obj}}\ ;\ \Phi^{\mathrm{old}}_{\mathrm{cmp}},\ \Phi^{\mathrm{new}}_{\mathrm{cmp}},\ \Omega^{(\kappa)}_{\mathrm{cl}},\ x_*\ )$。这里的关键不在于增删成员，而在于重新界定相位桶边界，使原本漂移的成员重新落入可辨认的分桶结构。最低顺序至少包括：旧桶冻结、候选新桶生成、边界滑移复核、成员再分配。允许输出至多为新的相位桶结构与相应闭合候选簇；禁止在相位桶仍未重新稳定前，沿旧分桶直接恢复离散质量读法。

A12.39 边界重刻与簇重构子链

当问题发展为边界模糊或簇塌缩时，路径 B 就必须从“修复”进入“重构”。当前最稳的工作性记号可分别写为 $\mathrm{Rec}^{(B)}_{\Omega,\mathrm{boundary}} := F^{(B)}_{\mathrm{boundary}}(\ \Xi^{(B)}_{\mathrm{obj}}\ ;\ \Omega^{(\kappa)}_{\mathrm{cl}},\ \Phi_{\mathrm{cmp}},\ \chi_{\mathrm{bnd}}\ )$，以及 $\mathrm{Rec}^{(B)}_{\Omega,\mathrm{rebuild}} := F^{(B)}_{\mathrm{rebuild}}(\ \Xi^{(B)}_{\mathrm{obj}}\ ;\ \Omega^{(\kappa)}_{\mathrm{cl}},\ \Phi_{\mathrm{cmp}},\ x_*,\ V_{3v}\ )$。前者处理的是簇边界仍可辨但需要重新刻画的情形；后者处理的是原簇结构已不足以维持对象型识别，必须在 x_* 与比较背景重新固定后重建闭合候选簇的情形。两者共同的禁写边界是：一旦进入重构级别，就不得继续把旧簇的离散读法当作仍有效的结果。

表 A25 路径 B 对象型修复 / 重构子链的最低分型口径

对象型子链	对应失稳类型	最低回退动作	允许输出上限
$\mathrm{Rec}^{(B)}_{\Omega,\mathrm{member}}$	成员漂移	复核闭合成员资格并重排成员	闭合候选簇 $\Omega\_\mathrm{cl}^{(\kappa)}$
$\mathrm{Rec}^{(B)}_{\Omega,\mathrm{phase}}$	相位漂移	重定分桶边界并再分配成员	新相位桶 + 候选簇
$\mathrm{Rec}^{(B)}_{\Omega,\mathrm{boundary}}$	边界模糊	重新刻画簇边界	边界更新后的受限离散读法候选
$\mathrm{Rec}^{(B)}_{\Omega,\mathrm{rebuild}}$	簇塌缩	冻结旧簇并在 x_* 处重建候选簇	重构后的候选簇 / 比较区间

A12.40 双路径对象型恢复后的受限再并读

当路径 A 已通过 $\mathrm{Rec}^{(A)}_{W,\mathrm{obj}}$ 的相应子链重新取得 $\mathrm{Stab}^{(A)}_{W}$，且路径 B 已通过 $\mathrm{Rec}^{(B)}_{\Omega,\mathrm{obj}}$ 的相应子链重新取得 $\mathrm{Stab}^{(B)}_{\Omega}$ 时，双路径才首次获得对象型口径下的受限再并读资格。当前允许的压缩写法可到如下程度：$R_{\mathrm{obj,rejoin}}(\ \Xi_{\mathrm{obj}}\ ;\ \mathrm{Rec}^{(A)}_{W,\mathrm{obj}},\ \mathrm{Rec}^{(B)}_{\Omega,\mathrm{obj}},\ \mathrm{Stab}^{(A)}_{W},\ \mathrm{Stab}^{(B)}_{\Omega}\ ) \to m^{\dagger}_{\mathrm{cmp}}(\Xi_{\mathrm{obj}})$。这里的要点不在于立刻宣称单一数值质量，而在于说明：当两个子链都已明确属于可恢复的对象型，并各自完成最低修复时，系统才允许进入新的共读窗口。若任一子链仍只停留在候选簇、比较密度区间或体度量更新阶段，则双路径仍不得强行并读。

A12.41 禁写边界与本轮推进的意义

通过把双路径的恢复 / 回退链继续推进到对象型口径，附录现已把比较层质量接口从“可修复 / 可回退”进一步推进到“可按对象型分派子链”。路径 A 现在不仅能指出何时必须回退，还能区分锚点漂移、窗口裂分、保序反转与体度量失配分别应沿哪一种对象型子链处理；路径 B 现在不仅能指出何时需要修复或重构，还能区分成员修复、相位重分桶、边界重刻与簇重构的最低顺序。由此，后续版本若要讨论天文学—宇宙学对象、日常物理对象、原子/粒子对象等不同工作对象时，便不必从抽象恢复链重新起步，而可以直接调用相应的对象型子链。需要严格禁止的仍是三类误写：第一，把对象型口径误写成实体本体分类学；第二，在对象型子链尚未恢复最低稳定资格时提前并读；第三，把候选簇、区间输出或重算体度量，误写成已经完成的最终质量终式。

A13 对象族接口：连续对象与离散对象的比较层分流

到 A12.41 为止，附录已经能说明双路径如何稳定、失稳、回退、恢复以及进入对象型子链。下一步自然要回答：不同工作对象究竟应先走哪一路。为避免把这一步误写成新的本体分类学，本版把对象族接口定义为一种“接口准入制度”的对象化扩展：它不是告诉我们对象在终极意义上‘是什么’，而是规定在既定比较窗 W_{cmp}、拟三维静背景 V_{3v}、稳定判据 $\mathrm{Stab}_W^{(A)}$ / $\mathrm{Stab}_\Omega^{(B)}$ 与空时比 30/32 的统一口径下，某类对象首先有资格进入哪一种比较层链条。

A13.1 路径 A 优先的连续对象族

A13.1.1 天文学连续对象族

天文学对象若以大窗口、分布式累计、时向连续累计与比较密度剖面为首要读法，则在当前附录中归入连续对象族 $\Xi_A^{(\mathrm{astro})}$。此处的“连续”不是说对象没有局域结构，而是说其最先成立的比较层接口来自路径 A：连续窗口、挠率张量累计、窗口稳定与比较密度的剖面化读法。恒星类对象、致密天体外围的扩展区、高速延展流场等，都更适合先由路径 A 取得稳定资格，再决定是否需要补入局域离散说明。

A13.1.2 宇宙学连续对象族

宇宙学对象若以大尺度背景、长窗口比较、分布式能量累计和剖面化体度量为首要读法，则在当前版本中归入连续对象族 $\Xi_A^{(\mathrm{cosmo})}$。这类对象的比较层写法更依赖窗口化、区间化或剖面化输出，而不应被压扁为单个 x_* 簇的求和结果。换言之，路径 B 对它们可以提供局部标记，但不宜反过来吞并路径 A 的优先权。

A13.1.3 连续对象族的最低允许输出与禁写边界

连续对象族的允许输出包括：连续窗口稳定报告、比较密度剖面、窗口化 $m_{\mathrm{cmp},A}^{(\mathrm{cont})}$、质量区间或梯度读法。必须禁止的捷径包括：把一个连续对象直接压成单一离散频率簇；在窗口尚未稳定之前给出单值质量终式；以及把路径 A 的剖面输出误写成路径 B 的局域簇结果。

A13.2 路径 B 优先的离散对象族

A13.2.1 日常物理中的局域对象族

日常物理中的许多工作对象，虽然在经验上表现为“宏观物体”，但在弧几何比较层中往往首先以局域对象族 $\Xi_B^{(\mathrm{daily})}$ 进入：它们依赖受限窗口、局域吸收/辐照链、局域比较密度以及可验证的簇稳定，而不是依赖大窗口下的连续累计。热工对象的局部吸收区、材料中的局域反应区、实验装置中的受限能量区间，都更适合先以路径 B 读入，再视需要报告其是否具有更大的连续包络。

A13.2.2 原子 / 粒子离散对象族

原子、分子、束缚量子系统以及粒子候选态，则构成更典型的离散对象族 $\Xi_B^{(\text{atom/particle})}$。它们的最小前件不是扩展窗口，而是 x_* 锚定、$\Pi_I - \kappa_I$ 验证后的闭合频率簇、相位重分桶的稳定性以及簇成员资格的可核验性。对这类对象，允许输出优先是簇化读法、级化读法与 $m_{\text{cmp},B}^{(\text{disc})}$ 的局域比较，而不是路径 A 意义下的连续剖面。

A13.2.3 离散对象族的最低允许输出与禁写边界

离散对象族的允许输出包括：闭合频率簇、局域比较密度、离散簇稳定报告、级间接口报告，以及 $m_{\text{cmp},B}^{(\text{disc})}$ 的受限离散读法。必须禁止的捷径包括：在未建立簇稳定之前就直接给出单值质量终式；把簇漂移中的候选成员误写成既定成员；以及把路径 B 的局域簇结果无条件外推为大尺度连续对象的整体质量描述。

A13.3 过渡 / 混合对象族

A13.3.1 介观材料与集体现象的桥接口径

介观材料、热工对象、等离子边界以及其他集体现象，不宜被草率地塞进单一路径。它们往往同时包含局域簇结构与较宽的连续窗口，因此在对象族接口中被保留为桥接对象族 $\Xi_{\text{AB}}^{(\text{bridge})}$。其最低写法不是“同时属于两路”，而是“可在明确先后顺序下分时调用两路”。较稳的句法是：先报告局域簇是否已满足 $\text{Stab}_{\Omega}^{(B)}$，再报告连续窗口是否已满足 $\text{Stab}_{W}^{(A)}$；只有在两者各自独立成立时，才允许进入桥接比较。

A13.3.2 分时并读与禁止的伪统一

桥接对象最常见的误写，是把两条路尚未分别稳定的中间结果，提前拼成一个看似统一的“总质量”或“总密度”。当前版本明令禁止此种伪统一。允许的桥接只限于两类：其一，先 B 后 A，即先由局域簇读法给出局部离散结构，再用路径 A 说明其在更宽比较窗中的连续包络；其二，先 A 后 B，即先由连续窗口说明整体背景，再对局部簇结构做离散注记。两者都必须显式报告先后次序与各自独立稳定资格。

A13.4 对象族接口的最小分流矩阵

为便于后续版本直接调用，本版把对象族接口收束为一个最小分流矩阵：它不回答“对象究竟是什么”，而只回答“在比较层写作中，某一对象首先应被送入哪一种允许链条”。矩阵的用途，是在进入 m_{cmp} 之前先做路径选择与禁写拦截。

表 A26 对象族接口与优先路径矩阵

对象族接口	代表对象或工作域	优先路径	必要稳定前件	允许比较层输出	禁止的捷径
$\Xi_A^{(\mathrm{astro})}$	恒星类对象、致密天体外围扩展区、高速延展流场	路径 A	$\mathrm{Stab}_W^{(A)}$ + 大比较窗 + 体度量一致	比较密度剖面、窗口化 $m_{\mathrm{cmp},A}^{(\mathrm{cont})}$、区间/梯度读法	压成单一离散簇或抢跑单值质量终式
$\Xi_A^{(\mathrm{cosmo})}$	宇宙学背景、大尺度分布、长窗口连续背景	路径 A	$\mathrm{Stab}_W^{(A)}$ + 长窗口 + 分布式累计成立	剖面化、区间化、窗口化连续读法	以局域 x_* 求和吞并整体连续优先权
$\Xi_B^{(\mathrm{daily})}$	热工对象局部区、材料局域反应区、受限实验区间	路径 B	$\mathrm{Stab}_\Omega^{(B)}$ + 局域簇可核验 + 吸收/辐照链可读	局域比较密度、簇化读法、局域 $m_{\mathrm{cmp},B}^{(\mathrm{disc})}$	未稳簇先给总体质量或直接外推为大尺度连续对象
$\Xi_B^{(\mathrm{atom/particle})}$	原子、分子、束缚量子系统、粒子候选态	路径 B	$\mathrm{Stab}_\Omega^{(B)}$ + x_* 锚定 + 闭合频率簇稳定	级化读法、簇化读法、局域离散质量接口	把候选簇成员误写成既定成员，或跳过簇稳定
$\Xi_{\mathrm{AB}}^{(\mathrm{bridge})}$	介观材料、集体现象、等离子边界、混合尺度对象	分时 A / B	$\mathrm{Stab}_W^{(A)}$ 与 $\mathrm{Stab}_\Omega^{(B)}$ 分别成立且显式报告先后	桥接比较、分时并读、局域—包络双层报告	两路未各自稳定就伪统一并读

A13.5 桥接对象族的分时并读规则

表 A27 桥接对象族的分时并读规则

桥接对象	允许首读链	允许次读链	最低并读条件	禁止的伪统一
介观材料	B：局域簇	A：连续包络	先得 $\mathrm{Stab}_\Omega^{(B)}$，再报告 $\mathrm{Stab}_W^{(A)}$	用单个簇值替代整体连续窗口

桥接对象	允许首读链	允许次读链	最低并读条件	禁止的伪统一
热工对象	B：局域吸收区	A：宏观连续背景	局域簇与背景窗口分别稳定	把未吸收稳态写成总质量读法
等离子或集体边界对象	A：连续背景	B：边界局域簇	背景与边界分时稳定且先后明确	把边界漂移簇直接拼成整体连续终式

A13.6 禁写边界与本轮推进的意义

通过把对象型恢复 / 回退链进一步推进到对象族接口，附录现已不再只是说明“怎样修复一条链”，而开始说明“怎样选择一族对象进入哪一条链”。此举的意义不在于把宇宙中的对象划成先验本体类别，而在于提供一种更稳的比较层分流语法：天文学—宇宙学连续对象优先调用路径 A，日常局域对象与原子 / 粒子离散对象优先调用路径 B，介观与集体对象则必须先报告桥接条件，再决定是否允许分时并读。需要继续严格禁止的仍是三类误写：第一，把对象族接口误写成自然界的绝对本体分类；第二，把桥接对象的双路径资格误写成无条件同步成立；第三，在未给出对象窗、稳定判据与比较体度量的情况下，直接把任一对象族写成最终质量终式。

A14 对象族到具体工作对象：最小映射清单

到 A13.6 为止，附录已经能够说明：对象族接口如何在比较层上分流为连续对象、离散对象与桥接对象。但若后续讨论要真正进入可调用的研究对象，就还需要再下一步：把对象族继续下沉为具体工作对象。这里的“具体”并不意味着已经获得终极本体定义，而只意味着某类对象在当前版本中可被稳定登记为某一路径的优先调用对象。

A14.1 连续对象族的具体工作对象

A14.1.1 恒星类与扩展连续区

在当前工作口径中，恒星主球、恒星壳层、致密天体外围的扩展连续区、吸积盘的连续段以及高速喷流的延展段，都可优先归入连续工作对象。它们并不是因为“没有局域结构”才走路径 A，而是因为其首先成立的比较层报告通常来自大比较窗、分布式累计、挠率张量累计结果与比较密度剖面。

A14.1.2 宇宙学背景窗口与大尺度介质

宇宙学背景窗口、星系团弥散介质、大尺度流场与其他需要区间化或梯度化输出的对象，也应优先登记为连续工作对象。对这类对象，最稳的默认输出不是单个局域簇值，而是窗口化比较密度、梯度读法或 $m^{(\mathrm{cont})}_{\mathrm{cmp},A}$ 的区间报告。

A14.1.3 连续对象的默认输出模板

连续对象的默认报告模板至少应包含：工作对象名称、比较窗 W_{cmp}、体度量一致性状态、路径 A 的稳定前件、比较密度剖面，以及 $m_{\text{cmp},A}^{(\text{cont})}$ 的窗口化输出。若这些前件不齐，则只能退回连续窗口报告，不得越级给出单值质量终式。

A14.2 离散对象族的具体工作对象

A14.2.1 热工局域区与材料局域反应区

热工对象并不总是连续对象。对于隔热层、局域受热区、材料中的局域反应区、实验装置中的受限能量区与局部吸收单元，当前版本更稳的做法是先把它们登记为离散工作对象。它们首先依赖的不是大比较窗，而是 x_* 锚定、局域闭合频率簇、相位分桶与局域比较密度。

A14.2.2 原子 / 分子 / 粒子候选态

原子束缚态、分子振转模、束缚量子系统与粒子候选态，是更典型的离散工作对象。对这类对象，路径 B 的默认任务是建立局域簇成员资格、相位权重与闭合频率簇结构；只有在 $\text{Stab}_{\Omega}^{(B)}$ 成立之后，$m_{\text{cmp},B}^{(\text{disc})}$ 的局域离散读法才允许进入比较层报告。

A14.2.3 离散对象的默认输出模板

离散对象的默认报告模板至少应包含：工作对象名称、x_* 锚定状态、$\Pi_I{-}\kappa_I$ 验闭状态、闭合频率簇 $\Omega_{\text{cl}}^{(\kappa)}$、相位权重状态、局域比较密度，以及 $m_{\text{cmp},B}^{(\text{disc})}$ 的离散读法或级间接口报告。若簇稳定尚未建立，则只能停留在候选簇或级间接口层。

A14.3 桥接对象族的具体工作对象

A14.3.1 介观材料、薄膜颗粒簇与边界层

介观材料、薄膜层、颗粒簇、热边界层与局部边界区，往往同时含有局域簇结构与较宽窗口背景，因此不宜直接压入单一路径。它们应作为桥接工作对象登记，并且必须明确哪一路是首读链、哪一路是次读链。

A14.3.2 等离子鞘层、相变前沿与集体界面

等离子鞘层、相变前沿、辐照—吸收界面与其他集体边界对象，也应按桥接工作对象处理。其最常见的工作顺序有两种：先 B 后 A，用局域簇报告局部结构，再以连续窗口给出包络；或先 A 后 B，用连续背景报告整体，再在局部层面建立离散簇。

A14.3.3 桥接对象的分时调用模板

桥接对象的默认模板必须把“首读链”“次读链”“最低稳定前件”与“允许并读上限”同时写出。当前版本仍禁止两条链在任一方未取得最低稳定资格时强行拼接为一个伪统一总量。

表 A28 具体工作对象与优先路径映射

工作对象类别	代表工作对象	优先路径	必要前件	允许比较层输出
连续工作对象	恒星主球 / 壳层；吸积连续区；高速喷流延展段	路径 A	$\mathrm{Stab}_W^{(A)}$ + 大比较窗 + 体度量一致	比较密度剖面；窗口化 $m_{\mathrm{cmp},A}^{(\mathrm{cont})}$；区间/梯度读法
连续工作对象	宇宙学背景窗口；星系团弥散介质；大尺度流场	路径 A	$\mathrm{Stab}_W^{(A)}$ + 背景窗稳定	背景区间报告；窗口化质量区间；梯度/剖面报告
离散工作对象	热工局域吸收区；材料局域反应区；受限能量区	路径 B	x_* 锚定 + $\Omega_{\mathrm{cl}}^{(\kappa)}$ + $\mathrm{Stab}_\Omega^{(B)}$	局域比较密度；簇稳定报告；$m_{\mathrm{cmp},B}^{(\mathrm{disc})}$ 的受限离散读法
离散工作对象	原子束缚态；分子振转模；粒子候选态	路径 B	验闭通过 + 相位权重 + 簇成员稳定	离散级化读法；候选质量簇；级间接口报告
桥接工作对象	介观材料；等离子鞘层；相变前沿；热边界层	分时并读	首读链先稳定，次读链后接入	首读报告 + 次读补充；受限并读；禁止伪统一

表 A29 桥接工作对象的默认分时调用模板

桥接工作对象	允许首读链	允许次读链	最低并读条件	禁止的伪统一
介观材料 / 颗粒簇	B：局域簇	A：连续包络	先得 $\mathrm{Stab}_\Omega^{(B)}$，再报告 $\mathrm{Stab}_W^{(A)}$	用单个簇值替代整体连续窗口
热边界层 / 辐照界面	B：局域吸收单元	A：连续通量背景	先完成局域验闭，再接连续窗	把未稳定的局域簇外推为整体热学总量
等离子鞘层 / 相变前沿	A：连续背景	B：局部簇重构	先得背景窗稳定，再引入局域簇	把背景梯度直接写成离散成员总和

A14.4 禁写边界与本轮推进的意义

把对象族接口进一步下沉为具体工作对象之后，附录现已能够回答一个此前常被模糊处理的问题：当写作者说“恒星类对象”或“粒子候选态”时，究竟意味着哪种默认路径、哪种稳定前件与哪种允许输出。此举并不把这些对象冻结为终极本体类别，而只是为 v9 系列建立一个更能落地的工作对象清单。

当前必须继续禁止的捷径包括：第一，把连续工作对象直接压成单一离散簇；第二，把离散工作对象在簇稳定前写成单值质量终式；第三，在桥接工作对象上跳过首读链的稳定检查而直接做双路径并读；第四，把工作对象清单误读为本体分类学。

A15 对具体工作对象的任务型调用模板

A15.1 为什么对象映射还要继续下沉为任务模板

具体工作对象清单解决的是“研究什么更像哪一路”的问题，但仍不足以解决“进入比较层时先写什么、后写什么”的问题。任务型调用模板的作用，正是把对象映射进一步转化为最低工作流，使写作者在进入比较层时不再凭经验拼接，而是按既定顺序报告背景、稳定性、比较密度与候选质量读法。模板不回答对象在终极意义上“是什么”，只回答在当前版本里“如何写才不越级”。

A15.2 连续工作对象的默认调用模板

A15.2.1 天文学 / 宇宙学连续对象

恒星整体与壳层、吸积连续区、宇宙学背景窗口、星系团弥散介质与其他大比较窗对象，默认沿路径 A 调用。其最低顺序是：先报比较窗 W_{cmp}、对象区域 R_A、拟三维静背景 V_{3v} 与连续窗口稳定 $\text{Stab}_W^{(A)}$；再报窗口累计、张量累计或比较密度剖面；最后只有在窗口稳定仍成立的前提下，才可把窗口化比较密度推进到 $m_{\text{cmp},A}^{(\text{cont})}$ 的候选连续读法。

A15.2.2 高速延展流场与连续累计对象

对于高速延展流场、连续喷流包络与其他更偏累计性的连续对象，默认仍优先调用路径 A，但其输出上限必须收紧到“窗口值 / 剖面 / 区间”层。若比较窗发生漂移、裂分或体度量失配，则连续读法只能保留到区间或回退层，不得提前压写成单值质量终式。

A15.3 离散工作对象的默认调用模板

A15.3.1 热工局域 / 材料反应 / 局域吸收对象

热工局域吸收区、材料局域反应区、实验装置中的受限能量区与其他局域对象，默认沿路径 B 调用。其最低顺序是：先报 x_* 锚定、Π_I–κ_I 验证后的闭合频率簇 Ω_B、簇稳定 $\text{Stab}_\Omega^{(B)}$ 与局域闭合边界；再报簇成员、相位桶与离散比较密度；最后只有在簇稳定仍成立的前提下，才可把离散比较密度推进到 $m^{(\mathrm{disc})}_{\mathrm{cmp},B}$ 的候选离散读法。

A15.3.2 原子 / 分子 / 粒子候选对象

原子—分子束缚态与粒子候选对象，也默认优先走路径 B，但其允许输出更偏“簇报告 / 候选带 / 候选簇中心”。若成员漂移、相位漂移、边界模糊或簇塌缩已经出现，则只能报告簇状态、候选带或修复前件，而不得越级写成单值质量终式。

A15.4 桥接工作对象的分时调用模板

介观材料、等离子鞘层、相变前沿、热边界层与其他桥接工作对象，必须先声明首读链、次读链与允许并读上限。最常见的模板有两种：先 B 后 A，用局域簇结果确定局部结构，再用连续窗口给出包络；或先 A 后 B，用连续背景给出整体区间，再在局部层面建立离散簇。无论哪一种模板，任一路仍未取得最低稳定资格时，都不得把两条链拼接成伪统一总量。

表 A30 任务型调用模板的最小顺序

模板类型	第一步先报	第二步	第三步	质量读法门槛
连续对象	W_{cmp} / V_{3v} / $\mathrm{Stab}^{(A)}_W$	窗口累计与张量累计	$\rho^{(3v)}_{\mathrm{loc},A}$ 剖面或区间	仅在窗口稳定下进入 $m^{(\mathrm{cont})}_{\mathrm{cmp},A}$
离散对象	x_* / Ω_B / $\mathrm{Stab}^{(B)}_\Omega$	成员、相位桶与边界	$\rho^{(3v)}_{\mathrm{loc},B}$ 的簇报告或候选带	仅在簇稳定下进入 $m^{(\mathrm{disc})}_{\mathrm{cmp},B}$
桥接对象	首读链 / 次读链 / 并读上限	首读链结果	次读链补报与联校	默认只允受限并读或区间质量包络

A15.5 哪些量只许区间化，哪些量可进入候选质量读法

当前版本下，连续对象的窗口值、累计张量结果、比较密度剖面与壳层区间，默认只许以窗口、剖面或区间化形式报告；离散对象的簇成员、相位桶、边界与闭合频率簇，默认只许以簇报告、分桶或候选带形式报告；桥接对象的双路径结果，默认只许以分支结果或受限并读区间报告。只有当相应路径已经取得最低稳定资格，并完成对象对应的最低联校后，连续对象才可进入 $m^{(\mathrm{cont})}_{\mathrm{cmp},A}$ 的候选连续读法，离散对象才可进入 $m^{(\mathrm{disc})}_{\mathrm{cmp},B}$ 的候选离散读法，桥接对象才可进入受限并读下的质量包络。

凡未取得稳定条件而直接写成单值质量终式、凡把簇成员或张量累计量直接等同为质量、凡在桥接对象上跳过首读链而直接写双路径统一总量，均属于本附录必须继续拦截的越级写法。

表 A31 区间化上限与候选质量读法门槛

对象模板	只许区间化 / 簇报告的量	可进入候选质量读法的量	禁写捷径
连续对象	窗口值、剖面、累计张量、$\rho^{(3v)}_{\mathrm{loc},A}$	稳定窗口摘要与联校后的连续比较读法	直接把累计量写成单值质量
离散对象	簇成员、相位桶、闭合频率簇、$\rho^{(3v)}_{\mathrm{loc},B}$	稳定簇摘要与联校后的离散比较读法	直接把簇成员或单频率写成质量
桥接对象	首读链结果、次读链补报、受限并读区间	双路径都稳定后的质量包络	跳过首读链直接并读为统一总量

A15.6 本轮推进的意义

把对象族接口与具体工作对象进一步下沉为任务型调用模板之后，v9 系列现已不只能够回答“哪类对象优先走哪一路”，还能够回答“进入比较层时先报什么、后报什么、哪些量必须停留在区间或簇报告层，以及哪些量在何种门槛下才可进入候选质量读法”。这一推进没有把对象冻结为终极本体类别，而只是把比较层书写收束为更可操作的工作纪律。

A16 κ_I 下的循环长度等价候选律：本征循环长度与补偿投影圆周长的比较层等价

A16.1 标准循环单位与标准投影圆

为避免把单支 M→P 线段与一个完整投影圆直接并置，本节首先固定标准循环单位。记 e°_{A} 为与一个完整补偿投影圆相对应的 e-Arc-Helix 标准循环单位，记 $C_I = \kappa_I(\Pi_I(e^{\circ}_{A}))$ 为该标准循环单位在标准惯性截断与标准补偿闭合下所取得的标准投影圆。此时，$L_{\mathrm{arc}}(e^{\circ}_{A})$ 才允许被拿来与 C_I 的欧氏周长作比较；若未先取得 e°_{A} 与 C_I，则任何“弧线长度 = 圆周长”的写法都属于越级比较。

A16.2 候选等价式与最低含义

在上述前件成立时，本附录提出如下候选等价式：

$$L_{\mathrm{arc}}(e^{\circ}_{A}) = \mathcal{L}(C_I) = C_{\mathrm{proj}} = \pi D_{\mathrm{proj}}$$

这里的“等价”必须严格理解为比较层等价，而不是本体同一：它不表示 1T+2S 动空间中的本征弧线被还原为 2S 平面圆，而表示 κ_I 所给定的比较层接口允许把本征循环长度与补偿投影圆周长作同尺度比较。真正非平凡的命题，不是代数上把两式联立，而是标准循环单位与标准补偿投影圆之间允许形成这一长度接口。

A16.3 允许语句与禁写边界

允许的写法包括：在标准惯性截断、标准补偿闭合与标准循环单位选取下，把 $L_{\text{arc}}(e^\circ_A) = C_{\text{proj}} = \pi D_{\text{proj}}$ 作为候选律提出；把 π 重释为本征循环长度向投影直径归一化时的标准代数常数；把该式视为“循环长度守恒候选解释”的一条入口。禁写边界包括：不得把单一 M→P 线段直接与完整投影圆相比；不得把任意投影痕迹的某条宽度当作 D_{proj}；不得仅凭该式便宣称已完成几何总能动性守恒证明、已完成波粒二象性的全解释，或已得到普适终式。

A16.4 与质量接口链、π 的接口重释及测度纠偏

A16 的地位是桥接性的：它位于 Π_I—κ_I 投影—闭合链与比较层质量接口链之间，却不能直接越级取代 $E^{(T)}_{\text{loc}}$ / $E^{(\omega)}_{\text{loc}}$、$V_{3v}$、$\rho^{(3v)}_{\text{loc}}$ 与 m_{cmp} 的既有顺序。其最稳的作用有三：第一，为 κ_I 提供一个“循环长度等价接口”的候选位置；第二，为 π 的弧几何接口重释提供正式载体；第三，为“欧氏螺旋长度公式为何误配 e-Arc-Helix”提供测度纠偏前提。也就是说，它更适合作为质量接口链之前的尺度校准与测度纠偏环节，而不是直接跳写成质量终式。

表 A32 κ_I 下的循环长度等价候选律：最低前件与禁写边界

项目	允许压缩写法	禁写拦截
标准循环单位	先固定 e°_A，再比较 L_{arc} 与 C_{proj}	不得把任意单支电弧旋线段直接等同为完整循环
标准投影圆	先固定 $C_I = \kappa_I(\Pi_I(e^\circ_A))$	不得把任意投影痕迹、任意宽度或未闭合轨迹当作标准圆
候选等价式	$L_{\text{arc}}(e^\circ_A) = C_{\text{proj}} = \pi D_{\text{proj}}$	不得把候选式直接升格为已证明普适定理
接口意义	可用于 π 的接口重释、循环长度守恒候选解释与测度纠偏	不得直接替代质量接口链或宣告能量守恒已被完全证明

A16.5 本轮补记的意义

把 κ_I 下的循环长度等价候选律正式记入之后，v9 系列现已能够在不抢写终局定理的前提下，给出一条值得持续追踪的比较层等价关系：它既不会打乱既有的投影—闭合链与质量接口链顺序，也不会把 π 的接口重释、长度守恒候选解释与测度纠偏放任为散乱旁注，而是把它们收束为一条受限但清晰的新候选律。

A16.6 标准惯性截断条件的硬化

A16.1 与 A16.2 已经给出 e°_A 与 C_I 的最低定义；本节进一步把标准惯性截断条件写硬为四项：其一，Static Spacetime、惯性场 I 与截断面 Σ_I 已被共同声明；其二，Π_I 与 κ_I 对同一 e°_A 连续生效；其三，C_I 的圆化结果在同一标准比较窗内被读取；其四，D_{proj} 只取自该 C_I 的标准直径，而不取自原始轨迹的任意跨度。少任一项，则长度比较默认失效。

上述四项条件的作用，不是人为增加门槛，而是防止把不同层级、不同窗口和不同轨迹来源的量拼成一个看似漂亮的等式。它们共同保证：$L_{\text{arc}}(e^{\circ}_A)$、$C_{\text{proj}}$ 与 D_{proj} 的比值，来自同一条标准循环单位与同一组补偿闭合结果。

A16.7 跨层长度可比接口的硬化

$L_{\text{arc}}(e^{\circ}_A)$ 与 C_{proj} 分属不同层：前者是动空间中的本征循环长度，后者是静空间投影圆的欧氏周长。故而本节把“等价”明写为比较层长度接口，而不允许把它误写成本体恒等式。可以允许的句法是：在 κ_I 所给定的比较层接口中，本征循环长度与标准投影圆周长可同尺度比较；不允许的句法是：动空间弧线本身就是平面圆周。

这一硬化后的可比接口还有一个附带作用：它使后续的 π 重释、质量接口与测度纠偏，都必须先经过标准循环单位与标准截断条件，再进入各自路径，而不能直接越级援引 $L_{\text{arc}} = C_{\text{proj}}$ 作为“万能捷径”。

A16.8 禁写边界的再硬化

在 v9.40 之后，以下写法应被一律拦截：第一，把任意 M→P 支线直接记成 e°_A；第二，把任意投影跨度直接记成 D_{proj}；第三，把 $L_{\text{arc}} = C_{\text{proj}}$ 写成本体恒等式；第四，仅凭这条候选律便宣称已完成质量终式、能量总守恒终式或波粒二象性的完整证明。更稳的改写方向是：先补写 e°_A、Σ_I、C_I 与比较窗，再把等式收回到比较层候选律的位置上。

表 A33 A16 的硬化：标准前件、可比接口与禁写边界

项目	硬化后的最低要求	被拦截的典型误写
标准截断	I、Σ_I、Π_I、κ_I 对同一 e°_A 生效	混用不同窗口与不同轨迹结果
长度可比	只能写成比较层接口并读	写成本体恒等式
候选律位置	作为受限候选律	直接升级为普适定理
后续调用	先进入质量链或 π 重释前件	直接跳到终式结论

A16.9 进入路径 A：从循环长度等价到 $E_{\text{loc}}^{(T)}$ 的连续归一前件

当路径 A 以拓扑—时间累计方式组织 $E_{\text{loc}}^{(T)}$ 时，κ_I 下的循环长度等价候选律所提供的，不是额外能量项，而是一条连续累计核的几何归一前件：连续累计不得再假定一条独立于投影圆周长的“额外欧氏伸长”。因此，路径 A 允许把 $L_{\text{arc}}(e_A^\circ)$=$C_{\text{proj}}$ 作为比较窗 W_{cmp} 内的循环尺度归一条件，用来约束累计长度、张量累计区间与比较密度接口之间的尺度一致性。

A16.10 进入路径 B：从循环长度等价到 $E_{\text{loc}}^{(\omega)}$ 的离散归一前件

当路径 B 以闭合频率簇方式组织 $E_{\text{loc}}^{(\omega)}$ 时，同一候选律所提供的，则是离散闭合单元的归一前件：频率簇对 D_{proj} 的归一，不再只是平面圆周率关系，而是同时保留了 e_A° 的本征循环长度位置。由此，路径 B 可以把 $L_{\text{arc}}(e_A^\circ)$=$\pi D_{\text{proj}}$ 视作闭合簇入口的长度约束，但仍不得跳过 Ω_B、$\text{Stab}_\Omega^{(B)}$ 与局域闭合边界。

A16.11 进入 m_{cmp} 的最低接口链

把该候选律并入质量接口链时，最低顺序应写为：e_A° / C_I 的标准前件 → 路径 A 或路径 B 的局域化能量测度 → 比较体度量 V_{3v} → 比较密度 $\rho_{\text{loc}}^{(3v)}$ → m_{cmp} 的候选读法。也就是说，$L_{\text{arc}} = C_{\text{proj}}$ 只能作为前件归一条件，不能越级取代 E_{loc}、$\rho_{\text{loc}}^{(3v)}$ 或 m_{cmp} 的原有位置。

表 A34 κ_I 下的循环长度等价候选律并入质量接口链的最低顺序

步骤	路径 A（连续）	路径 B（离散）
前件	e_A°、C_I、W_{cmp}、$\text{Stab}_W^{(A)}$	e_A°、C_I、Ω_B、$\text{Stab}_\Omega^{(B)}$
归一角色	作为 $E_{\text{loc}}^{(T)}$ 的循环尺度归一	作为 $E_{\text{loc}}^{(\omega)}$ 的闭合长度归一
共同必经	V_{3v} 与 $\rho_{\text{loc}}^{(3v)}$	V_{3v} 与 $\rho_{\text{loc}}^{(3v)}$
禁越级	不得直接写 m_{cmp} 终式	不得把频率簇直接当作质量

A16.12 π 的接口重释：受限版本

在 v9.42 中，π 的地位被进一步收束为一条受限的接口重释：在标准 κ_I-闭合条件下，它不仅是标准投影圆的周径比常数，也成为本征循环长度向投影直径归一化时的标准代数常数。这一重释只发生在比较层接口中，不回流去改写 π 在传统平面几何中的原有地位，更不宣称已经获得“终极物理重定义”。

A16.13 对欧氏螺旋误度量的测度纠偏

由此也可更稳地说明：e-Arc-Helix 不是欧氏恒螺距螺旋，时间维度在这里不等于额外空间伸长，因此不能直接套用经典欧氏螺旋线的求长公式。所谓“反欧氏螺旋误读”，其目标不是否定欧氏几何本身，而是阻止把静空间中的投影圆求长直觉，误写成动空间本征循环长度的几何前提。

A16.14 本轮推进的意义

至此，A16 已由一个漂亮但脆弱的候选等式，推进为一条具备标准前件、跨层可比接口、质量接口接入位置、π 的受限重释以及测度纠偏功能的候选律。它仍不是普适终式，但已经足以作为 v9 系列中一条可持续生长、可被进一步检验与细化的正式接口命题。

表 A35 π 的接口重释与反欧氏螺旋误度量的最低写法

项目	最低允许写法	必须拦截的升级写法
π	比较层上的归一常数重释	终极本体重定义
螺旋求长	不得直接套欧氏恒螺距公式	把 e-Arc-Helix 当作普通欧氏螺旋
纠偏作用	用于测度论纠偏入口	直接宣称已解释全部波粒二象性

A17 附录结语

到 v9.42 为止，附录 A 已经使候选律承担三项受限任务：其一，硬化前件组；其二，以归一化条件的身份重新接入质量接口链；其三，对 π 给出有限的接口重释，同时拦截把 e-Arc-Helix 误读为普通欧氏螺旋线的写法。该候选律仍停留在候选层与比较层的受限范围内。

A18 候选律与质量接口链的对象化调用

到 v9.42 为止，$L_{\text{arc}}(e^{\circ}_{A}) = C_{\text{proj}} = \pi D_{\text{proj}}$ 已经被写成一条具有标准前件、标准惯性截断与跨层长度可比接口的候选律，但它还未真正进入“对象化调用”层。A18 的任务，就是把它压入具体对象族：连续对象、离散对象与桥接对象。所谓对象化调用，不是把对象名称贴到一条抽象等式上，而是明确：某一类对象默认走哪一路局域化测度、候选律在该路中扮演什么角色、进入比较密度与质量候选读法的最低顺序为何、以及哪些越级写法必须被立即拦截。

A18.1 连续对象：路径 A 为主的调用

连续对象包括恒星核区、恒星壳层的连续累计区、吸积连续区与宇宙学背景窗口等。对这类对象，候选律首先进入路径 A，作为连续累计核的循环尺度归一条件。其最低顺序应写为：e°_{A} / C_I 的

标准前件 → $L_{\mathrm{arc}}(e^{\circ}_{A})$=$C_{\mathrm{proj}}$ → $E^{(T)}_{\mathrm{loc}}$ 的窗口累计 → $\rho^{(3v)}_{\mathrm{loc},A}$ → $m^{(\mathrm{cont})}_{\mathrm{cmp},A}$ 的候选读法。这里不得跳过 W_{cmp}、$\mathrm{Stab}^{(A)}_{W}$ 或 V_{3v} 而直接从长度等价跳到质量终式。

A18.2 离散对象：路径 B 为主的调用

离散对象包括原子束缚态、粒子候选态、局域热工吸收区与其他闭合簇主导的对象。对这类对象，候选律首先进入路径 B，作为闭合频率簇的长度归一条件。其最低顺序应写为：e°_{A} / C_I 的标准前件 → $L_{\mathrm{arc}}(e^{\circ}_{A})$=$\pi D_{\mathrm{proj}}$ → Ω_B 与闭合簇边界 → $E^{(\omega)}_{\mathrm{loc}}$ 的离散叠加 → $\rho^{(3v)}_{\mathrm{loc},B}$ → $m^{(\mathrm{disc})}_{\mathrm{cmp},B}$ 的候选读法。这里不得把投影直径对 π 的归一，误写成对任意离散对象自动成立的质量公式。

A18.3 桥接对象：分时缓冲而非强并读

桥接对象包括介观材料、相变前沿、等离子鞘层及连续—离散转换带。对这类对象，候选律可以被调用，但必须先声明主路径与次路径：若当前段落首先以连续累计为主，则路径 A 先行、路径 B 只能以簇报告或修正项方式受限进入；若当前段落首先以离散闭合簇为主，则路径 B 先行、路径 A 只能以比较窗修正或回收项方式受限进入。桥接对象的最低规则，是不得把两条路径上的强结果在同一层面上直接并读。

A18.4 对象化调用的最低顺序与禁越级边界

把候选律推进为对象化调用之后，最低允许顺序就变成：对象族声明 → 入口条件声明 → e°_{A} / C_I / D_{proj} 的标准前件 → 候选律的对象化角色 → 所属路径的 E_{loc} → 比较体度量与比较密度 → 质量候选读法。凡缺失对象族声明者，不得援引候选律；凡未写稳定条件者，不得写 m_{cmp}；凡桥接对象未声明主路径与次路径者，不得进行并读。

表 A36 候选律与质量接口链的对象化调用矩阵

对象族	优先路径	候选律的对象化角色	允许进入的质量读法	最低拦截点
连续对象	路径 A	连续累计核的循环尺度归一	$m^{(\mathrm{cont})}_{\mathrm{cmp},A}$ 候选读法	缺失 W_{cmp} / $\mathrm{Stab}^{(A)}_{W}$ 时拦截
离散对象	路径 B	闭合频率簇的长度归一	$m^{(\mathrm{disc})}_{\mathrm{cmp},B}$ 候选读法	缺失 Ω_B / $\mathrm{Stab}^{(B)}_{\Omega}$ 时拦截
桥接对象	分时调用	主路径归一 + 次路径缓冲	仅区间、簇或候选报告	未声明主/次路径时拦截

表 A37 对象化调用的最低顺序与禁越级边界

步骤	必须先报什么	允许输出	禁写边界
1	对象族与入口条件	对象所属路径	不得跳过对象族直接援引候选律
2	e°_A / C_I / D_{proj} 的标准前件	候选律可读	不得把任意支线写成 e°_A
3	E_{loc} 路径与稳定条件	$\rho^{(3v)}_{\text{loc}}$	不得跳过稳定条件直写质量
4	V_{3v} 与比较密度	m_{cmp} 候选读法	桥接对象不得强并读

A19 过渡说明：对象化调用检查点（v9.43）

到 v9.44 为止，κ_I 下的循环长度等价候选律已从抽象比较层命题进一步进入对象化调用阶段。它仍然不是第一性原理的终局定式，但已经拥有了可检验的对象入口、路径归属、比较密度接口与禁越级边界。下一步若要继续向“第一性原理候选位”推进，最稳的方向不再是增加修辞强度，而是让连续对象、离散对象与桥接对象各自形成更具体的调用卡与比较结果。

A20 连续对象代表型实例的调用卡

本节只选取三类连续代表对象：恒星核区、恒星壳层连续区与宇宙学背景窗口。它们之所以被优先选取，不是因为它们穷尽了全部连续对象，而是因为它们足以覆盖三种最常见的连续读取情境：中心核型连续累计、壳型边缘连续累计，以及大尺度窗口平均连续累计。

A20.1 恒星核区：中心锚位下的连续累计调用

恒星核区的最低顺序应写成：对象声明 → 中心锚位 / 局域核型静背景 → 标准循环单位 e°_A 与补偿投影圆 C_I 的前件 → $L_{\text{arc}}(e^\circ_A) = C_{\text{proj}} = \pi D_{\text{proj}}$ → 路径 A 的连续累计核与比较窗 $W^{(A)}_{\text{cmp}}$ → 连续比较密度 $\rho^{(3v)}_{\text{loc},A}$ → 连续质量候选读法 $m^{(\text{cont})}_{\text{cmp},A}$。其中，候选律只承担循环尺度归一，不得直接被写成核区总质量终式。

A20.2 恒星壳层连续区：边缘几何入口下的路径 A 调用

恒星壳层连续区虽然在几何入口上更接近壳型边缘读法，但其质量接口链仍默认归于路径 A。这里的最低纪律是：先声明壳层为连续累计区，而不是离散闭合簇；再以分层壳窗给出 e°_A / C_I / D_{proj} 的前件；之后调用候选律作为分层壳窗的连续归一条件；最后才进入连续比较密度与连续质量候选读法。凡将壳层边缘接口直接改写为离散簇质量，或把边缘读法误写成罗氏接口即可直接产出终式，均属禁写。

A20.3 宇宙学背景窗口：窗口平均连续读法

宇宙学背景窗口的特点在于尺度极大、局域波动不宜直接终式化。其最低顺序应写成：对象声明 → 背景窗口 $W_{\cos}$ → 标准前件的窗口化版本 → 候选律作为背景平均的长度归一常数 → 路径 A 的窗口平均比较密度 → 区间化、窗口化或背景平均的连续质量候选读法。这里不得写单点质量、单团质量或单支离散质量。

A20.4 最低顺序与禁越级边界

三类连续代表对象虽然具体情境不同，但它们共享一条最小纪律：标准前件优先于候选律，候选律优先于路径 A 的累计核，累计核优先于比较密度，比较密度优先于连续质量候选读法。若缺少中心或边缘入口声明、缺少标准循环单位前件、缺少比较窗或稳定条件，则只允许停留在前一层，不得推进到质量候选语句。

表 A38 连续对象代表型实例的最低调用顺序

代表对象	默认锚位	最低顺序关键词	允许输出
恒星核区	中心锚位	$e^{\circ}_{A} \to C_I \to$ 候选律 $\to W^{(A)}_{\text{cmp}} \to \rho^{(3v)}_{\text{loc},A}$	窗口化 $m^{(\text{cont})}_{\text{cmp},A}$
恒星壳层连续区	边缘锚位	壳窗前件 → 候选律 → 连续累计核 → $\rho^{(3v)}_{\text{loc},A}$	壳窗区间 + 连续质量候选
宇宙学背景窗口	窗口锚位 / 受限滚动读法	背景窗口 → 候选律 → 背景平均密度	背景平均报告，不得单点终式

表 A39 连续对象代表型实例的禁越级边界

误写	为什么不允许	最低替代写法
把恒星核区直接写成候选律 = 总质量	跳过了累计核、比较窗与比较密度	改写为“候选律先行进入路径 A 的连续累计核”
把壳层边缘区直接写成离散闭合簇	把几何边缘入口误写成路径 B 终式	改写为“壳层边缘仍首先属于连续累计区”
把宇宙学背景窗口写成单点质量	窗口平均对象不得直接单点终式化	改写为“窗口平均的连续质量候选读法”

A21 过渡说明：离散对象调用检查点（v9.44）

到 v9.44 为止，κ_I 下的循环长度等价候选律已经完成从对象族分流到连续代表型实例的第一次“落地”。下一步最自然的方向，不再是扩写更多连续对象，而是把离散对象的代表型实例调用卡写出，并与路径 B 的簇边界、相位窗口和离散比较密度做最低配对。

A22 离散对象代表型实例的调用卡

本节只选取三类离散代表对象：原子束缚态、粒子候选态与局域热工吸收区。它们之所以被优先选取，不是因为它们穷尽了全部离散对象，而是因为它们足以覆盖三种最常见的离散读取情境：稳定束缚簇、局域滚动簇，以及受最低激发要求约束的单次吸收簇。

A22.1 原子束缚态：x_* 锚定下的离散簇调用

原子束缚态的最低顺序应写成：对象声明 $\to$ x_* 锚定 / 局域闭合簇边界 $\to$ 标准循环单位 e°_A 与补偿投影圆 C_I 的前件 $\to$ $L_{\mathrm{arc}}(e^{\circ}_A) = C_{\mathrm{proj}} = \pi D_{\mathrm{proj}}$ $\to$ 路径 B 的离散频率簇与相位窗口 $\to$ 离散比较密度 $\rho^{(3v)}_{\mathrm{loc},B}$ $\to$ $m^{(\mathrm{disc})}_{\mathrm{cmp},B}$ 的候选报告。这里的关键不是把束缚态写成一条现成的质量终式，而是让候选律先充当簇长度归一条件，再进入离散簇稳定条件之中。

A22.2 粒子候选态：局域滚动图表下的簇稳定调用

粒子候选态的最低纪律是：先声明局域滚动图表与相位窗口，而不是直接用连续体语言包裹对象；再声明闭合簇成员、簇边界与标准前件；随后调用候选律作为离散频率核的长度归一条件；最后才允许进入离散比较密度与离散质量候选读法。凡把簇成员漂移、簇边界模糊或相位窗口失稳略去不写者，均不得把对象推进到质量候选层。

A22.3 局域热工吸收区：由经验热工语言回切到离散吸收簇

局域热工吸收区的特殊性在于：它在经验层常被描述为连续介质中的温升、热流或材料响应，但若当前段落聚焦的是单次吸收、局域量子阶跃或最低激发要求，则必须重新切回离散对象入口。其最低顺序应写为：对象声明 $\to$ 吸收事件的离散入口 $\to$ x_* 锚定与最低激发要求 $\to$ 标准前件 $\to$ 候选律的长度归一作用 $\to$ 离散比较密度与单次吸收簇报告。不得把连续窗口平均结果无声迁移为该类对象的前件。

A22.4 最低顺序与禁越级边界

三类离散代表对象虽然具体情境不同，但它们共享一条最小纪律：标准前件优先于候选律，候选律优先于路径 B 的簇边界与相位窗口，簇边界与相位窗口优先于离散比较密度，离散比较密度优先于离散质量候选读法。若缺少 x_* 锚定、闭合簇边界、相位窗口或最低激发要求，则只允许停留在前一层，不得推进到质量候选语句。

离散代表对象	最低几何入口	候选律的对象化角色	允许上限
原子束缚态	x_* 锚定 + 局域闭合簇	簇长度归一条件	离散比较密度与簇报告
粒子候选态	局域滚动图表 + 相位窗口	离散频率核归一条件	离散稳定簇下的候选质量
局域热工吸收区	离散吸收事件入口 + 最低激发要求	单次吸收簇归一条件	吸收簇报告与候选质量区间

表 A40 离散对象代表型实例的最低调用顺序

表 A41 离散对象代表型实例的禁越级边界

离散代表对象	禁越级写法	最低纠偏方向
原子束缚态	把束缚簇直接写成连续窗口累计	先补 x_* 锚定、簇边界与相位窗口
粒子候选态	在成员漂移未校核前直接写质量终式	先报告簇稳定条件，再写候选质量
局域热工吸收区	把单次吸收事件直接连续化	先回切离散入口与最低激发要求

A23 附录后记（v9.45）

到 v9.45 为止，κ_I 下的循环长度等价候选律已从连续代表型实例进一步进入离散代表型实例。这样，候选律的对象化调用便同时覆盖了连续对象与离散对象两条主路径：前者以路径 A 的连续累计为主，后者以路径 B 的离散簇报告为主。下一步若继续推进，最自然的方向将是：一方面把桥接对象的代表型实例调用卡写出；另一方面把连续对象与离散对象的代表型实例进一步配对到统一的工作卡与调用检查表。

A24 桥接对象代表型实例的调用卡

本节只选取三类桥接代表对象：介观材料区、相变前沿与等离子鞘层。它们之所以被优先选取，不是因为它们穷尽了全部桥接对象，而是因为它们足以覆盖三种最常见的桥接读取情境：连续窗口主导但离散簇不可忽略、离散跃迁主导但连续前沿不可取消，以及边界层滚动主导但连续—离散双读都必须受限进入。

A24.1 介观材料区：对象尺度先于路径声明

介观材料区的最低顺序应写成: 对象声明 → 局域组织尺度与比较窗 → 主路径声明(A 或 B) → 次路径的受限地位 → 标准循环单位 e°_{A} 与补偿投影圆 C_I 的前件 → $L_{\text{arc}}(e^{\circ}_{A}) = C_{\text{proj}} = \pi D_{\text{proj}}$ → 主路径的比较密度接口 → 候选质量读法。若当前主路径为 A，则 B 只能以簇边界、相位桶或修正项方式后入；若当前主路径为 B，则 A 只能以窗口背景、平均项或回收句方式后入。

A24.2 相变前沿：前沿厚度与主读法分流

相变前沿的最低纪律是：先声明前沿厚度、前沿是否在本段被读作连续窗口还是离散跃迁边带；再声明标准前件与比较窗；随后调用候选律作为前沿区的长度归一条件；最后才进入主路径的比较密度与候选质量读法。前沿对象的特性在于它极易诱发“偷换主读法”的错误：若已从连续窗口起笔，就不得在同一句中抢写离散终式；若已从离散跃迁边带起笔，就不得把整体前沿厚度省略为背景噪声。

A24.3 等离子鞘层：边界滚动与分时并读

等离子鞘层的最低顺序应写成：对象声明 → 边界层与滚动入口 → 主路径声明 → 次路径的受限后入 → 标准前件 → 候选律的边界归一作用 → 主路径的比较密度接口 → 候选质量读法。它的关键不在于“同时两路都能用”，而在于“哪一路先用、另一条在何处后入”。凡在边界滚动尚未声明之前就强行把鞘层写成完整连续体，或凡在主路径尚未稳定前就把双路径并列终式化者，均属禁写。

A24.4 最低顺序与禁越级边界

三类桥接代表对象虽然具体情境不同，但共享一条最小纪律：对象尺度或边界层声明优先于主路径声明，主路径声明优先于次路径受限地位，标准前件优先于候选律，候选律优先于主路径比较密度接口，主路径比较密度接口优先于候选质量读法。凡主路径未报、次路径地位未限、标准前件未齐或稳定条件未写者，不得推进到候选质量语句。

表 A42 桥接对象代表型实例的最低调用顺序

桥接代表对象	最低调用顺序	主路径默认
介观材料区	对象尺度 → 比较窗 → 主/次路径 → 标准前件 → 候选律 → 比较密度 → 候选质量	依当前段落而定，默认先报主路径
相变前沿	前沿厚度 → 主读法 → 标准前件 → 候选律 → 比较密度 → 候选质量	连续窗口或离散边带二选一先行

桥接代表对象	最低调用顺序	主路径默认
等离子鞘层	边界层 → 滚动入口 → 主/次路径 → 标准前件 → 候选律 → 比较密度 → 候选质量	滚动入口下按主路径先行

表 A43 桥接对象代表型实例的禁越级边界

桥接代表对象	禁越级写法	最低纠偏方向
介观材料区	不报主路径直接两路并读	先补对象尺度、比较窗与主/次路径地位
相变前沿	把连续前沿与离散跃迁在同一句混写成终式	先声明前沿厚度与主读法，再把另一条路径降为回收句
等离子鞘层	边界滚动未声明即写双路径质量终式	先补边界层、滚动入口与主路径稳定条件

A25 附录后记（v9.46）

到 v9.46 为止，κ_I 下的循环长度等价候选律已从连续代表型实例与离散代表型实例进一步推进到桥接代表型实例。这样，候选律的对象化调用便同时覆盖了连续对象、离散对象与桥接对象三条工作分支。下一步若继续推进，最自然的方向将是：把三条分支重新收束为一组“跨对象的候选律调用包”，使其更接近真正可复用的第一性原理候选接口。

A26 跨对象共享的候选律调用包

本节的任务不是再造一个“总公式”，而是把已经分散在连续对象、离散对象与桥接对象中的最低调用模块重新整理出来。所谓调用包，指的是：无论对象分支如何不同，只要要把 κ_I 下的循环长度等价候选律推进到比较密度与候选质量读法，就必须先通过一组共享的接口模块与顺序检查。

A26.1 共享核心模块：对象声明、几何入口与标准前件

跨对象共享的第一个模块是对象声明与几何入口。连续对象通常先报中心锚位、边缘入口或宇宙学窗口；离散对象通常先报滚动入口、x_* 锚定与簇边界；桥接对象则必须先报对象尺度、边界层或前沿厚度。第二个共享模块是标准前件：标准循环单位 e°_A、补偿投影圆 C_I、投影直径 D_{proj} 与标准惯性截断条件。若这两步未齐，则候选律不得被调用。

A26.2 连续对象调用包：路径 A 主导

对于连续对象，调用包的最低顺序应写成：对象声明 $\to$ 几何入口 $\to$ 标准前件 $\to$ 路径 A 的窗口与稳定条件 $\to$ 候选律 $L_{\text{arc}}(e^\circ_A) = C_{\text{proj}} = \pi D_{\text{proj}} \to \rho^{(3v)}_{\text{loc},A} \to m^{(\text{cont})}_{\text{cmp},A}$。候选律在此只作为连续累计核的循环尺度归一条件，不得被改写成离散簇终式。

A26.3 离散对象调用包：路径 B 主导

对于离散对象，调用包的最低顺序应写成：对象声明 $\to$ 离散入口 $\to$ x_* 锚定与簇边界 $\to$ 相位窗口 $\to$ 候选律 $\to \rho^{(3v)}_{\text{loc},B} \to m^{(\text{disc})}_{\text{cmp},B}$。候选律在此只作为闭合频率簇的长度归一条件，不得偷换为连续窗口平均。

A26.4 桥接对象调用包：主路径先行，次路径后入

对于桥接对象，调用包的最低顺序应写成：对象尺度或边界层 $\to$ 主路径声明 $\to$ 次路径的受限地位 $\to$ 标准前件 $\to$ 候选律 $\to$ 主路径比较密度接口 $\to$ 候选质量读法 $\to$ 次路径仅作后入修正。桥接对象最容易犯的错误，是把“共享调用包”误读为“两路同时起跑”；因此，本节必须明确：共享的是模块与顺序，不是终式的同阶并读。

A26.5 最低检查表与禁越级边界

跨对象共享调用包最终应被压缩为一张最低检查表：对象是否已声明；几何入口是否已明示；标准前件是否已齐；主路径是否已确定；候选律是否只被用作长度归一条件；比较密度是否已按对象分支进入；候选质量读法是否仍停留在报告层。凡其中任一项缺失，都只能停留在前一层，不得推进。

表 A44 跨对象共享的候选律调用包：共享模块矩阵

共享模块	连续对象	离散对象	桥接对象
对象声明 / 几何入口	中心锚位 / 边缘窗口 / 宇宙学窗口	滚动入口 / x_* / 簇边界	对象尺度 / 边界层 / 前沿厚度
标准前件	$e^\circ_A + C_I + D_{\text{proj}} +$ 标准截断	$e^\circ_A + C_I + D_{\text{proj}} +$ 标准截断	$e^\circ_A + C_I + D_{\text{proj}} +$ 标准截断
候选律地位	路径 A 的循环尺度归一条件	路径 B 的闭合簇长度归一条件	只先进入主路径，不得双路径抢跑
质量接口进入	$\rho^{(3v)}_{\text{loc},A} \to m^{(\text{cont})}_{\text{cmp},A}$	$\rho^{(3v)}_{\text{loc},B} \to m^{(\text{disc})}_{\text{cmp},B}$	主路径比较密度 $\to$ 候选质量；次路径后入

表 A45 跨对象共享的候选律调用包：最低顺序与禁越级边界

检查项	最低顺序	禁越级写法	最低纠偏方向
对象声明	对象类型先于路径	不报对象直接写终式	先补对象与所属分支
几何入口	入口先于候选律	跳过入口直接写 $L_{\mathrm{arc}}=C_{\mathrm{proj}}$	先补中心 / 边缘 / 滚动入口
标准前件	e°_A / C_I / D_{proj} 先行	不报标准前件直接写 π 终式	先补标准循环单位与标准截断
路径与质量接口	主路径先于比较密度，比较密度先于候选质量	未报主路径直接写 m_{cmp}	先补主路径与比较密度层

A27 附录后记（v9.47）

到 v9.47 为止，κ_I 下的循环长度等价候选律已从连续对象、离散对象与桥接对象的代表型实例，进一步收束为一套跨对象共享的调用包。这样，候选律便从“可调用”进一步推进到“可复用”：它不再只是零散实例中的漂亮关系，而开始具备跨对象复用的最低接口秩序。下一步若继续推进，最自然的方向将是把这套调用包进一步压成工作卡或检查卡，使其更接近第一性原理候选接口的稳定形态。

A28 候选律工作卡

本节的目标不是重新分叉对象族，而是把跨对象共享调用包进一步压成一张可以直接顺着执行的工作卡。所谓工作卡，指的是：无论对象分支如何不同，只要要把 κ_I 下的循环长度等价候选律推进到比较密度与候选质量读法，就必须按同一最低顺序填写对象、入口、前件、主路径、候选律位置与后续接口。

A28.1 工作卡的共享模块

工作卡至少包含七个模块：对象声明；几何入口；标准循环单位 e°_A；补偿投影圆 $C_I = \kappa_I(\Pi_I(e^{\circ}_A))$；标准圆直径 D_{proj}；主路径声明；候选律 $L_{\mathrm{arc}}(e^{\circ}_A) = C_{\mathrm{proj}} = \pi D_{\mathrm{proj}}$ 的长度归一地位。只有这七项齐备之后，比较密度接口与候选质量读法才允许进入。

A28.2 连续 / 离散 / 桥接对象的最小分叉

连续对象在工作卡上默认写成：对象声明 $\to$ 中心/边缘/背景窗口入口 $\to$ 标准前件 $\to$ 路径 A 的窗口与稳定条件 $\to$ 候选律 $\to \rho^{(3v)}_{\mathrm{loc},A} \to m^{(\mathrm{cont})}_{\mathrm{cmp},A}$。离散对象在工作卡上默认写成：对象声明 $\to$

x_* 锚定与簇边界 → 相位窗口 → 候选律 → $\rho^{(3v)}_{\mathrm{loc},B}$ → $m^{(\mathrm{disc})}_{\mathrm{cmp},B}$。桥接对象在工作卡上默认写成：对象尺度或边界层 → 主路径声明 → 次路径受限地位 → 标准前件 → 候选律 → 主路径比较密度接口 → 候选质量读法。

A28.3 工作卡中的失败回退

工作卡并不保证每次都能顺利走到底。若对象入口无法稳定、若 e°_A 无法与一个标准补偿投影圆对应、若 D_{proj} 并非来自标准圆、或若主路径未稳，则调用必须立即回退。连续对象回退到窗口说明与区间报告；离散对象回退到簇边界与相位报告；桥接对象回退到对象尺度、边界层与主路径声明。

表 A46 候选律工作卡：共享模块与对象分叉

步骤	连续对象	离散对象	桥接对象	产物
1. 对象声明	恒星核区/壳层/背景窗口	原子束缚态/粒子候选态	介观材料/相变前沿/鞘层	对象条目
2. 入口	中心/边缘/背景窗口	x_* / 滚动入口 / 簇边界	尺度/边界层 + 主入口	几何入口
3. 标准前件	$e^\circ_A + C_I + D_{\mathrm{proj}}$	$e^\circ_A + C_I + D_{\mathrm{proj}}$	$e^\circ_A + C_I + D_{\mathrm{proj}}$	可比前件
4. 路径声明	路径 A	路径 B	主路径先行，次路径后入	路径位势
5. 候选律调用	长度归一条件	闭合簇长度归一条件	主路径长度归一条件	归一结果
6. 后续接口	$\rho^{(3v)}_{\mathrm{loc},A} \to m_{\mathrm{cmp},A}$	$\rho^{(3v)}_{\mathrm{loc},B} \to m_{\mathrm{cmp},B}$	主路径 ρ_{loc} → 候选 m_{cmp}	报告层结果

A29 候选律检查卡

若说工作卡负责“让调用开始”，那么检查卡负责“防止调用越级”。检查卡的任务不是重复工作卡，而是在每一个关键节点上核验：当前写法是否仍停留在候选律所允许的比较层语境中。

A29.1 七项最低检查

最低检查至少应包含七项：其一，对象是否已声明；其二，几何入口是否已明示；其三，标准循环单位 e°_A 是否已固定；其四，C_I 是否被明确为 κ_I 下的补偿投影圆；其五，D_{proj} 是否取自标准圆直径；其六，候选律是否仍只被用作长度归一条件；其七，候选质量读法是否仍停留在比较层候选位。任一项未通过，调用均不得继续向后推进。

A29.2 检查未通过时的最低动作

检查卡不是惩罚表，而是回退表。对象未声明或入口未明示，必须回退到对象条目；e_A° / C_I / D_{proj} 任一不稳，必须回退到标准前件说明；候选律若被偷写成质量终式，必须回退到长度归一条件；若比较密度尚未按对象分支进入，则候选质量读法必须停留在区间化或簇报告层。

表 A47 候选律检查卡：最低核验与回退动作

检查项	通过条件	未通过时	允许停留层
对象已声明	对象条目明确	回退到对象声明	对象层
入口已明示	中心/边缘/x_* /边界层已报	回退到入口说明	入口层
e_A° 已固定	存在标准循环单位	回退到前件说明	前件层
C_I 已明确	$C_I = \kappa_I(\Pi_I(e_A^\circ))$	回退到闭合说明	前件层
D_{proj} 合法	取自标准圆直径	回退到圆化说明	前件层
候选律未越级	只作长度归一条件	回退到候选律位置	候选律层
质量仍属候选	仅进入比较层报告	退回区间/簇报告	报告层

A30 附录后记（v9.48）

到 v9.48 为止，κ_I 下的循环长度等价候选律已从对象化调用与跨对象共享调用包，进一步压成一套工作卡与检查卡。这样，候选律便从“可复用”进一步推进到“可操作”：今后无论继续写对象化调用、质量接口链，还是朝向第一性原理候选位收束，都已有一张可直接启动与核验的最低技术工作件。

A31 第一性原理候选接口检查表

A31 的目标，不是把候选律强行升格为已经完成的一般定理，而是把它压成一张跨对象共享的总检查表。所谓“第一性原理候选接口”，在当前阶段只意味着：若一套写法希望把 κ_I 下的循环长度等价候选律推进到比较密度接口与候选质量读法，就必须先通过这张检查表；若检查未过，则任何“终式感”书写都必须回退。

A31.1 总检查表的最低八项

最低八项当前固定为：其一，对象是否已声明；其二，几何入口是否已明示；其三，标准循环单位 e_A° 是否已固定；其四，C_I 是否已明确写成 κ_I 下的标准补偿投影圆；其五，D_{proj} 是否取自该标准圆；其六，$L_{\text{arc}}(e_A^\circ) = C_{\text{proj}} = \pi D_{\text{proj}}$ 是否仍只被用作长度归一条件；其七，比较密度接口是否已按对象分支进入 $\rho_{\text{loc},A}^{(3v)}$ 或 $\rho_{\text{loc},B}^{(3v)}$；其八，候选质量读法是否仍明确停留在比较层候选位，而非被偷写为经验终式。

A31.2 失败门与最低回退动作

总检查表的意义，不在于"打分"，而在于设定失败门。对象或入口未明示，必须回退到对象条目与几何入口；e_A° / C_I / D_{proj} 任一不稳，必须回退到标准前件说明；候选律若被偷写成质量终式，必须回退到长度归一条件；比较密度接口若未按对象分支接入，则候选质量读法只能回退到区间、簇或主/次路径报告层。

表 A48 第一性原理候选接口检查表

检查项	最低要求	失败时最低回退
1	对象已声明且对象族位阶明确。	回退到对象声明层。
2	几何入口已明示。	回退到入口说明层。
3	e_A° 已固定。	回退到标准循环单位层。
4	$C_I = \kappa_I(\Pi_I(e_A^\circ))$ 已明确。	回退到补偿投影圆层。
5	D_{proj} 取自标准圆。	回退到直径来源说明层。
6	候选律仍只作长度归一条件。	回退到候选律定位层。
7	比较密度接口已按对象分支进入。	回退到路径分流/比较密度层。
8	候选质量读法仍停留在比较层。	回退到区间/簇/候选位层。

A32 对象化调用的收束式总表

在对象化调用已经分别进入连续对象、离散对象与桥接对象之后，若仍只保留三套分支，就会削弱候选律作为共享接口的收束力度。A32 因此把三条分支重新压回一张总表：不是为了抹平对象差异，而是为了固定三类对象在终端接口上的共同骨架与最小分叉。

A32.1 共享骨架与对象分叉

共享骨架统一写成：对象声明 → 几何入口 → 标准前件 → 主路径声明 → 候选律调用 → 比较密度接口 → 候选质量读法。连续对象在“主路径声明”处默认转入路径 A；离散对象默认转入路径 B；桥接对象则必须在此处先写主路径，再写次路径的受限地位。由此，收束式总表并不抹去对象差异，而是在同一骨架上安排不同的合法分叉口。

A32.2 收束式总表的允许输出上限

连续对象的允许输出上限为区间化或连续候选质量读法；离散对象的允许输出上限为簇报告或离散候选质量读法；桥接对象的允许输出上限为主路径候选质量读法与次路径后入补充。任何试图把三类对象同时压成单一经验终式、把桥接对象直接并读成双路径同阶结果，或把任一对象直接写成“Π 的已完成第一性原理终式”的做法，均属禁写。

表 A49 对象化调用的收束式总表

对象类	共享骨架中的关键分叉	允许输出上限	禁写重点
连续对象	主路径 = 路径 A；窗口/背景先于候选律。	区间化 / 连续候选质量读法	不得跳过窗口稳定条件。
离散对象	主路径 = 路径 B；x_* / 簇边界先于候选律。	簇报告 / 离散候选质量读法	不得把装置背景写成离散前件。
桥接对象	先报主路径，再报次路径受限地位。	主路径候选质量读法 + 次路径后入补充	不得抢跑并读或写成双终式。

A33 附录后记（v9.51）

到 v9.51 为止，κ_I 下的循环长度等价候选律已从工作卡与检查卡，进一步推进为一张“第一性原理候选接口检查表”与一张“对象化调用的收束式总表”。这样，候选律便从“局部可操作”进一步推进到“整体可总核验、可总调用”：今后无论继续朝对象化调用细化，还是继续朝 Π 的第一性原理候选位收束，都已有一套跨对象共享的总接口检查件。

A34 第一性原理候选接口封装版：一页总卡

A34 的目标，是把 A31 的总检查表与 A32 的收束式总表再压成一页式总卡。这里的一页，不是排版意义上的绝对页数，而是技术意义上的最小封装件：研究者在面对任一对象时，只需先经过这一总卡，便能判断当前写法是否已经具备调用 κ_I 下循环长度等价候选律的最低资格。

A34.1 一页总卡的六栏骨架

一页总卡当前固定六栏：对象声明、几何入口、标准前件、主路径声明、候选律调用、比较密度—候选质量读法。其作用不在于替代对象实例卡，而在于为所有实例卡提供共同封面。只要任一栏位未稳，调用即不得继续下沉到更细的质量接口语句。

A34.2 封装后的最低失败门

封装并不取消失败门，反而把失败门压得更清楚：对象或入口未明示，回退到对象入口层；标准前件未稳，回退到 e°_{A} / C_I / D_{proj} 的核验层；主路径未声明，回退到路径分流层；候选律一旦被偷写成经验终式或质量终式，立即回退到长度归一条件；比较密度接口若未依对象分支进入，则候选质量读法必须停在区间、簇或补充报告层。

表 A50 第一性原理候选接口的一页式总卡

栏位	最低写法	通过后允许的下一步	未过时的回退
对象声明	连续 / 离散 / 桥接对象已明示	进入几何入口	对象条目
几何入口	中心、边缘、滚动或对象入口已明示	进入标准前件	入口说明
标准前件	e°_{A}、C_I 与 D_{proj} 已固定	进入主路径声明	前件核验
主路径声明	路径 A、路径 B 或主/次路径已说明	进入候选律调用	路径重分流
候选律调用	$L_{\text{arc}}(e^{\circ}_{A}) = C_{\text{proj}} = \pi D_{\text{proj}}$ 仍只作长度归一条件	进入比较密度接口	候选律本身
比较密度—候选质量读法	仅按对象分支进入比较层候选位	进入对象化调用细化	区间/簇报告层

A35 附录后记（v9.51）

到 v9.51 为止，κ_I 下的循环长度等价候选律已从总检查表与对象化调用总表，进一步推进到一页式总卡。这样，候选律便从“可总核验、可总调用”进一步推进到“可总封装”：今后无论继续细化对象实例、推进质量接口链，还是继续朝 Π 的第一性原理候选位收束，都已有一张跨对象共享、可立即启动与回退的最低封装卡。

A36 动静度规对偶基数的标准定义

A36 的任务，是把 $v_s = 30$ 与 $v_t = 32$ 从零散讨论收束为底层代数接口库中的标准写法。这里所谓“空间投影基数”与“时间投影基数”，首先不是经验长度、经验时间或经验速度，而是

Arc-Spinor 的 Static / Dynamic 读法在进入比较层之前的标准索引。当前阶段，凡希望调用 κ_I 下循环长度等价候选律、比较密度接口或候选质量读法者，都应先承认这组索引的标准地位。

A36.1 v_s 与 v_t 的最低语义

$v_s = 30$ 当前固定为空间投影基数，负责给出静空间最大拓展尺度在比较层中的索引前件；$v_t = 32$ 当前固定为时间投影基数，负责给出标准时间震荡周期的索引前件。两者的差值 Δv=v_t-v_s=2 构成后续 x_* 锚定、最大空间拓展对称与极限传播边界读法的共享底座。这里不允许把 30 或 32 直接写成经验常数；更不允许把它们当作任何单一欧氏直线长度的天然替身。

表 A51 动静度规对偶基数的标准定义

记号	标准值	当前角色	禁写边界
v_s	30	空间投影基数	不得裸写为空间经验长度
v_t	32	时间投影基数	不得裸写为经验时间单位
Δv	2	本征度规亏损	不得直接写成已证质量终式

A37 标准震荡周期与最大拓展对称

在 v_s / v_t 固定之后，候选律的时间—空间内部构型也必须写稳。当前标准写法为：$T^\circ = 16\times$2=32，$S^{\max} = 15 \times$ 2=30。前者给出一个标准时间震荡周期，后者给出静空间所能维持的最大拓展对称；二者并非经验量，而是索引分解。

A37.1 $T^\circ = 16 \times 2$

16 当前只写作标准半周期相幅索引，×2 则给出完整震荡周期。这里的“2”首先不是外加长度，而是本征循环中正向矢性与反向矢性的完整呼吸要求。于是，一个标准循环单位 e°_A 的时间延展索引，当前只允许写成 32。

A37.2 $S^{\max} = 15 \times 2$

15 当前只写作空间在与时间轴 16 半周期配对时所能维持的最大半侧拓展索引，×2 则给出静空间最大拓展对称。其结果是 $S^{\max}$=30；而与 T°=32 的差值 2 不再在空间两侧继续展开，而被压缩锚定到 x_*，构成当前最稳的中心亏损写法。

表 A52 标准震荡周期与最大拓展对称

构型	标准写法	当前读法	当前上限
标准时间周期	$T^{\circ} = 16 \times 2$=32	完整时间震荡周期	不直接经验化
半周期索引	16	标准半周期相幅	不当作独立空间尺度
最大空间拓展	$S^{\max} =$ 15 × 2=30	静空间最大拓展对称	不越级写成经验直径
中心亏损	$\Delta v = 2 \mapsto x_*$	向中心压缩锚定	仅作候选解释

A38 30-index $\mapsto c$ 的比较层映射

A38 的任务，是把附件中最容易被误写的一句压稳：30 不是 c 本身，但 30-index 参与 c 的比较层映射。当前最稳的写法是：与一个标准时间周期 T° 相匹配的最大空间拓展尺度 $S^{\max}$，其在惯性场直径层的代数索引为 30；在与传统物理单位制对齐的比较层中，这一最大拓展尺度的传播边界映射记作 c。

A38.1 比较层映射的最低口径

因此，30-index $\mapsto c$ 的当前最低口径应写成：先有 $v_s = 30$ / $v_t = 32$ 与 T° / $S^{\max}$ 的索引底座，再有惯性场直径层的最大拓展索引，最后才允许在比较层把该极限传播边界记作 c。更紧的压缩写法是 $\chi_{\text{st}}^{(\text{idx})}$=30/32；但这仍只是比较层映射的比值入口，而不是对 c 的裸等式替代。

A38.2 与候选律的最小连接

在极限传播型对象的标准调用中，若 D_{proj} 取自 κ_I 下的标准补偿投影圆，并承接 $S^{\max}$ 的最大空间拓展索引，则 $L_{\text{arc}}(e_A^{\circ}) = C_{\text{proj}} = \pi D_{\text{proj}}$ 仍只作为长度归一条件进入；与此同时，D_{proj} 的最大索引前件又可沿 $\chi_{\text{st}}^{(\text{idx})}$=30/32 进入 c 的比较层映射。于是，π 与 c 当前分别占据长度归一常数与极限传播边界的候选接口位置，不得互相越级替代。

A38.3 禁写边界

当前明确禁止如下写法：$30 = c$；32=t；15 或 16 直接等于经验欧氏半径、螺距或空间长度；以及“$\Delta v = 2$ 已经证明质量终式”的提前收束。更稳的纪律是：30、32、15、16 均只先作索引写法；c 只作比较层边界映射；候选律只先作长度归一条件。

表 A53 30-index $\mapsto c$ 的比较层映射

层位	当前写法	允许输出	禁写边界
索引层	$\chi_{\text{st}}^{(\text{idx})}$=30/32	空时比索引入口	不得写成经验速度值
比较层	30-index $\mapsto c$	极限传播边界	不得裸写 $30 = c$
候选律连接	$L_{\text{arc}}(e_A^{\circ})$=$\pi D_{\text{proj}}$	长度归一条件	不得偷写质量终式

A39 v9.51 检查点回顾

到 v9.51 为止，Appendix A 已把《空时比与 c》补遗所涉及的 $v_s = 30$、$v_t = 32$、$T^{\circ} = 16 \times 2$、$S^{\max} = 15 \times 2$、$\Delta v = 2$ 与 30-index $\mapsto c$ 的比较层映射补入候选律的底层代数接口。这样，κ_I 下的循环长度等价候选律便不再只依赖对象化调用与一页式总卡，而开始拥有一层可长期复用的动静度规对偶底座。

A40 第一性原理候选接口封装版总表

A40 的任务，是把前面已经分层建立的所有最低纪律再压成一张总表，使任何对象化调用都能在一页内被核验、被回退、被重启。这里所谓“封装版总表”，不是宣布 Π 已经完成终局定理化，而是把：对象声明、几何入口、标准循环单位、标准补偿投影圆、候选律调用、比较密度接口、候选质量读法，以及 $v_s = 30$ / $v_t = 32$ / T° / $S^{\max}$ / 30-index $\mapsto c$ 的代数底座收束到同一调用模板中。

更稳的理解是：总表是当前 Π 的最低可执行法典。它要求每一次调用都必须留下可追踪的链条，而不是只留下一个漂亮的等式。只要任一栏位未交代，就不得继续推进到比较密度读法，更不得越级把候选质量读法写成完成质量定律。

A40.1 总表的七栏结构

当前总表固定为七栏：对象位、入口位、前件位、候选律位、代数位、比较位、质量位。对象位解决“谁被调用”；入口位解决“从哪种几何协议进入”；前件位解决 e_A° 与 C_I 是否已固定；候选律位解决 $L_{\text{arc}}(e_A^{\circ}) = C_{\text{proj}} = \pi D_{\text{proj}}$ 是否仍仅作长度归一条件；代数位解决 30/32、16×2、15×2 是否只作索引前件；比较位解决 30-index $\mapsto c$ 的关系是否仍为映射；质量位则解决候选质量读法是否仍停留在比较层候选位。

A40.2 通过 / 回退纪律

总表的最小纪律不是“全部通过后即得终局结论”，而是“只要有一项未通过，就必须知道退回哪里”。对象位失效时退回对象声明；入口位失效时退回几何入口或桥接提醒；前件位失效时退回

e_A° 与 κ_I 下的标准圆；候选律位失效时退回长度归一条件；代数位或比较位失效时退回 v_s / v_t / T° / $S^{\max}$ 或 30-index $\mapsto c$ 的比较层映射；质量位失效时退回比较密度接口。

A40.3 禁写边界

当前明确禁止如下写法：把总表当作新公理表；把 $L_{\text{arc}}(e_A^\circ) = C_{\text{proj}} = \pi D_{\text{proj}}$ 写成已完成普适定理；把 30 直接写成 c；把 16 或 15 直接写成经验欧氏长度；以及在未过前件位或比较位时就写出质量终式。更稳的口径是：总表只先作为第一性原理候选接口的封装件。

表 A54 第一性原理候选接口封装版总表

栏位	最低问题	必须保留的当前口径	失败时回退
对象位	调用的是哪类对象?	连续 / 离散 / 桥接对象之一，且对象已声明	对象声明
入口位	从哪种几何协议进入?	中心 / 边缘 / 滚动入口之一，且不得混写	几何入口 / Appendix B
前件位	e_A° 与 C_I 是否标准化?	e_A° 已固定；$C_I = \kappa_I(\Pi_I(e_A^\circ))$；$D_{\text{proj}}$ 来自标准圆	标准前件
候选律位	候选律被怎样调用?	$L_{\text{arc}}(e_A^\circ) = C_{\text{proj}} = \pi D_{\text{proj}}$ 只作长度归一条件	候选律调用
代数位	底层基数是否已锁定?	$v_s = 30$，$v_t = 32$，$T^\circ = 16 \times 2$，$S^{\max} = 15 \times 2$	代数底座
比较位	30-index $\mapsto c$ 的关系如何写?	只作比较层映射，不得裸等号	比较层映射
质量位	质量读法处于何级?	仍停留在比较密度后的候选位	比较密度 / 候选质量

A41 附录后记（v9.52）

到 v9.52 为止，Appendix A 已把候选律前件、对象化调用、工作卡/检查卡、一页总卡、动静度规对偶基数与 30-index $\mapsto c$ 的比较层映射，再向上收束为“第一性原理候选接口封装版总表”。这样，Π 当前已不只具有局部可用、跨对象可调与一页总卡的形态，而拥有一张可统一核验、统一回退、统一封装的最低总表。后续若继续推进，更自然的方向将不再是再造更多分枝，而是围绕这张总表做对象化收束、物理常数接口与更高阶的第一性原理候选位。

A42 Π 的第一性原理候选位的终端判据组

A42 的任务，是在 v9.52 的封装版总表之上，再给出一组更硬的终端门槛，用来判断 Π 何时可被报告为“第一性原理候选位的终端候选接口”。这里的“终端”，仍不是终局证明，而是候选接口在进入更高收束之前所能达到的最后可报告位阶。它必须同时限制前件、候选律位、对象路径、代数映射、回退纪律与桥接停损。

A42.1 前件封闭判据组

前件封闭的最低要求是：对象位、几何入口位、e_A°、$C_I = \kappa_I(\Pi_I(e_A^\circ))$ 与 D_{proj} 全部已经被标准固定。这里的关键不在于重复定义，而在于禁止任何“半固定前件”继续向上冒充终端候选位。只要其中任一项仍依赖临时图示、临时跨度或非标准截断，就不得进入终端位报告。

A42.2 长度归一稳定判据组

终端候选位下的候选律必须保持最小克制：$L_{\text{arc}}(e_A^\circ) = C_{\text{proj}} = \pi D_{\text{proj}}$ 仍只作长度归一条件，而不得在本步被偷换成完成能量守恒终式、质量终式或完整波粒统一式。终端位的任务是判断“这条候选律是否已足够稳定可作最后候选接口”，而不是宣布所有后续推导已经完成。

A42.3 对象—路径一致判据组

对象—路径一致的最低要求是：连续对象默认主读路径 A，离散对象默认主读路径 B，桥接对象则必须先报主路径、后报次路径。若对象与路径不一致，则候选律虽然可能局部仍可写，但其终端候选位资格立刻失效，因为对象化调用链已被打乱。

A42.4 代数—比较层 restraint 判据组

终端候选位仍必须服从 $v_s = 30$、$v_t = 32$、$T^\circ = 16 \times 2$、$S^{\max} = 15 \times 2$ 与 30-index $\mapsto c$ 的索引—映射纪律。最小要求是：30、32、15、16 仍只作底层索引，不被等同于经验欧氏长度；30-index $\mapsto c$ 的仍只作比较层边界映射，而不被写成裸等式。只要这一条失守，Π 便会从候选接口直接滑回量纲混写。

A42.5 可回退性判据组

所谓终端位，并不是“只准通过，不准失败”，而是“失败时必须知道退回哪里”。若前件失效，则回退到对象声明、入口位或前件锁定；若对象—路径失配，则回退到路径分流；若代数—比较层纪律失效，则回退到 v_s / v_t / T° / $S^{\max}$ 与 30-index $\mapsto c$ 的比较层映射；若候选律位失稳，则回退到长度归一条件。无确定回退口的系统，不具备终端候选位资格。

A42.6 桥接停损判据组

终端候选位依然必须经过桥接停损。更明确地说：即便全部技术判据通过，也仍不得把 Π 直接写成欧氏公理的回归、罗氏边缘终式或黎曼度量终式。终端位的意义，是“桥上最后一站的候选接口”，而不是“桥后的最终几何终局”。

终端判据组	最低通过条件	失效后回退口
前件封闭	对象、入口、e°_{A}、C_I 与 D_{proj} 全部标准固定	对象声明 / 入口位 / 前件位
长度归一稳定	候选律仅作长度归一条件	候选律位
对象—路径一致	连续/A、离散/B、桥接/分时主次路径	对象分流位
代数—比较 restraint	30/32、16×2、15×2、30-index $\mapsto c$ 保持索引与映射地位	代数位 / 比较位
可回退性	每一失败项均可定位回退层	检查卡 / 调用包
桥接停损	未被误写成传统几何终式	Appendix B 桥接提醒

表 A55 Π 的第一性原理候选位的终端判据组

表 A56 终端判据组的通过/禁止矩阵

通过状态	允许表述	禁止表述
全部通过	Π 已达到第一性原理候选接口的终端候选位	Π 已完成终局证明
前件未闭	只可保留封装版总表调用	直接报告终端候选位
路径失配	只可回退到对象分流与主/次路径声明	把三类对象混成同一路径终式
代数混写	只可回退到索引/映射层重写	$30 = c$；16/15 直接作经验长度
桥接停损失守	只可回退到桥接提醒或局域入口	欧氏/罗氏/黎曼终式化

A43 附录后记（v9.53）

到 v9.53 为止，Appendix A 已把“第一性原理候选接口封装版总表”进一步压成“Π 的第一性原理候选位的终端判据组”。这样，Π 当前不只具有可封装、可核验、可回退的总接口形态，还拥有一组更硬的终端门槛：何时允许被报告为终端候选位，何时必须退回到封装版总表。后续若继续推进，更自然的方向将是围绕这组终端判据，继续讨论 Π 的最终收束条件，而不是再无限扩枝。

A44 Π 的第一性原理候选位的最终收束条件

A44 的任务，是在 v9.53 已经建立的“终端判据组”之上，再给出一组更硬但仍受限的最后收束条件，用来判断 Π 何时可以被报告为“第一性原理候选位的最终收束接口”。这里的“最终收束”，不是终局证明，也不是对欧氏、罗氏与黎曼几何的替代式，而是候选接口在当前 v9 系列中所能达到的最末一个稳定收束位。

A44.1 跨对象收束条件

最低要求是：连续对象、离散对象与桥接对象三支调用，虽然对象入口、路径偏好与报告句型不同，但在进入共享调用包、一页式总卡、终端判据组之后，最终都必须能够回收到同一最低接口纪律。只要某一对象分支要求改写候选律本身，或强行为自身发明额外的裸等号，最终收束即告失败。

A44.2 路径兼容收束条件

路径 A 与路径 B 的最低兼容，不是把二者合并成单一路径，而是要求它们在对象分流之后，仍能共读到同一长度归一候选位。连续累计核与离散频率簇可保持不同的对象入口与计算姿态，但不得在最终收束位上互相窃位、强行抢读或越级合成为“唯一终式”。

A44.3 代数底座收束条件

最终收束位仍必须守住 $v_s = 30$、$v_t = 32$、$T^{\circ} = 16 \times 2$、$S^{\max} = 15 \times 2$ 与 $\Delta v = 2 \rightarrow x_*$ 的底层索引纪律。30-index 仍只可通过比较层映射进入 c，而不得裸写 $30 = c$；同样，π 仍只作长度归一化常数，而不得在本步被偷换为“已完成的宇宙终式常数”。

A44.4 桥接停损收束条件

最终收束位仍必须经过桥接停损。其最低要求是：即便全部终端判据通过，也仍不得把 Π 直接写成平面欧氏周径定律的回归、壳型边缘曲率终式或完整黎曼度量方程。最终收束位只决定“桥上的最后一站是否成立”，而不决定桥后终局已经被弧几何写完。

A44.5 可再开工收束条件

最终收束位若要真正可用，就必须允许后续研究继续从这里对象化调用、质量接口化、常数重释化与失败回退化。也就是说，它不是封口判词，而是一个更高位的开工基座。凡不能回退、不能分支、不能对象化重入者，都不算真正收束，只算僵硬闭合。

A44.6 最低报告句型

在当前版本中，关于 Π 的最高安全句型只能写成：“在标准前件、终端判据组与最终收束条件同时通过的前提下，Π 可被报告为第一性原理候选位的最终收束接口。”任何把“候选位”“最终收束接口”偷换成“已证明第一性原理”或“最终公理”的写法，均属禁写。

表 A57 Π 的第一性原理候选位的最终收束条件

条件组	通过要点	禁写触发	回退位置
跨对象收束	三类对象仍可回收到同一最低接口纪律	对象一变就重写候选律	退回对象化调用
路径兼容收束	路径 A/B 仅在比较层共读	强行合为唯一终式	退回路径分流
代数底座收束	30/32、16×2、15×2、$\Delta v = 2 \to x_*$ 均守	裸写 $30 = c$ 或 π 终式化	退回代数底座层
桥接停损收束	仍只报桥上最后一站	直接改写传统几何终式	退回桥接提醒层
可再开工收束	允许回退、分支、对象化重入	封死后续研究	退回终端判据组

表 A58 最终收束条件的通过/禁止矩阵

状态	可报告位阶	说明
仅通过封装版总表	可封装候选接口	仍未进入终端候选位
通过终端判据组	终端候选位	仍未进入最终收束位
通过最终收束条件	最终收束接口	仍是候选位而非已证第一性原理

A45 附录后记（v9.54）

到 v9.54 为止，Appendix A 已把“终端判据组”进一步压成“Π 的第一性原理候选位的最终收束条件”。这样，Π 当前不只具有可封装、可核验、可回退与可报告的终端候选位，还拥有一组更高的最终收束门槛：只有跨对象、路径、代数底座、桥接停损与可再开工五项条件同时通过时，才允许被报告为“最终收束接口”。这一步仍不意味着终局定理化，而是把第一性原理候选位推进到了当前 v9 系列中最硬也最可持续工作的位阶。

A46 Π 的第一性原理候选位的最小公设组

本节不再增加横向枝条，而是把 v9.51 的动静度规对偶基数、v9.39 的循环长度等价候选律、v9.53 的终端判据组与 v9.54 的最终收束条件，回收为一组更低、更硬、也更可长期调用的最小公设。其任务只有一个：说明 Π 的候选位不是漂浮在比较层上的漂亮命题，而是有明确代数底座、周期底座、中心锚定、长度归一与传播边界映射支撑的候选位。

A46.1 动静投影基数公设（P1）

规定 $v_s = 30$、$v_t = 32$，且 Δv=v_t-v_s=2。这里的 30/32 不是经验校准常数，而是标准弧旋构型进入比较层前的最低代数索引对。$\Delta v = 2$ 也不是可在高阶近似中抹去的误差，而是整套候选位结构能够产生中心锚定与质量接口分流的最低破缺来源。

A46.2 标准时间周期公设（P2）

规定 $T^{\circ} = 16 \times$ 2=32。乘 2 不是平凡重复，而是完整震荡周期所必须完成的双向吐纳闭合。于是，任何可进入标准比较层的 e°_{A}，其时间延展都必须以 T° 为最低周期单位；凡跳过 T° 直接写投影圆直径、波长或质量候选者，均属禁写。

A46.3 最大空间拓展对称公设（P3）

规定 $S^{\max} = 15 \times$ 2=30。这里的 15+15 是空间在与标准时间周期咬合时所能维持的最大对称展开索引，而不是无界空间的随意切片。因而，30 首先是“最大拓展尺度的代数索引”，只有在比较层上才进一步映射为惯性场直径或传播边界读法。

A46.4 中心锚定公设（P4）

规定 $\Delta v = 2$ 的本征破缺不向两侧摊平，而向关键重合结点 x_* 压缩锚定。于是 x_* 不只承担投影重合与时向贯通，还承担“缺失之 2”的最低中心化职能。凡把 x_* 写成普通欧氏圆心、或把 $\Delta v = 2$ 从 x_* 处剥离，均属错层。

A46.5 循环长度等价候选公设（P5）

在标准惯性截断、标准补偿闭合与标准循环单位选取下，允许把 $L_{\text{arc}}(e^{\circ}_{A}) = C_{\text{proj}} = \pi D_{\text{proj}}$ 报告为比较层候选律。此处真正非平凡的命题，不是平面周径比本身，而是本征循环长度与补偿投影圆周长的可比较性。凡把它回读为“电弧旋就是平面圆”或“欧氏螺旋求长公式仍适用”，均属禁写。

A46.6 极限传播边界映射公设（P6）

规定 30 不是 c 本身，而是最大空间拓展尺度的代数索引；只有在与 T° 对齐并进入传统物理单位制的比较层后，30-index 才可映射为极限传播边界 c。最稳写法是 30-index $\mapsto c$，而不是 $30 = c$。

A46.7 最低报告句型

在当前版本中，关于 Π 的最高安全句型可写成：“在动静投影基数、标准时间周期、最大空间拓展对称、中心锚定、循环长度等价候选律与极限传播边界映射六项最小公设同时成立的前提下，Π 可被报告为具备最小公设组支撑的第一性原理候选位。”任何把“候选位”偷换成“已证明第一性原理”或把 P6 偷换成 $30 = c$ 的写法，均属禁写。

表 A59 Π 的第一性原理候选位的最小公设组

索引/公设	安全读法	禁写读法
P1	$v_s = 30$, $v_t = 32$, $\Delta v = 2$	不得把 Δv 视作可忽略误差
P2	$T^{\circ} = 16 \times 2$=32	不得把 32 写成任意拼数
P3	$S^{\max} = 15 \times 2$=30	不得把 30 写成无界直线长度
P4	$\Delta v = 2 \to x_*$	不得取消 x_* 的中心锚位
P5	$L_{\text{arc}}(e^{\circ}_A) = C_{\text{proj}} = \pi D_{\text{proj}}$	不得脱离标准前件裸写为普适定理
P6	30-index $\mapsto c$	不得裸写 $30 = c$

表 A60 最小公设组的安全/禁写对照表

索引/公设	安全读法	禁写读法
30/32	动静投影基数索引对	经验拼数
16×2	标准时间震荡周期	任意相位拆分
15×2	最大空间拓展对称	无界空间长度
$\Delta v = 2 \to x_*$	中心锚定破缺	可忽略误差
L_{arc}=C_{proj}	标准前件下的候选律	普适已证定理
30-index $\mapsto c$	比较层传播边界映射	$30 = c$

A47 附录后记（v9.56）

到 v9.56 为止，Appendix A 已把 Π 的最终收束条件进一步压成“最小公设组”。这样，Π 当前不只具有封装版总表、终端判据组与最终收束接口，还拥有一套可长期复用的最低公设库：30/32 的动静投影基数、16×2 的标准时间周期、15×2 的最大空间拓展对称、$\Delta v = 2 \to x_*$ 的中心锚定、κ_I 下的循环长度等价候选律，以及 30-index $\mapsto c$ 的比较层映射。由此，Π 已更接近第一性原理候选位，但仍保持“候选位而非已证定理”的安全边界。

A48 Π 的第一性原理候选位的最小公设组与终端判据组之间的闭合关系

A48.1 为什么需要“闭合关系”

若最小公设组只停留在底层代数库，而终端判据组只停留在末端报告门槛，那么 Π 的候选位就会分裂为“有底座、无报告”或“有报告、无底座”两种断裂形态。A48 的任务，正是在两者之间建立一组可回查的闭合映射，使每一条最低公设都能在终端位取得对应检验，而每一项终端判据也都能回溯到相应公设。

A48.2 P1–P2 与前件封闭 / 代数 restraint 的闭合

动静投影基数公设 P1 与标准时间周期公设 P2，是前件封闭与代数—比较层 restraint 的最低来源。若 $v_s = 30$、$v_t = 32$、$T^\circ = 16 \times 2$ 与 e°_A 未被同时锁定，则“前件封闭”只能是假封闭，终端判据中的代数 restraint 也会失去抓手。因此，P1–P2 的闭合要求是：任何终端报告都必须能回溯到 30/32 与 16×2 的底座，而不能只在末端借用 π、D_{proj} 或 c 的符号壳体。

A48.3 P3–P4 与对象—路径一致 / 可回退性的闭合

最大空间拓展对称公设 P3 与中心锚定公设 P4，是对象—路径一致与可回退性的最低来源。若 15×2 的空间上界与 $\Delta v = 2 \to x_*$ 的中心锚位不能同时被指出，则对象分流将丢失方向，回退也会失去入口。因此，P3–P4 的闭合要求是：连续对象、离散对象、桥接对象的所有终端报告，都必须说明自己为何占据当前路径，以及一旦失配应退回哪个对象入口与锚位层。

A48.4 P5 与长度归一稳定的闭合

循环长度等价候选公设 P5，是长度归一稳定判据的最低来源。凡终端判据要求“$L_{\text{arc}}(e^\circ_A) = C_{\text{proj}} = \pi D_{\text{proj}}$ 仍只作长度归一条件”，都必须能回溯到 P5 的标准前件：标准惯性截断、标准补偿闭合与标准循环单位选取。若这层回溯不存在，则所谓“长度归一稳定”只是一句空壳警句，而不是候选律的真正 restraint。

A48.5 P6 与桥接停损的闭合

极限传播边界映射公设 P6，是桥接停损判据的最低来源。桥上最常见的误写，是把 30-index $\mapsto c$ 混成裸等号，或把 Π 直接回读为欧氏、罗氏或黎曼的终局式。P6 的闭合要求是：只要终端位仍处在弧几何的比较层与桥接层中，30-index $\mapsto c$ 就必须保留"索引前件 $\to$ 边界映射"的写法，而不得偷换成同量纲等式。

A48.6 最低报告句型

在当前版本中，关于 Π 的最高安全句型可写成："在最小公设组与终端判据组逐项闭合的前提下，Π 可被报告为具备公设—判据闭合关系的第一性原理候选位。"任何跳过闭合关系、直接把"有公设"读成"已完成第一性原理"的写法，均属禁写。

表 A61 最小公设组—终端判据组的闭合映射

公设	终端判据	闭合要求	失效后回退
P1–P2	前件封闭 / 代数 restraint	30/32、16×2、e°_{A} 必须同时可回查	退回对象声明 / 前件锁定
P3–P4	对象—路径一致 / 可回退性	15×2 与 x_* 必须能解释当前路径与退路	退回几何入口 / 路径分流
P5	长度归一稳定	候选律只能在标准前件下作长度归一条件	退回标准截断 / 标准闭合
P6	桥接停损	30-index $\mapsto c$ 只作映射，禁止裸等号	退回桥接提醒 / 比较层说明

表 A62 闭合失效时的最低回退矩阵

失效点	不得继续的位阶	最低回退层
基数/周期未锁定	终端候选位 / 最终收束位	A36–A37 的代数底座层
对象路径失配	候选质量读法 / 终端报告	对象声明—几何入口—路径分流层
长度归一越级	质量完成式 / 完成定理语句	A16 的候选律前件层
30 与 c 混写	桥后终式 / 传统几何终式	A38 与 B56 的映射提醒层

A49 附录后记（v9.56）

到 v9.56 为止，Appendix A 已把“最小公设组”进一步压成“最小公设组与终端判据组之间的闭合关系”。这样，Π 当前不只拥有最低公设库，也不只拥有终端候选位门槛，而拥有一组逐项可回查的闭合映射：底层代数、对象路径、长度归一与桥接停损，都能在终端位上取得对应检验。由此，Π 的候选位比 v9.55 更稳，但仍保持候选位而非已证定理的边界。

A50 Π 的第一性原理候选位的闭合关系与最终收束条件之间的接续关系

A50 的任务，不是重写最终收束条件，也不是重复最小公设组—终端判据组的闭合关系，而是在两者之间建立一组更高层的接续链。若没有这一步，则最小公设组与终端判据组虽然可以彼此闭合，却仍可能停留在局部完备而非总体收束的状态；反过来，若直接诉诸最终收束条件，则又会失去底层回查路径。接续关系的意义，正是在“可回查的闭合”与“可报告的最终收束”之间搭起最后一段连续坡道。

A50.1 为什么闭合之后还需要“接续关系”

“闭合”回答的是：最低公设能否在末端报告层取得对应检验；“接续”回答的是：这些已经取得的闭合链，能否继续支撑最终收束条件。若这一步不写清楚，读者便会误以为只要 P1–P6 与终端判据组逐项咬合，Π 就已经自动取得最终收束资格。A50 的工作，就是严格禁止这种跳步。

A50.2 P1–P2 的闭合如何接续到代数底座收束

P1–P2 与前件封闭 / 代数 restraint 的闭合，只说明 30/32、16×2 与 e°_{A} 已在终端位被锁定；它们若要继续进入最终收束，还必须说明：这些索引纪律在跨对象调用与质量接口链中不被改写。因而，P1–P2 的接续要求是：任何对象分支的最终报告，都必须仍能回读到 $v_s = 30$、$v_t = 32$、$T^{\circ} = 16 \times 2$ 以及 30-index $\mapsto c$ 的比较层映射，而不得在中途偷换单位、偷换量纲或把索引当作裸常数。

A50.3 P3–P4 的闭合如何接续到跨对象收束与可再开工收束

P3–P4 与对象—路径一致 / 可回退性的闭合，只说明 15×2 与 $\Delta v = 2 \to x_*$ 已能在终端位上对对象分流与回退入口提供支撑；若还要进入最终收束，则必须进一步说明：连续对象、离散对象与桥接对象虽各守其路径，但在失配时都能退回共享的对象声明—几何入口层，并在修正后重新开工。于是，P3–P4 的接续要求是：对象分支不只可分流，也必须可重新并入共同的再开工秩序。

A50.4 P5 与 P6 的闭合如何分别接续到路径兼容收束与桥接停损收束

P5 与长度归一稳定的闭合，只说明 $L_{\mathrm{arc}}(e^{\circ}_{A}) = C_{\mathrm{proj}} = \pi D_{\mathrm{proj}}$ 在标准前件下可被安全地报告为比较层候选律；若还要进入最终收束，则必须保证路径 A 的连续累计与路径 B 的离散簇读法，都仍把该式维持在“长度归一条件”的位阶，而不把它改写成质量终式。P6 与桥接停损的闭合，则只有在 30-index $\mapsto c$ 的映射纪律仍被桥上读者完整保留时，才可继续进入最终收束。只要任一桥段把映射偷换成裸等号，或把 Π 偷读成传统几何终式，接续立即失效。

A50.5 最低报告句型

在当前版本中，关于 Π 的最高安全句型可写成：“在最小公设组与终端判据组逐项闭合，且这些闭合链又能继续接续到最终收束条件的前提下，Π 可被报告为具备公设—判据—收束接续关系的第一性原理候选位。”任何跳过接续关系、直接把闭合关系写成最终收束完成式的做法，均属禁写。

表 A63 闭合关系—最终收束条件的接续映射

闭合链	接续到的最终收束条件	最低持续要求
P1–P2 ↔ 前件封闭 / 代数 restraint	代数底座收束	30/32、16×2、30-index $\mapsto c$ 在最终层仍可回查
P3–P4 ↔ 对象—路径一致 / 可回退性	跨对象收束 + 可再开工收束	对象虽分支，但能退回共同入口重启
P5 ↔ 长度归一稳定	路径兼容收束	路径 A / B 都保持长度归一位阶
P6 ↔ 桥接停损	桥接停损收束	30-index $\mapsto c$ 保持映射，不偷换成同量纲等式

表 A64 接续失效时的最低回退与重开工矩阵

接续失效点	最低回退层	重开工入口
代数底座接续失效	P1–P2 / 前件封闭层	重锁 30/32、16×2 与 e°_{A}
跨对象接续失效	对象声明—路径分流层	重定对象类与主路径
路径兼容接续失效	P5 / 长度归一稳定层	重核标准前件与路径位阶
桥接停损接续失效	P6 / 桥接停损层	恢复 30-index $\mapsto c$ 的映射写法

A51 附录后记（v9.57）

到 v9.57 为止，Appendix A 已把“最小公设组与终端判据组之间的闭合关系”，进一步推进到“闭合关系与最终收束条件之间的接续关系”。这样，Π 当前不仅拥有底层公设、终端判据与逐项闭合，也拥有一条从闭合链继续进入最终收束位的连续路径。由此，它比 v9.56 更接近可持续工作的第一性原理候选接口，但仍保持候选位而非已证定理的边界。

A52 Π 的第一性原理候选位的三层合拢后的总报告句型与禁写总表

A52.1 为什么还需要总报告句型

最小公设组回答“候选位靠什么立起来”，终端判据组回答“候选位如何被末端报告”，而最终收束条件回答“候选位如何被总体收束”。到 v9.57 为止，这三层已经齐备，但仍缺少一个共同出口：写作者还不知道在同一段报告中该怎样把三层同时说清楚，又不把候选位误写成已证终理。A52 的任务，正是把这三个层面压成可直接调用的总句型。

A52.2 最高安全句型

当前版本中，关于 Π 的最高安全总句型可写成：“在最小公设组已立、终端判据组已过、闭合关系与接续关系成立且最终收束条件满足的前提下，Π 可被报告为具备公设—判据—收束三层合拢支撑的第一性原理候选位。”这里必须同时出现“候选位”与“三层合拢”，缺任一项都容易越级。

A52.3 次级句型与最低回退句型

若三层中有一层尚未完成，则必须退回较低句型。例如：只具最小公设组时，可写“Π 已具备最小公设组支撑”；只具终端判据组时，可写“Π 已具备终端候选位门槛”；只具最终收束接口而三层尚未同时合拢时，可写“Π 已具备最终收束接口”。A52 不允许把这些较低位阶与最高安全句型混写。

A52.4 禁写总表的作用

禁写总表并不是修辞审查，而是保证位阶不被偷换的最低工具。当前最该拦截的写法有四类：第一，直接把 Π 写成“已证明第一性原理”；第二，把 30 直接写成 c；第三，把 $L_{\text{arc}}(e^{\circ}_{A})=C_{\text{proj}}$ 解释成任意弧线长度的普通恒等；第四，把桥接提醒误写成传统几何终式。这四类都必须拦截。

A52.5 最低执行顺序

在实际写作中，A52 的执行顺序应为：先声明对象与几何入口，再声明当前位阶，再选取对应总句型，最后过一次禁写总表。若总句型与禁写总表冲突，则以禁写总表为准，并回退到较低位阶。

表 A65 三层合拢后的总报告句型分级表

位阶	前提	允许句型	必须保留的限域词
最高安全句型	最小公设组 + 终端判据组 + 闭合/接续 + 最终收束	具备公设—判据—收束三层合拢支撑的第一性原理候选位	候选位 / 三层合拢 / 前提下
终端回退句型	终端判据组已过	具备终端候选位门槛	候选位 / 门槛
公设回退句型	最小公设组已立	具备最小公设组支撑	支撑 / 最低
桥接回退句型	仅完成桥接提醒	可在桥上作候选接口提醒	桥接 / 提醒

表 A66 三层合拢后的禁写总表

禁写项	禁止原因	最低替代写法
Π 已被证明为第一性原理。	把候选位偷换为已证终理。	Π 已具备三层合拢支撑的第一性原理候选位。
30 = c。	代数索引与比较层边界量纲混写。	30-index 经比较层映射对应于 c。
任意弧线长度都等于投影圆周长。	把标准循环单位条件抹去。	在标准前件下，$L_{\mathrm{arc}}(e^{\circ}_{A})=C_{\mathrm{proj}}$。
欧氏 / 罗氏 / 黎曼已被 Π 直接证明。	把桥接提醒误写为传统终式。	Π 为传统几何提供受限接口协议。
既已闭合就必然最终收束。	把闭合关系直接偷换为最终收束。	闭合关系仍需继续接续到最终收束条件。

A53 附录后记（v9.58）

到 v9.58 为止，Appendix A 已把“最小公设组—终端判据组—最终收束条件”的三层链，进一步压成“总报告句型与禁写总表”。这样，Π 当前不仅拥有最低公设、终端门槛、闭合关系与接续关系，也拥有一组可直接用于写作与审校的总报告模板。它离“已证明的第一性原理”仍有边界，但它已经拥有当前 v9 系列里最硬的一套候选位报告纪律。

A54 Π 的第一性原理候选位的硬检查点与证明路线图

A54.1 为什么需要“硬检查点”

到 v9.58 为止，Π 已经拥有三层合拢后的总报告句型与禁写总表；但只靠句型纪律，仍不足以支撑进一步的“候选位固化”。若没有一组更硬的检查点，写作者仍可能把本应冻结的底层对象写得摇摆不定。A54 的第一项任务，就是把那些任何后续上推都不得绕开的前件，固定成一组硬检查点。

A54.2 六项最低硬检查点

在当前版本中，Π 的硬检查点至少包括六项：第一，动静投影基数已固定为 $v_s = 30$、$v_t = 32$；第二，标准时间周期与最大空间拓展对称已固定为 $T^\circ = 16 \times 2$=32、$S^{\max} = 15 \times 2$=30；第三，$\Delta v = 2$ 已被明确锚定为 x_* 的中心破缺来源；第四，标准循环单位 e°_A 已固定；第五，标准补偿投影圆 $C_I = \kappa_I(\Pi_I(e^\circ_A))$ 已固定；第六，$L_{\text{arc}}(e^\circ_A) = C_{\text{proj}} = \pi D_{\text{proj}}$ 仍只被调用为长度归一候选律。凡缺少其中任一项，均不得继续上推。

A54.3 证明路线图的四层分工

在当前阶段，证明路线图至少必须分成四层。第一层是最小公设层：P1–P6 提供代数底座、周期底座、中心锚定、长度归一与传播边界映射。第二层是候选律层：$L_{\text{arc}}(e^\circ_A) = C_{\text{proj}} = \pi D_{\text{proj}}$ 只在标准前件下成立，且仍仅作长度归一条件。第三层是比较层映射层：30-index $\mapsto c$、对象分支 $\to$ 比较密度接口、比较密度接口 $\to$ 候选质量读法。第四层是待证明桥接项：任何把 Π 继续推到传统几何桥后终局、质量终式或普适常数终式的写法，都必须留在此层，而不得提前冒充前三层已完成内容。

A54.4 最低报告句型与禁写边界

当前版本中，关于 Π 的最高安全句型可写成：“在硬检查点已冻结、证明路线图已明示的前提下，Π 可被报告为具备可证明秩序入口的第一性原理候选位。”与之相对，最低禁写边界包括：不得裸写 $30 = c$；不得把候选律越级写成已证明第一性原理；不得把待证明桥接项回流写成当前已完成项；不得把任意弧线长度与任意平面圆周长直接等同。

表 A67 Π 的硬检查点

检查点	最低冻结内容
基数对偶	$v_s = 30$；$v_t = 32$；$\Delta v = 2$
周期与空间上界	$T^\circ = 16 \times 2$=32；$S^{\max} = 15 \times 2$=30

检查点	最低冻结内容
中心锚定	$\Delta v = 2 \to x_*$
标准循环单位	e°_A 已固定
补偿投影圆	$C_I = \kappa_I(\Pi_I(e^\circ_A))$
候选律位阶	$L_{\mathrm{arc}}(e^\circ_A) = C_{\mathrm{proj}} = \pi D_{\mathrm{proj}}$ 仍只作长度归一候选律

表 A68 Π 的证明路线图（最低版）

层级	内容
最小公设层	P1–P6
候选律层	$L_{\mathrm{arc}}(e^\circ_A) = C_{\mathrm{proj}} = \pi D_{\mathrm{proj}}$
比较层映射层	30-index $\mapsto c$；路径分支 $\to$ 比较密度接口 $\to$ 候选质量读法
待证明桥接项	桥后终局、质量终式、常数终式等仍待证明

A55 附录后记（v9.59）

到 v9.59 为止，Appendix A 已把“三层合拢后的总报告句型与禁写总表”进一步压成“硬检查点与证明路线图”。这样，Π 当前不仅拥有最低公设、终端门槛、闭合关系、接续关系与最终收束接口，还拥有一组更硬的冻结前件与一条更清楚的证明路线图。由此，Π 不再只是“可写的候选位”，而开始进入“可证明秩序中的候选位”。

A56 Π 的常数接口总表

A56.1 为什么需要常数接口总表

当 Π 已拥有最小公设组、终端判据组、最终收束接口以及硬检查点与证明路线图后，下一步最需要的不是再添加孤立句法，而是把当前已经出现的关键常数与关键结点压缩成一张可回查的常数接口总表。这样做的目的，是让 Π 从“单条候选律”进入“常数组织接口”的位阶。

A56.2 四项最低常数接口

在当前版本中，最低必须纳入的四项接口为：第一，π 作为长度归一常数，其合法出现位置是标准循环单位 e°_A 与标准补偿投影圆 $C_I = \kappa_I(\Pi_I(e^\circ_A))$ 的比较层关系 $L_{\mathrm{arc}}(e^\circ_A)=\pi D_{\mathrm{proj}}$。第二，c 作为极限传播边界，其合法出现位置是 $S^{\max}$=30 与 T°=32 的比较层映射，而不得裸写为

$30 = c$。第三，x_* 作为中心锚定位，其合法出现位置是 $\Delta v = 2$ 的压缩归宿，而不得退化为普通几何中心。第四，30/32 作为动静基数对偶，其合法出现位置是代数底座，而不得与任意经验速度比混写。

A56.3 常数接口总表

表 A69 Π 的常数接口总表

接口名	弧几何定义	最低前件	输出功能	禁写边界
π	$L_{\mathrm{arc}}(e^\circ_A)/D_{\mathrm{proj}}$ 的标准归一常数	e°_A, C_I, D_{proj} 已固定	长度归一	不得写成任意平面常数
c	30-index 在 T°=32 中的传播边界映射	v_s/v_t, $S^{\max}/T^\circ$ 已固定	极限传播边界	不得裸写 $30 = c$
x_*	$\Delta v = 2$ 的中心锚定位	Δv 与中心结点已固定	破缺锚定与中心缝合	不得写成普通圆心
30/32	$S^{\max}$ / T° 的代数底座	$v_s = 30$, $v_t = 32$ 已固定	动静基数对偶	不得经验化混写

A56.4 最低报告句型

当前版本中，关于 Π 的最高安全句型可写成："在动静基数对偶 30/32、标准时间周期 T°=32、最大空间拓展对称 $S^{\max}$=30、$\Delta v = 2 \to x_*$、以及 $L_{\mathrm{arc}}(e^\circ_A)$=$\pi D_{\mathrm{proj}}$ 的长度归一关系均已固定的前提下，Π 可被报告为组织 π、c、x_* 与 30/32 动静底座的第一性原理候选接口位。"与之相对，最低禁写边界包括：不得把 π 宣告为已完成终极本体定义；不得把 30 直接写成 c；不得把 x_* 抹平成欧氏圆心；不得把 30/32 从代数底座偷换成经验常数。

A57 附录后记（v9.62）

到 v9.62 为止，Appendix A 已把 Π 的硬检查点与证明路线图，进一步推进到"常数接口总表"。这样，Π 当前不只拥有最小公设、终端门槛、最终收束接口与三层合拢纪律，也开始具备一个更清楚的上位功能：组织 π、c、x_* 与 30/32 动静基数对偶的共同接口秩序。

A58. Π 的常数接口报告句型

本节将常数接口总表压缩为可直接复用的报告句型，服务于对象化调用、候选质量读法与桥接写作。

A58.1 基数底座句

空间投影基数 $v_s = 30$ 与时间投影基数 $v_t = 32$ 构成 Π 候选位的动静代数底座。

A58.2 周期句

标准时间震荡周期 $T^{\circ} = 16 \times 2$ = 32，表征完整本征循环中的双向震荡闭合。

A58.3 对称句

最大空间拓展对称 $S^{\max}$ = 15×2 = 30，表征静空间在标准时间周期配对下的极限对称展开。

A58.4 候选律句

$L_{\text{arc}}(e^{\circ}_{A})$=$C_{\text{proj}} = \pi D_{\text{proj}}$ 只在标准惯性截断、标准补偿闭合与标准循环单位固定时作为比较层候选律成立。

A58.5 传播边界句

30-index 通过比较层映射进入 c，表征极限传播边界，而不宜被写成裸等号。

A59. 禁写总表

编号	主题	禁写	最低替代
1	传播边界	$30 = c$	30-index $\mapsto c$
2	中心锚定	x_* 是普通欧氏中心	x_* 是由 $\Delta v = 2$ 压缩锚定出的关键重合结点
3	长度归一	π 已被完全证明	π 进入 Π 的长度归一常数接口
4	拓展上界	超过 15×2 必然已证崩塌	超过 15×2 当前只作失稳候选解释
5	基数性质	30 与 32 只是编码	30 与 32 构成动静基数底座

A60 Π 的第一性原理候选位的最终报告模板

A60.1 设立目的

本节把 v9.61 已经冻结的“常数接口报告句型与禁写总表”继续压成最终报告模板，其任务不是新造常数，而是给 Π 的候选位提供一套最高安全、可复用、可审校、可回退的标准报告框架。

A60.2 前件声明模板

推荐前件句型：在 $v_s = 30$、$v_t = 32$、$T^\circ = 16 \times 2$=32、$S^{\max} = 15 \times 2$=30、$\Delta v = 2 \to x_*$ 已冻结的前提下，且 30-index 仅通过比较层映射进入 c，而不与 c 作裸等号同一。

A60.3 核心陈述模板

推荐核心句型：在标准惯性截断、标准补偿闭合与标准循环单位 e°_A 已选定的前提下，$L_{\text{arc}}(e^\circ_A) = C_{\text{proj}} = \pi D_{\text{proj}}$ 作为比较层上的长度归一候选律成立；其中 π 为长度归一常数接口，c 为传播边界映射，x_* 为由 $\Delta v = 2$ 压缩形成的中心锚定位。

A60.4 比较层限定模板

推荐限定句型：上述报告仅使 Π 进入第一性原理候选位，而不把它直接提升为已完成证明的第一性原理；凡尚属比较层映射、桥接提醒或失稳候选解释者，均不得被终局化书写。

表 A70 Π 的最终报告模板（前件—核心—限定）

模板区	推荐句型核心	必须出现量	禁越级提醒
前件声明	固定 30/32、16×2、15×2、$\Delta v = 2 \to x_*$	v_s,v_t,T°,$S^{\max}$,x_*	不得遗漏 c 的映射边界
核心陈述	$L_{\text{arc}}(e^\circ_A) = C_{\text{proj}} = \pi D_{\text{proj}}$	e°_A,C_I,D_{proj},π	不得写成本体恒等式
比较层限定	Π 仅进入候选位	π,c,x_*	不得直接宣告已证第一性原理

A61 最终报告模板的禁写总表

A61.1 最低禁写

不得裸写 $30 = c$；不得把 π 写成已完成第一性原理；不得把 x_* 写成欧氏圆心；不得把 15×2 以上的空间尝试写成已证崩塌；不得把比较层候选律写成本体定理。

表 A71 Π 的最终报告模板禁写总表

禁写	替代写法	原因
$30 = c$	30-index → c	代数索引与物理边界不可裸等号
π 已是第一性原理	π 已进入长度归一常数接口	候选位尚未冻结为终局

禁写	替代写法	原因
x_* = 欧氏中心	x_* 为 $\Delta v = 2$ 的中心锚定位	结点性不等于欧氏圆心

A62 Π 的第一性原理候选位的冻结条件

A62.1 设立目的

本节把 Π 从“可报告的候选位”推进到“可冻结的候选位”。这里的冻结不是终极公理化，而是版本内的稳定固化。

A62.2 七项最低冻结条件

冻结 Π 之前，必须依次确认：代数底座已固定；标准循环单位 e°_A 已固定；标准补偿闭合 $C_I = \kappa_I(\Pi_I(e^{\circ}_A))$ 已明确；D_{proj} 来自标准圆；对象—路径分流已说明；比较层限定仍在位；桥接停损仍在位。

A62.3 解冻条件

若 30-index $\mapsto c$ 的的关系被改写为裸等号、若对象入口被跳过、若标准圆来源被模糊、若 e°_A 被非标准化，则必须解除冻结并回退到更低层的候选报告句型。

A62.4 最低冻结报告句型

推荐句型：“Π 在当前版本中已被冻结为第一性原理候选位；其调用以前件封闭、对象—路径一致、长度归一稳定与桥接停损为最低门槛。”

A63 Π 的引用规范

A63.1 首次引用规范

首次引用 Π 时，必须同时点出：其属于比较层候选位；其最小公设组、终端判据组与最终收束条件已建立；其常数接口通过 π、c、x_* 组织。

A63.2 后续简引用规范

在同一文段中，后续可以简写为“Π 候选位”或“Π 的常数接口位”，但不能省略其候选位性质。

A63.3 禁写边界

禁止写“Π 已被证明为第一性原理”；禁止写“$30 = c$”；禁止写“x_* 就是欧氏中心”；禁止写“Π 自动推出所有后续物理量”。

表 A72. Π 的冻结条件与解冻条件

状态	触发条件	说明
冻结	七项前件齐备	允许进入最终报告模板
解冻	标准圆来源/对象入口/30-index 映射被改写	回退到低一层句型
回退	桥接停损失效	暂不允许常数接口联读

表 A73. Π 的引用规范与禁写总表

引用项	允许写法	禁写
Π 的地位	第一性原理候选位	已证明终极公理
30-index $\mapsto c$	30-index $\mapsto c$	$30 = c$
x_*	关键重合结点与中心锚定位	欧氏中心

A64 Π 的常数接口报告句型

A64.1 首句模板

推荐首句:“在当前弧几何基准框架中,Π 的第一性原理候选位以 $v_s = 30$、$v_t = 32$、$T^\circ = 16\times 2$、$S^{\max} = 15 \times 2$ 与 $\Delta v = 2 \to x_*$ 为代数—周期底座；其中 30-index 在比较层中映射为极限传播边界 c，而不与 c 作裸等号同一。”

A64.2 核心陈述模板

推荐核心句: “在标准惯性截断、标准补偿闭合与标准循环单位 e°_A 选取下，$L_{\text{arc}}(e^\circ_A) = C_{\text{proj}} = \pi D_{\text{proj}}$ 可作为比较层上的循环长度等价候选律提出；π 在此为长度归一常数接口，c 为传播边界映射，x_* 为破缺锚定位。”

A65 禁写总表

表 A74. 常数接口的安全句型

接口	最低安全句型
π	π 作为长度归一常数接口进入 Π 候选位。
c	30-index 通过比较层映射到 c。
x_*	x_* 是 $\Delta v = 2$ 的中心锚定位。

表 A75. 常数接口的禁写边界

禁写	替代写法
$30 = c$	30-index $\mapsto c$
π 已被证明为第一性原理	π 已进入 Π 候选位的长度归一接口
x_* 就是欧氏中心	x_* 为关键重合结点与中心锚定位

A66 Π 的常数接口总表

Π 的常数接口总表用于说明 π、c、x_* 三者在候选位中的最低地位分工：π 负责长度归一，c 负责传播边界，x_* 负责破缺锚定位与对象入口。

表 A76. 常数接口总表

接口对象	弧几何地位	当前允许写法
π	长度归一常数接口	$L_{\text{arc}}(e^{\circ}_{A}){=}\pi D_{\text{proj}}$ under standard closure
c	极限传播边界接口	30-index $\mapsto c$
x_*	破缺锚定位接口	$\Delta v = 2 \to x_*$
T°	标准时间周期接口	16×2 = 32
$S^{\max}$	最大拓展对称接口	15×2 = 30

A67 对象化调用挂接表

对象化调用挂接表用来规定在连续对象、离散对象与桥接对象中，哪一个常数接口先入、哪一个后入、哪一个只能作为桥接后件出现。

表 A77. 常数接口与对象化调用挂接表

对象族	先入接口	后入接口	禁写提醒
连续对象	x_*	c, π	不得跳过 x_* 直接把 c 写成裸来源
离散对象	x_*	π, c	不得跳过 x_* 直接把 π 写成裸来源
桥接对象	x_*	π/c 分时入	不得把 π 与 c 同步抢跑并读

A68 常数接口纪律与冻结条件 / 引用规范的联动规则

这一节把 Π 的常数接口纪律与 v9.63 已固定的冻结条件、解冻条件、首次引用和后续简引用规则合并成一套联动规则。其目标是把“常数接口如何说”与“何时允许那样说”绑定起来，避免句法先行、前件滞后。

表 A78. 常数接口与冻结 / 引用规范的联动规则

常数接口	最低前件	冻结后允许写法	触发回退的情形
π	标准循环单位 + κ_I 闭合 + 长度归一稳定	长度归一常数接口	把 π 写成已证明终极原理
c	30-index + 比较层传播边界映射	传播边界映射	裸写 $30 = c$ 或省略比较层
x_*	$\Delta v = 2$ 中心锚定 + 关键重合结点	破缺锚定位	简化成普通欧氏中心

A69 允许引用的最低模板与禁写回退梯级

最低模板：Π 已进入第一性原理候选位；其代数—周期底座由 $v_s = 30$、$v_t = 32$、$T^\circ = 16 \times 2$、$S^{\max} = 15 \times 2$ 与 $\Delta v \to x_*$ 给定；在标准惯性截断、标准补偿闭合与标准循环单位选取下，$L_{\text{arc}}(e^\circ_A) = C_{\text{proj}} = \pi D_{\text{proj}}$ 可作为比较层上的循环长度等价候选律提出；其中 30-index 在比较层映射为传播边界 c。

禁写回退梯级：若失去对象声明、几何入口、标准前件、长度归一稳定、比较层 restraint 或桥接停损中的任一条件，则先回退到“候选位报告”，再回退到“比较层候选律”，最后回退到“桥接提醒”。

A70 联动规则总表：常数接口纪律、冻结条件与引用规范

本节把 Π 候选位在 v9.64–v9.66 中形成的三套纪律压成一张联动总表。其最低逻辑是：底层代数索引先行，常数接口句随之，冻结语句其后，简引用最后。

表 A79. 常数接口纪律、冻结条件与引用规范联动总表

规则层	底层所需	标准句型	允许简写	禁写/回退
常数接口	30/32, 16×2, 15×2, $\Delta v \to x_*$	30-index $\mapsto c$；π 为长度归一常数；x_* 为破缺锚定位	可简写“常数接口已就绪”	缺底座则回退
冻结条件	对象声明 + 标准前件 + 长度归一稳定	Π 已冻结为第一性原理候选位	可简写“已冻结”	缺条件则撤去冻结语
引用规范	全称首引 + 后续简引	Π 的候选位稳定引用	可简写“Π 候选位”	误写时回退为候选位报告

A71 最终引用卡与实例调用位置

最终引用卡只应出现在对象声明、几何入口与主路径已经固定之后。连续对象、离散对象与桥接对象都可复用同一张卡，但桥接对象必须附加“不得强并读”的说明。

表 A80. 最终引用卡与对象实例的调用位置

对象分支	调用位置	最低卡片句	额外限制
连续对象	主路径 A 已声明后	先报 30/32 与 16×2、15×2，再报 π/c/x_*	不得跳过长度归一稳定
离散对象	主路径 B 已声明后	先报底层索引，再报闭合频率簇读法	不得抢跑成质量终式
桥接对象	主路径固定且次路径已延后后	必须补“分时调用”说明	不得强并读

A72 回退梯级与整改方向

最低整改方向固定为：先纠正常数接口句，再补底层代数索引，再恢复冻结语句，最后才恢复简引用。所有整改都以 30-index $\mapsto c$ 而不是 $30 = c$ 为首要约束。

A73 封版口径

封版口径的作用，是在后续章节不重复铺陈全部推导的前提下，仍能以统一、受限且可回查的方式报告 Π 的候选位。最低封版口径必须同时携带：30/32 的代数底座、16×2 与 15×2 的周期—对称底座、$\Delta v \to x_*$ 的中心锚定、$L_{\text{arc}}(e^\circ_A) = C_{\text{proj}} = \pi D_{\text{proj}}$ 的比较层候选律，以及 30-index $\mapsto c$ 的传播边界映射。

A74 后续章节的标准挂接模板

标准挂接模板固定为：对象声明 → 几何入口 → 封版口径 → 主路径声明 → 比较层结论。该模板不得颠倒；任何试图先抛出 π、c 或 x_* 再回补底层代数索引的写法，均视为无效挂接。

A75 封版口径的最低检查项

最低检查项包括：对象已声明、入口已明示、e°_A 已固定、$C_I = \kappa_I(\Pi_I(e^\circ_A))$ 已明确、D_{proj} 取自标准圆、30-index 只作 c 的比较层映射。

A76 标准挂接的回退梯级

若对象声明缺失，则回退为情境卡；若入口缺失，则回退为入口卡；若封版口径缺失底座，则回退为最终引用卡；若比较层 restraint 缺失，则回退为桥接提醒。

表 A81. 封版口径的最低检查项

检查项	通过标准	未通过时回退
对象声明	对象族与实例位置已明示	对象卡
几何入口	中心/边缘/滚动入口已明示	入口卡
标准循环单位	e°_A 已固定	前件说明
补偿闭合	$C_I = \kappa_I(\Pi_I(e^\circ_A))$ 已明示	候选律前件
传播边界接口	30-index $\mapsto c$ 已按映射写法出现	禁写整改
比较层 restraint	未越级为终极定理	桥接提醒

表 A82. 后续章节的标准挂接模板

步骤	固定内容	可跟随量	禁写点
1	对象声明	对象尺度/层级	先抛常数
2	几何入口	中心/边缘/滚动	省略入口
3	封版口径	π/c/x_* 接口位	$30 = c$
4	主路径声明	A/B/分时并读	强并读
5	比较层结论	候选质量/传播边界	越级终极化

A77 Π 的封版口径与对象实例结论之间的标准落地模板

A77 的目标，是把前述常数接口纪律、冻结条件与引用规范，进一步压成一套面向对象实例结论的技术模板。其意义不在于增加新的理论项，而在于规定：对象实例层的每一条结论，究竟怎样从候选位下降到对象位而不失守。

连续对象的最低落地句型应先固定几何入口、路径 A 的有效性与长度归一前件，再进入比较密度接口与候选质量读法；离散对象则应先固定闭合频率簇与路径 B 的主位；桥接对象必须声明“先主后次、分时并读”的次序。

一切对象实例层的结论，都必须保留可回退性：一旦标准前件、路径一致性、桥接停损或常数接口纪律失守，结论必须回退为候选位、区间位或桥接口说明，而不得继续维持封版口径。

表 A83 对象实例结论的最低落地顺序

步骤	连续对象	离散对象	桥接对象	回退触发
1	对象声明 + 核/壳/背景窗口	对象声明 + 束缚/簇条件	对象声明 + 前沿/边界层	对象未声明
2	路径 A 主位	路径 B 主位	主路径 + 次路径分时	路径混写
3	候选律调用	候选律调用	候选律受限调用	长度归一失守
4	比较密度/候选质量读法	比较密度/候选质量读法	桥接口区间读法	桥接停损触发

A78 本轮推进的意义

至此，Π 的候选位已经从“可报告、可禁写约束、可冻结与可引用”，进一步推进到“可在对象实例层安全落地”。这意味着后续任何章节只要进入对象层，就不必重新发明自己的句法，而应直接调用此模板。

A79 动静度规对偶与 c 的几何界定

A79 的目标，是把空间投影基数 $v_s = 30$、时间投影基数 $v_t = 32$、$T^\circ = 16 \times 2$、$S^{\max} = 15 \times 2$ 与 $\Delta v = 2 \to x_*$，从分散的代数说明压成可持续调用的技术接口。这里特别需要强调：30 对 c 的关系只在比较层中成立，因此固定写法为 30-index $\mapsto c$。

A79.1 时间轴、空间线与中心锚定

时间轴 16×2=32 表示标准震荡周期；空间线 15×2=30 表示最大拓展对称；二者之差 $\Delta v = 2$ 不向外延伸，而向中心结点 x_* 压缩锚定。由此，x_* 不只是一个几何重合点，而是动静度规对偶的最小锚定位。

A79.2 30-index 的传播边界读法

与标准时间周期 T° 配对时，最大空间拓展几何尺度的代数索引记作 30-index。只有在比较层中，这一索引才被读作传播边界 c；因此任何写法都必须先有索引，再有比较层映射，最后才允许出现 c。

表 A84 动静度规对偶与 c 的最低接口顺序

顺序	内容	禁写边界
1	给出 $v_s = 30$, $v_t = 32$	不得直接跳到 c
2	给出 $T^\circ = 16 \times 2$, $S^{\max} = 15 \times 2$	不得省略 Δv
3	给出 $\Delta v = 2 \to x_*$	不得把 x_* 写成普通圆心
4	写 30-index $\mapsto c$	不得写 $30 = c$

A80 本轮推进的技术意义

至此，Π 的候选位不再只有 π 的长度归一接口，也同时获得了 c 的传播边界接口。这意味着常数接口链从单常数组织推进为多常数组织，而 30/32、16×2、15×2 与 $\Delta v \to x_*$ 则成为两类常数接口共享的代数—周期底座。

A81 π-c-x_* 的常数接口联动表

A81 的目标，是把 Π 候选位中分散成立的三类接口——长度归一、传播边界与中心锚定——压成同一技术链。其最低底座保持为：$v_s = 30$、$v_t = 32$、$T^\circ = 16 \times 2$、$S^{\max} = 15 \times 2$、$\Delta v = 2 \to x_*$。其中 30 对 c 的关系只在比较层中成立，因此固定写法仍为 30-index $\mapsto c$。

A81.1 三联接口的最低联动链

(v_s,v_t)=(30,32) $\to T^\circ = 16 \times 2$, $S^{\max} = 15 \times 2 \to \Delta v = 2 \to x_* \to L_{\text{arc}}(e^\circ_A)$=$\pi D_{\text{proj}}$ $\to$ 30-index $\mapsto c \to$ (π,c,x_*) form the constant-interface triad of Π.

A81.2 常数接口联动矩阵

表 A85 π-c-x_* 的常数接口联动矩阵

接口对象	最低前件	在 Π 中的角色	对象化调用入口	报告句型位	禁写位
π	标准循环单位 + κ_I-闭合	长度归一	主路径先入	长度候选句	不可写成已证终极原理
c	30-index + comparison layer	传播边界	对象声明后入	传播边界句	不可写成 $30 = c$
x_*	$\Delta v = 2$ 压缩锚定	中心锚定位	对象入口前置	中心锚定句	不可写成普通圆心
T°	16×2=32	时间满秩周期	前件区	周期句	不可简化为任意单位
$S^{\max}$	15×2=30	空间极限对称	前件区	极限对称句	不可写成无限延拓

A82 本轮推进的技术意义

至此，Π 的候选位不再由单常数接口组织，而改由长度归一常数 π、传播边界 c 与中心锚定位 x_* 的三联接口组织。这使得后续关于冻结条件、引用规范、对象化调用和桥接改写，都可以在同一常数接口表上完成回查。

A83 π–c–x_* 的对象化调用挂接表

本节的任务，是把常数接口联动从报告层推进到对象化调用层。其最低原则不是让 π、c、x_* 三者在每个对象上同权并出，而是先根据对象的连续性、离散性与桥接性，判断哪一个常数接口应当先行进入。

连续对象优先调用 c 接口，因为它们首先关心的是在标准时间周期 T° 下可读出的最大空间拓展尺度；离散对象优先调用 π 接口，因为它们首先关心的是标准循环单位 e°_A 与补偿投影圆的长度归一关系；桥接对象则先以 x_* 固定破缺压缩的中心锚定，再按主路径与次路径先后引入 π 与 c。

对象实例	对象族	主接口	次接口	最低调用顺序	禁跳边界
恒星核区	连续	c	x_*	对象声明 →30-index↦c→ 比较密度	不得先报 π 再补 c
宇宙学背景窗口	连续	c	π	尺度窗 → 时间周期 →c→ 后补长度归一	不得把长度归一提前成主入口
原子束缚态	离散	π	x_*	$e^\circ_A \to D_{\text{proj}}$ →π→ 后补中心锚定	不得先写 c
粒子候选态	离散	π	c	长度归一 → 离散簇 → 后补传播边界	不得把 c 写成先验实体速度
相变前沿	桥接	x_*	π / c	$\Delta v = 2 \to x_* \to$ 主次分时调用	不得并列裸写 π 与 c

A84 最小调用次序与禁跳边界

对象化挂接不允许“看见常数就直接套用”。最低次序固定为：先对象声明，再判定对象族，再确定主接口，随后才允许进入次接口与比较层读法。若对象族仍不明，则必须停留在报告层，不得进入候选位调用。

次序	允许动作	禁止动作	回退句型
1	声明对象与尺度窗	跳过对象声明直写 π 或 c	当前只固定对象入口，不进入常数接口。
2	判定连续/离散/桥接族	混用对象族标签	当前仅报告对象族判断。
3	选定主接口	把次接口提前成主接口	当前仅固定主接口，不进入次接口。

次序	允许动作	禁止动作	回退句型
4	后入次接口与比较层读法	并列裸写 π=c 或 $30 = c$	当前仅给出比较层候选读法。

A85 π–c–x_* 调用表与候选质量读法之间的最小联动

本节记录从三联常数接口表进入候选质量读法时允许采用的最低接续。其工作底座仍是 $30/32$、16×2、15×2 与 $\Delta v = 2 \to x_*$ 的代数—周期结构，并且必须持续区分“索引”与“比较层边界映射”。

标准写法为：30-index $\mapsto c$，而不是 $30 = c$。

进入规则如下：其一，π 只能通过标准循环长度归一打开候选质量读法；其二，c 只能作为比较层传播边界进入，不能作为裸代数恒等式进入；其三，x_* 必须先被固定为破缺锚定结点，然后桥接或离散质量读法才可进入。

规则	允许写法	禁止跳步
R1	π 打开归一化比较	单凭 π 证明质量
R2	30-index $\mapsto c$ 作为边界映射	$30 = c$
R3	x_* 先锚定破缺再进入读法	未锚定即写质量
R4	分支顺序控制入口	跨分支捷径

A86 分支专属接续规则

连续对象中，π 的归一化之后必须补出传播边界声明，才可进入候选质量读法。离散对象中，π 的归一化之后必须先补出 x_* 锚定，才允许引入 c 语言。桥接对象中，x_* 必须作为 π 之后的第一稳定项，而 c 只能最后进入，并且只能以分阶段比较层读法出现。

分支	接续链	候选质量读法状态
连续	$\pi \to c \to x_*$	候选可进入
离散	$\pi \to x_* \to c$	候选可进入
桥接	$\pi \to x_* \to c$（分阶段）	完成分阶段前暂缓

A87 限制性说明

本联动链中的任何语句，都不得读作最终质量定律已经完成推导。它只稳定候选质量语言进入比较层时必须遵守的最低路径。

A88 三联接口调用卡

三联接口调用卡把代数底座、归一化接口、边界接口、锚定接口与允许的候选质量输出压缩成一个可执行单元。

步骤	必须声明	遗漏时的失败
1	声明对象族	无分支顺序
2	固定 e°_A 与标准截断	无有效 π 接口
3	在需要时声明 30-index $\mapsto c$	传播边界误用
4	在需要时固定 x_*	无锚定
5	进入候选质量读法	过早宣称最终质量定律

A89 调用卡的最终限制

调用卡只许可比较层候选读法。它不许可任何“最终质量定律已被证明”的表述，也不允许把 π、c 与 x_* 的角色压扁成一个无差别常数。

A90 动静度规对偶与 c 的几何界定

$(v_s, v_t) = (30, 32)$, $T^\circ = 16 \times 2$, $S^{\max} = 15 \times 2$, $\Delta v = 2 \to x_*$

本节的任务是把 c 的位置从外加经验常数改写为：动静度规对偶在比较层中的传播边界接口。

30-index $\mapsto c$

技术边界：30 是最大空间拓展尺度的代数索引；c 只在比较层中出现，不与 30 作裸等号同一。

A91 最低检查项

- 是否已显式声明 $v_s = 30$ 与 $v_t = 32$。
- 是否已显式声明 $T^\circ = 16\times2$ 与 $S^{\max} = 15\times2$。
- 是否已把 $\Delta v = 2$ 压回 x_*。
- 是否只写 30-index $\mapsto c$，而未写 30 = c。

A92 π-c-x_* 的常数接口联动

本节把 π、c 与 x_* 收拢为 Π 候选位中的三联接口结构。

π : length-normalization | c : propagation boundary | x_* : central anchoring

A93 最小联动链

$(v_s, v_t) = (30, 32) \Rightarrow T^\circ = 16\times2,\ S^{\max} = 15\times2$

$\Rightarrow \Delta v = 2 \to x_*$

$\Rightarrow L_{\text{arc}}(e_A^\circ) = \pi D_{\text{proj}}$

$\Rightarrow$ 30-index $\mapsto c$

$\Rightarrow$ (π, c, x_*) form the constant-interface triad of Π

A94 禁写边界

- 不要写：π、c、x_* 已构成终极三位一体原理。
- 宜写：π、c、x_* 已在 Π 的候选位中形成长度归一、传播边界与中心锚定的三联接口结构。

A95 常数接口封版总表

本节将 π、c、x_* 与其代数—周期底座压成一个最终封版表，以供后续对象化调用与候选质量读法统一引用。

模块	固定表达	功能	冻结后短引	禁写
代数底座	$(v_s, v_t) = (30, 32)$	动静投影基数	“30/32 代数底座”	不要随意改写为别的整数对
时间周期	$T^\circ = 16\times2 = 32$	时间满秩闭合	“16×2 时间周期”	不要写成普通乘法计数
空间对称	$S^{\max} = 15\times2 = 30$	静空间最大拓展对称	“15×2 最大拓展”	不要写成无限自由直线
中心锚定	$\Delta v = 2 \to x_*$	破缺压缩锚定	“$\Delta v = 2$ 锚定 x_*”	不要把 x_* 写成普通中心
长度归一	$L_{\text{arc}}(e_A^\circ) = \pi D_{\text{proj}}$	π 的长度归一接口	“π 作为长度归一接口”	不要写“π 已被终极证明”
传播边界	30-index $\mapsto c$	c 的比较层传播边界	“c 作为传播边界接口”	不要写“30 = c”

A96 禁写总表最终版

不要写：30 = c。宜写：30-index $\mapsto c$。

不要写：π 已被证明为终极第一性原理。宜写：π 已进入 Π 候选位中的长度归一常数接口。

不要写：x_* 是普通欧氏圆心。宜写：x_* 是由 $\Delta v = 2$ 压缩锚定出来的关键重合结点与中心锚定位。

不要写：空间达到 16 必然整体拓扑崩塌。宜写：超过 15×2 的情形当前仅作失稳候选解释。

不要写：15×2 已直接证明光速数值。宜写：15×2 提供最大空间拓展的代数索引，并为 c 的几何界定提供比较层前件。

A97 冻结引用说明

从本版起，常数模块在技术附录中进入“冻结引用”状态。后文若需引用，必须按底座 → 候选律 → 映射 → 对象调用的顺序进入。

推荐短引模板：Π 的常数接口模块以 30/32、16×2、15×2 与 $\Delta v = 2 \to x_*$ 为底座，其中 π 负责长度归一，c 负责传播边界，x_* 负责中心锚定。

A98 收口声明

本附录声明：常数部分在当前 v9 系列中完成终局补遗。除非未来出现显式的解冻条件，否则该模块只允许被引用、桥接与对象化调用，不再另起长线扩写。

微观框架并入说明 / A99 Micro-physics placement note

本补遗是一个正式模块，并非临时注记。它提出一套连贯的微观物理语法：单个量子对象可以分裂为同源弧支，可以保持或失去相干，可以输运支间差异，并最终在测量接口处被局部读出和定域。

本补遗不是附带说明，而是一套具有 formal 自足性的微观框架。它要求把“单量子可分弧、可自相干、可自相消、可在测量中定域”的过程，统一写进 Appendix A 的技术层，而不是反向回灌为主文的对象总定义。

层级界定说明：本补遗所讨论的分弧、相干、守恒与定域，默认都属于**衍生型表征时空**中的**表征级动时空**行为；其对象前提仍是 Arc-Spinor 与 e-Arc-Helix 在主文中已经固定的层级纪律，而不是另立一个高于主文的总对象定义。

编辑归属规则：本模块归入附录 A，因为它属于高密度技术展开。只有在主文约束与附录职责边界已经被理解之后，才宜从 Volume 0 中引用此模块。

弧态空间与弧态演化方程 / A100 Arc-state space and arc evolution equation

基本对象不是粒子计数，而是弧态加支态结构。设状态为 $\Psi(x,t)$，所在空间为弧态空间 H_a；引入带正定弧度量 $M_a(x)$ 的弧内积，定义弧伴随 $A^\sharp = M_a^{-1}A^\dagger M_a$，并要求可观测量、守恒量与定域算符满足弧自伴性。

基本演化方程采用封闭系写法：

$$\langle \Phi, \Psi \rangle_a = \int \Phi^\dagger(x,t) M_a(x) \Psi(x,t)\, d^3x$$

$$A^\sharp = M_a^{-1} A^\dagger M_a$$

$$i\hbar_a \partial_t \Psi = H_a \Psi$$

$$H_a = -(\hbar_a^2/(2m_a)) \nabla \cdot (G_a \nabla) + V_a + \Omega_a, \quad H_a^\sharp = H_a$$

解释说明：G_a 支配传播的几何曲率，V_a 表示弧势，Ω_a 表示支态耦合、边界混合与内部弧曲率修正。封闭系传播子保持弧幺正性。

度量来源说明：在本附录口径下，正定弧度量 M_a 不应被当作任意外加权重。它应被理解为**本征非闭合的 e-Arc-Helix** 在惯性场中经过 Π_I 的可读投影与 κ_I 的补偿闭合接口后，于**表征级动时空**一侧所诱导出的正定度量。换言之，M_a 的非平直性来自“本征非闭合 → 惯性可读投影 → 补偿闭合”这一映射链，而不是来自普通平直背景上的任意再标定。

A 层映射规则：可将这一关系压成如下受控句法：

e-Arc-Helix 本征非闭合 $\longrightarrow \Pi_I$（惯性可读性）$\longrightarrow \kappa_I$（补偿闭合接口）$\longrightarrow M_a$（表征级动时空上的正定弧度量）

因此，凡在本附录中调用 M_a 者，必须默认承认其与 Π_I、κ_I 之间存在上述映射关系；不得把 M_a 回写成与主文接口纪律无关的平直背景度量。

分弧算符与同源支态传播 / A101 Branch-splitting operator and homologous branch propagation

在分弧接口 Σ 上，引入一族支态分裂算符 $\{S_\alpha\}_{\alpha\in B}$。支态指标标记的是路径、狭缝、孔径微元、屏障通道或模态分支，而不是粒子数。

术语纪律：在本节语境中，若所指为动时空层中的特指物理显化态，一律写作 **e-Arc-Helix**，不再把 **Arc Helix** 作为“电弧旋”的默认英译。只有在泛指更宽的弧旋类构型或引用历史命名时，才保留 Arc Helix 作为历史识别。

$$S_\alpha^\sharp = S_\alpha, \quad S_\alpha S_\beta = \delta_{\alpha\beta} S_\alpha, \quad \textstyle\sum_{\alpha\in B} S_\alpha = I_\Sigma$$

$$\Psi_\alpha(t) = U_a(t, t_\Sigma) S_\alpha \Psi(t_\Sigma^-)$$

$$\Psi(t) = \textstyle\sum_{\alpha\in B} \Psi_\alpha(t) \text{ 或 } \Psi(t) = \int_B \Psi_\alpha(t)\, d\alpha$$

编辑后果：单量子双缝与单缝都只是“可分支单一弧态传播”的特例。

支间相干核 / A102 Inter-branch coherence kernel

干涉并不只取决于孤立支态强度，而取决于各支态是否仍可相位合成。如下定义相干核与局部支态密度。

$$\sigma_{\alpha\beta}(x,t) = \Psi_\alpha^\dagger(x,t) M_a(x) \Psi_\beta(x,t)$$

$$\rho_\alpha(x,t) = \Psi_\alpha^\dagger M_a \Psi_\alpha$$

$$\sigma_{\alpha\beta} = \sqrt{\rho_\alpha \rho_\beta}\, \gamma_{\alpha\beta}, \quad \gamma_{\alpha\beta} = |\gamma_{\alpha\beta}| e^{i\Theta_{\alpha\beta}}$$

$$\rho = \textstyle\sum_\alpha \rho_\alpha + 2 \sum_{\alpha<\beta} \operatorname{Re} \sigma_{\alpha\beta}$$

解释后果：正的 $\operatorname{Re}\sigma_{\alpha\beta}$ 产生自增强，负的 $\operatorname{Re}\sigma_{\alpha\beta}$ 产生自相消。没有任何东西在全局被湮灭，只是空间分布被重新加权。

弧差场与双守恒输运 / A103 Arc-difference field and dual conservation transport

弧差场度量两个支态之间相差多少；相干核则度量它们是否仍可叠加。二者构成一对偶联概念，而不是彼此独立的对象。

$$\Delta_{\alpha\beta} = \Psi_\alpha - \Psi_\beta$$
$$i\hbar_a \partial_t \Delta_{\alpha\beta} = H_a \Delta_{\alpha\beta}$$
$$\rho^{\Delta}_{\alpha\beta} = \Delta^{\dagger}_{\alpha\beta} M_a \Delta_{\alpha\beta} = \rho_\alpha + \rho_\beta - 2\,\mathrm{Re}\,\sigma_{\alpha\beta}$$
$$\partial_t \rho + \nabla \cdot J[\Psi] = 0$$
$$\partial_t \rho^{\Delta}_{\alpha\beta} + \nabla \cdot J[\Delta_{\alpha\beta}] = 0$$
$$\partial_t \sigma_{\alpha\beta} + \nabla \cdot J^{\sigma}_{\alpha\beta} = 0$$

由此得到一条双守恒律：弧差守恒 $\|$ 相干守恒。前者支配差异的输运，后者支配干涉能力的输运。

测量定域与去相干 / A104 Measurement localization and decoherence

测量并非凭空变出结果，而是在通道 D 中选择并局部锁定一个结果。定域效应算符与后验更新写作：

$$\Lambda_D = L_D^{\sharp} L_D, \quad \Lambda_D^{\sharp} = \Lambda_D, \quad \Lambda_D \geq 0, \quad \textstyle\sum_D \Lambda_D = I$$
$$p(D) = \langle \Psi, \Lambda_D \Psi \rangle_a$$
$$p(D) = \textstyle\sum_\alpha \langle \Psi_\alpha, \Lambda_D \Psi_\alpha \rangle_a + 2 \sum_{\alpha<\beta} \mathrm{Re} \langle \Psi_\alpha, \Lambda_D \Psi_\beta \rangle_a$$
$$\Psi \to \Psi_D = L_D \Psi / \sqrt{p(D)}$$
$$\Psi_{\text{tot}} = \textstyle\sum_\alpha \Psi_\alpha \otimes E_\alpha, \quad \mu_{\alpha\beta} = \langle E_\beta \mid E_\alpha \rangle$$
$$p(D) = \textstyle\sum_{\alpha,\beta} \mu_{\alpha\beta} \langle \Psi_\alpha, \Lambda_D \Psi_\beta \rangle_a$$

若 $\mu_{\alpha\beta} = 1$，则相干完全保留；若 $\alpha \neq \beta$ 时 $\mu_{\alpha\beta} = 0$，则所有交叉项消失。因此，测量造成的干涉损失并不是先发生神秘坍缩，而是先发生环境标记。

禁写拦截 / Red-line：不得把 Λ_D 解释为“意识导致的坍缩”。在本附录口径下，Λ_D 只表示测量定域算符或局域读出效应算符；它可以对应环境标记、仪器选择、通道锁定或局域读出，但不得被写成一个超出模型的心理—意识因果原理。

回退句型 / Fallback syntax：若去相干矩阵 $\mu_{\alpha\beta}$ 的稳定条件尚未成立，或相关环境标记不能把交叉项削减写成稳定预算，则该段计算结果必须回退为**静默状态**的候选描述，而不得越级写成“已完成定域”或“已完成坍缩”的终态句型。允许的最低回退句式是：

当前支态定域报告应保留在静默状态候选层，直到 $\mu_{\alpha\beta}$ 的稳定条件得到核验。

四联总式 / A105 Fourfold master formula

整个微观过程可以压缩成一个总式，按顺序经过支态分裂、传播、相干保留或损失，以及读出定域。

$$p(D,t) = \textstyle\sum_{\alpha,\beta \in B} \mu_{\alpha\beta} \langle U_a(t,t_\Sigma) S_\alpha \Psi(t_\Sigma^-), \Lambda_D U_a(t,t_\Sigma) S_\beta \Psi(t_\Sigma^-) \rangle_a$$

这是“单量子 → 支态分裂 → 自相干 / 自相消 → 测量定域”的统一公式。

双缝与单缝直接落式 / A106 Direct reductions: double slit and single slit

对于双支态情形 $B = \{1, 2\}$，屏幕位置效应可以写作 $\Lambda_x = |x\rangle_a\langle x|$，由此得到双缝落式，其中环境相位吸收到 Θ'_{12} 中。对于连续孔径 A，同一逻辑给出关于 ξ 与 ξ' 的双重积分；其中 $\xi \neq \xi'$ 的部分，就是单缝的连续自干涉项。

$$p(x) = p_1(x) + p_2(x) + 2|\mu_{12}|\sqrt{p_1(x)p_2(x)}|\gamma_{12}(x)| \cos\Theta'_{12}(x)$$

$$p(D,t) = \iint_A \mu(\xi,\xi')\langle U_a S_\xi \Psi_0, \Lambda_D U_a S_{\xi'} \Psi_0\rangle_a \, d\xi \, d\xi'$$

编辑说明：双缝不是一般情形，而只是离散双支态的特例；一般弧学情形是连续支态分裂。

工程化抓手与模型入口 / A107 Engineering handles and model entry points

为了后续装置级与工程工作，本补遗识别四类控制抓手：支态结构 S_α、传播动力学 $H_a = (G_a, V_a, \Omega_a)$、相干矩阵 $\mu_{\alpha\beta}$ 与读出定域 Λ_D。

这些是弧学装置设计、干涉工程、定域成像与微通道设计的数学入口点。

控制抓手：$S_\alpha \mid H_a \mid \mu_{\alpha\beta} \mid \Lambda_D$

源端建议的模型展开：自由支态分裂模型、势场支态分裂模型、耦合支态分裂模型。

附录 B：传统几何到弧标系的桥接协议

附录 B：传统几何与弧标系之间的接口协议

Appendix B: Interface Protocols Between Classical Geometries and the Arc-Frame

v9.76 ·详细版。附录 B 本版在 v9.75 的基础上，新增“π-c-x_* 的常数接口联动”的桥接提醒。

附录说明

本附录与《Arc Geometry Baseline Reference Text (V9 Series) ·Main Text, v9.57》及 Appendix A 同步发布。它承担的不是技术推演链本身，而是传统几何向弧标系的桥接说明。本版在保持桥接主线不变的前提下，新增“第一性原理候选接口”的桥接提醒，使传统几何读者在面对 κ_I 下的循环长度等价候选律时，能清楚分辨：何者属于接口检查表，何者仍不得越级写成欧氏公理或黎曼终式。

这里所谓“站位”或“站法”，不应理解为观察者的任意主观视角，而应形式化为构型所允许的锚定位势（anchoring stance）。为避免误写，本附录统一采用三类锚位：中心锚位（central anchoring stance）、边缘锚位（edge anchoring stance）与滚动锚位（rolling anchoring stance）。中心锚位面向核型静空间，边缘锚位面向壳型静空间，而滚动锚位面向动空间中 e-Arc-Helix 与投影圆环的曲率化拟合。

表 B1 三类锚位与三类几何接口

锚位	优先空间层	几何接口	核心读法
中心锚位	核型静空间	Euclidean interface	以 x_* 为中心锚定，读取局域平直、局域平行唯一与欧氏公设的受限有效区
边缘锚位	壳型静空间	Lobachevskian interface	在壳型静空间边缘读取平行偏离、边缘展开与双曲型非欧读法
滚动锚位	动空间	Riemannian interface	在 e-Arc-Helix 与投影圆环的耦合拟合中读取曲率化度量与滚动几何

B1 为什么需要传统几何接口协议

若直接把传统几何与弧几何对立起来，读者容易在两端同时误解：一端会误以为弧几何否定了欧氏、罗氏与黎曼几何；另一端则会误以为弧几何只是传统几何的一套新修辞。接口协议的作用，正是在这两种误解之间建立一条中间纪律：传统几何仍可被调用，但调用前必须先声明其锚位、空间层、局域条件与有效边界。

因此，本附录讨论的不是“哪一种几何永远正确”，而是“哪一种几何在何种 Arc-Spinor 构造条件下成立”。这样一来，传统几何之间的差异，不再首先表现为彼此隔绝的公理宇宙，而表现为同一弧旋子构造在不同层次、不同锚位与不同协议中的读法分化。

B2 欧氏接口协议：核型静空间与中心锚位

欧氏接口协议的成立前提，是核型静空间与中心锚位同时成立。这里的“中心”不应被简化成抽象欧氏原点，而应被限定为以 x_* 为核心的惯性中心锚定条件。只有在这一锚定位势下，静空间的核型特化才允许局域平直性、局域最短连接与平行唯一性的欧氏读法获得工作性有效区。

因此，欧氏几何在弧标系中的地位，不是无条件的宇宙本底，而是核型静空间的中心协议。它最适合描述的是：在壳型边缘效应尚未显著介入、动空间滚动尚未主导度量、且读法主要停留在局域平直区时，欧氏五公设如何获得受限有效性。

B2.1 欧氏五公设的接口化读法

欧氏五公设在本附录中不被当作弧几何本体公理，而被当作中心锚位下的局域接口条件。换言之，读者可以沿欧氏五公设进入 Arc-Frame，但必须知道：其有效性附着于核型静空间、x_* 锚定与局域平直区，而不是对整个弧旋子构造无条件成立。

表 B2 欧氏五公设在 Arc-Frame 中的最低接口条件

公设	传统表述的最低核心	Arc-Frame 中的受限接口条件
1	两点可作一直线	在中心锚位与核型静空间下，两局域位置可通过最小中心连接读作欧氏直线型接口
2	有限直线可延长	在保持 x_* 锚定与局域平直的前提下，中心方向可作局域延长
3	任意中心与半径可作圆	在给定中心锚位与等距条件时，可读出局域圆规-圆形接口
4	所有直角彼此相等	在同一中心锚定与局域各向等效条件下，直角可视为局域等价
5	平行公设	仅在核型静空间且壳型边缘效应可忽略时，外点对已知直线的平行唯一读法成立

B3 罗氏接口协议：壳型静空间与边缘锚位

本文此处所谓“罗氏接口”主要指壳型静空间下的罗巴切夫斯基式或双曲型非欧读法，而不把黎曼型动空间接口混入其中。其成立前提，不再是中心锚位，而是壳型静空间与边缘锚位。换言之，读者不再站在惯性中心读取局域平直，而是在惯性边缘读取平行偏离、边缘展开与非唯一平行的允许区。

与欧氏协议不同，罗氏协议仍主要围绕公设接口展开，但其关键变化集中在第五公设的读法：在壳型静空间的边缘读法下，通过外点所作之“平行”不再必然唯一，由此打开双曲型非欧几何的能量几何背景。

表 B3 欧氏接口与罗氏接口的最低比较

比较项	欧氏接口	罗氏接口	边界说明
锚位	中心锚位	边缘锚位	二者都属于静空间层，但锚位不同
平行读法	局域唯一	允许偏离与非唯一	罗氏接口主要由平行公设变化开启
空间类型	核型静空间	壳型静空间	壳型不是动空间曲率

B4 黎曼接口协议：动空间与滚动锚位

黎曼接口协议与前两者最不同之处，在于它不再主要依赖公设表，而依赖度量形式接口。动空间中的 e-Arc-Helix 与投影圆环之耦合拟合，使几何读取不再停留于核型或壳型静背景，而转入具有滚动度量特征的曲率化读法。为此，本附录不把黎曼接口简单表述为“更弯的欧氏”或“另一种非欧公设”，而把它限定为：动空间的能量形式基础通过滚动锚位进入曲率几何协议。

比喻地说，若欧氏协议像站在惯性中心看世界，罗氏协议像站在惯性边缘看世界，那么黎曼协议更像进入 e-Arc-Helix 与其投影圆环联合拟合出的滚动曲率读法。此句仅供直观，不作正式定义。正式定义仍以前一段的“动空间 + 滚动锚位 + 度量形式接口”为准。

B4.1 黎曼接口为何不能只用公设对照表来写

欧氏与罗氏接口的主要变化可以较多地通过平行公设与局域直线读法来表达，但黎曼接口的核心不在于“第五公设改成怎样”，而在于度量如何被动空间的能量形式所组织。因此，它进入 Arc-Frame 时，首要关键词应是度量、曲率、局域测地与滚动锚位，而不是欧氏公设的逐条改写。

B5 三种接口的边界与禁写语句

为避免“弧几何证明传统几何全都错了”这一误读，本附录必须明确三条边界。第一，欧氏接口不是宇宙普遍底板，而是中心锚位下的核型静空间读法。第二，罗氏接口不是抽象平行公设变体，而是壳型静空间边缘读法。第三，黎曼接口不是欧氏读法的简单弯曲版，而是动空间与滚动锚位下的度量形式接口。

同样地，本附录也不允许把三者写成任意观察者的主观选择。锚位不是主观意见，而是构型许可的受限站位；协议也不是谁想调用就能调用，而必须依附各自的空间层与最低前件。

表 B4 传统几何接口的禁写边界

禁写项	为何错误	允许改写
“欧氏几何就是弧几何的真实背景”	把局域中心协议误写成全域本体	改写为“欧氏接口是核型静空间的中心读法”
“罗氏几何就是边缘上的黎曼几何”	混淆静空间壳型与动空间曲率	改写为“罗氏接口属于壳型静空间读法”
“黎曼几何只是更弯的欧氏”	把度量接口压扁为公设变体	改写为“黎曼接口属于动空间的度量形式读法”
“不同观察者随便站位即可选择几何”	把锚位误读成主观任意性	改写为“锚位是 Arc-Spinor 构造许可的受限条件”

B6 接口总表与过渡使用原则

传统几何向弧几何过渡时，最重要的不是“马上接受一整套新术语”，而是先接受一条工作纪律：当你想在弧标系中调用欧氏、罗氏或黎曼几何时，必须先声明锚位、空间层、最低前件与可写语句上限。只有这样，传统几何的熟悉性才会成为过渡接口，而不会重新变成误读来源。

表 B5 传统几何与 Arc-Frame 的总接口表

几何体系	锚位	空间层	主要接口形式	默认边界
Euclidean	中心锚位	核型静空间	公设接口	局域有效，不得推广为全域本体
Lobachevskian	边缘锚位	壳型静空间	公设偏离接口	不与动空间曲率混写
Riemannian	滚动锚位	动空间	度量形式接口	不得压回欧氏公设对照表

B7 本附录的作用

附录 B 的作用，不是替 Appendix A 提供新的推导链，而是给熟悉传统几何的读者一座可控的桥：知道从哪个锚位进入、在哪个空间层停步、哪些语句可以写、哪些语句必须收回。这样，弧几何与传统几何之间的关系，就不再停留在模糊比喻或互相排斥，而可被整理为一组明示的接口协议。

B8 阶段性结语

至 v9.32，附录 B 继续建立一座受控桥梁，用来连接传统几何与 Arc-Frame。欧氏几何在此被读作核型静空间的中心协议，罗氏几何被读作壳型静空间的边缘协议，黎曼几何则被读作动空间的度量形式协议。本版进一步把这座桥拆解为命题接口表、度量接口表与过渡使用卡，使读者能够从熟悉的传统假设平稳进入有界的 Arc-Frame 陈述，而不把三种协议压混为同一种几何口径。

B9 公设接口表：静空间协议的细化

本节只处理静空间层中的两类协议：核型静空间的中心欧氏接口，与壳型静空间的边缘罗氏接口。它不讨论动空间中的黎曼度量形式，因此也不把三者压成同一种公设对照表。这里所谓“公设接口表”，其作用不是把欧氏或罗氏公理升格为弧几何本体，而是说明：当传统静几何语言进入 Arc-Frame 时，哪些命题只在中心核型区局域有效，哪些命题到了壳型边缘区就必须改写为壳型静空间读法。

B9.1 欧氏—罗氏公设接口矩阵

为避免把“欧氏五公设”与“罗氏平行偏离”都误写成本体论真理，最稳的写法是将其放进同一张接口矩阵：左侧保留读者熟悉的传统表述，中间分别写中心核型协议与边缘壳型协议，最右侧则声明 Arc-Frame 中最低必须附带的说明条件。

表 B6 欧氏—罗氏公设接口矩阵

传统项	中心核型欧氏协议	边缘壳型罗氏协议	Arc-Frame 最低声明
两点确定一直线	在 x_* 锚定与核型静空间局域平直区内，可读作局域直性最短连接。	在壳型边缘区，只保留局域最短连接类比，不保留全球欧氏直性。	必须声明中心/边缘锚位与局域有效区。
有限线段可延长	延长只在中心核型带内保持欧氏同类性。	延长到壳型边缘时可发生壳型漂移，不再默认保持欧氏平直。	必须声明延长区间与是否跨出核型带。
任意中心半径可作圆	可在惯性中心读作局域等距圆周。	在壳型边缘只允许读作等距壳型轨迹，不默认等同欧氏圆。	必须声明“投影圆 / 静空间等距壳型”之别。
所有直角相等	局域正交在中心核型区可工作性保持。	到了壳型边缘，正交只允许保留为局域图表内的比较条件。	必须声明正交是否仅在局域图表内有效。

传统项	中心核型欧氏协议	边缘壳型罗氏协议	Arc-Frame 最低声明
平行唯一	仅在中心核型的局域欧氏带中保留平行唯一。	在边缘壳型区允许平行偏离或多平行读法。	必须声明是否已进入壳型边缘效应区。

B10 度量接口表：动空间与滚动锚位

与静空间协议不同，黎曼接口在弧标系中不能仅靠“改写哪条公设”来说明，因为它主要涉及的是动空间、滚动锚位以及 e-Arc-Helix 与投影圆环之间的拟合度量。故本节不再把黎曼接口写成平行公设的变体，而写成度量项、曲率项与局域图表项进入 Arc-Frame 的最低接口表。

B10.1 黎曼度量接口矩阵

这里所谓“滚动锚位”，不是任意观察者在球面上自由翻滚的形象说法，而是指：当几何读取不再停留于核/壳静背景，而进入 e-Arc-Helix 与投影圆环联手拟合出的动空间图表时，度量项、测地项与曲率项如何在局域范围内获得可写资格。

表 B7 黎曼度量接口矩阵

度量项	Arc-Frame 中的黎曼接口	e-Arc-Helix 来源	最低边界
度量	读作动空间局域拟合度量，而非静空间本体长度。	来自 e-Arc-Helix 与投影圆环的局域拟合。	必须声明滚动锚位与局域图表。
测地	读作局域最小代偿/最小滚动路径。	来自动空间耦合下的最小路径读法。	不得写成全局欧氏直线。
曲率	读作动空间滚动度量的局域曲率。	来自 e-Arc-Helix 运动性与拟合度量变化。	不得退回静壳曲率即黎曼曲率。
连接	读作局域图表中的变化法则。	来自滚动锚位下的度量变化。	必须声明局域范围，不得偷写全球连接。
张量	读作能量形式基础上的度量表达。	来自动空间能量形式接口。	仅允许作局域接口语句。
拟球读法	读作“拟合出的虚拟球面图表”，而非实体球。	来自 e-Arc-Helix 与投影圆环的联手拟合。	不得把拟球图表当作弧几何本体。

B11 过渡使用卡片：从传统几何平稳进入 Arc-Frame

对熟悉传统几何的读者来说，最容易迷失的不是定义本身，而是进入弧标系后“不知道先声明什么、后撤回什么”。因此，本节不再继续增加理论句式，而给出三张过渡使用卡片：分别针对欧氏入口、罗氏入口与黎曼入口，规定最小调用顺序、可安全书写的句型，以及必须立即拦截的越界跳写。

B11.1 欧氏入口卡片

默认顺序：先声明中心锚位，再声明核型静空间，随后只在局域平直区内调用欧氏五公设。只有在这三项都已明确时，才允许写“局域直性”“局域平行唯一”“局域等距圆”之类句子。

B11.2 罗氏入口卡片

默认顺序：先声明边缘锚位，再声明壳型静空间，随后才允许把平行偏离、多平行或边缘伸展写成罗氏接口语句。没有边缘锚位与壳型说明时，不得直接把非欧结论拿来描述任意 Arc-Spinor 区域。

B11.3 黎曼入口卡片

默认顺序：先声明动空间，再声明滚动锚位与局域图表，然后才允许写测地、曲率、张量与拟球读法。没有 e-Arc-Helix—投影圆环的局域拟合，不得把“曲率化”语言直接提升为黎曼接口。

表 B8 传统几何过渡使用卡片

入口	第一声明	第二声明	可安全写句	立即禁写
Euclidean	中心锚位	核型静空间 + 局域平直区	局域直性、局域平行唯一、局域等距圆	把欧氏读法写成全域本体
Lobachevskian	边缘锚位	壳型静空间 + 边缘效应区	平行偏离、边缘伸展、多平行允许	未声明壳型即写非欧结论
Riemannian	动空间	滚动锚位 + 局域图表	局域测地、局域曲率、拟球图表	把拟球图表当作实体球本体

B12 本轮推进的作用与附录结语

到 v9.32 为止，Appendix B 已不再只停留于“中心/边缘/滚动锚位”与“三类几何接口”的总纲层，而开始形成一套可直接供读者过渡使用的桥接包：其一，静空间协议被进一步细化为欧氏—罗氏公设接口矩阵；其二，动空间协议被进一步细化为黎曼度量接口矩阵；其三，三类传统几何入口均被压成可直接执行的过渡使用卡片。由此，弧几何与传统几何之间的关系不再停留于形象比喻，而开始具备可声明、可对照、可收束的接口纪律。

B13 对象情境卡：从接口协议到几何入口

到 v9.31 为止，附录 B 已建立三类锚位、三类接口协议、公设接口矩阵、度量接口矩阵与过渡使用卡片。但对初次进入弧标系的读者而言，这些材料仍可能显得过于抽象：知道“可从欧氏/罗氏/黎曼进入”，并不等于知道“在什么具体情境下该调用哪一张入口卡”。因此，本节把前述协议继续压缩为三张对象情境卡。所谓对象情境卡，不是新的本体对象，而是对常见几何入口情境的最小组合描述。

这三张卡分别是：中心核型局域平直区、壳型边缘区与滚动局域图表。它们共同遵守一条纪律：先报锚位、后报空间层，再报局域条件与可写语句上限。任何跳过锚位声明、把静空间卡直接拿去写动空间句型，或把滚动度量卡回灌为普遍静空间本底的做法，均属越界。

B13.1 中心核型局域平直区

这张卡的用途，是给习惯欧氏几何的读者一个最稳的进入面。它不宣称整个 Arc-Spinor 构造都欧氏化，而只声明：当研究者已经以 x_* 完成中心锚定，且读法停留在核型静空间的局域平直区时，可以在受限条件下调用 Euclidean interface protocol。此时允许写局域直性、局域平行唯一、局域等距圆与局域最短连接；但不得越过局域边界，把这些结论延展到壳型边缘区或动空间。

B13.2 壳型边缘区

这张卡处理的是仍属于静空间层、但已不再处于惯性中心的边缘读法。它的最低顺序是：先声明边缘锚位，再声明壳型静空间，最后才允许把平行偏离、多平行可能、边缘伸展和双曲型非欧读法写进句子。与中心核型卡不同，壳型边缘卡的强项不在“局域平直”，而在“边缘偏离的受限组织”。因此，它可以安全承载 Lobachevskian interface protocol，却不能反向证明任意边缘都必然双曲化。

B13.3 滚动局域图表

这张卡是从静空间转入动空间的入口卡。它要求研究者先声明 Dynamic Spacetime，再声明 rolling anchoring stance，随后说明 e-Arc-Helix 与投影圆环在局域范围内的拟合图表。只有在这三项成立后，才允许写度量项、局域测地、曲率项、张量式组织或拟球式滚动读法。它不等同于“所有曲率语句都自动合法”，也不允许把滚动图表的结果回灌为静空间中的公设读法。

情境卡	默认锚位	默认空间层	优先几何入口	首要报告项
中心核型局域平直区	中心锚位	核型静空间	Euclidean interface	x_* 锚定、局域平直区、局域欧氏可写句型
壳型边缘区	边缘锚位	壳型静空间	Lobachevskian interface	边缘带、平行偏离允许区、边缘伸展
滚动局域图表	滚动锚位	动空间	Riemannian interface	局域拟合图表、度量项、测地/曲率句型

表 B9 三张对象情境卡与默认几何入口

情境卡	先声明	再声明	可安全书写	必须拦截
中心核型局域平直区	x_* + 中心锚位	核型静空间 + 局域平直区	局域直线、局域平行唯一、局域等距	把局域欧氏读法扩成全构型本底
壳型边缘区	边缘锚位	壳型静空间 + 边缘带	平行偏离、边缘展开、非唯一平行允许	无边缘说明而直接宣布非欧普遍成立
滚动局域图表	动空间 + 滚动锚位	局域拟合图表	度量、测地、曲率、局域张量句型	未报局域拟合即直接上升为黎曼全局句型

表 B10 三张对象情境卡的最小调用顺序与句型上限

表 B11 三张对象情境卡之间的禁跳矩阵

来源卡	试图跳往	常见误写	必须补报的桥接项
中心核型局域平直区	壳型边缘区	把局域欧氏平行唯一直接写成整个壳层性质	边缘锚位 + 壳型静空间 + 边缘带说明
中心核型局域平直区	滚动局域图表	把局域平直结果直接拿去写曲率句型	动空间 + 滚动锚位 + 局域拟合图表
壳型边缘区	滚动局域图表	把非欧平行偏离直接当成动空间曲率	动空间声明 + 度量接口项
滚动局域图表	中心或边缘静空间卡	把滚动度量结果回灌为静空间普遍公设	回退到静空间层并重新声明锚位/局域区

B14 对象情境卡阶段的作用

到 v9.32 为止，Appendix B 已从三类总协议进一步下沉为三张对象情境卡。其意义在于：当读者希望把传统几何安全地接入 Arc-Frame 时，不再只得到抽象协议名称，而得到三个可直接调用的入口：中心核型局域平直区、壳型边缘区与滚动局域图表。这样，传统几何的过渡就不再停留在“抽象上能否理解”，而能落实到“实际写作时先声明什么、再允许什么、必须拦截什么”。

B15 对象实例级几何入口卡：从情境卡到具体实例

对象情境卡解决的是“哪一类几何入口可以被调用”，对象实例级入口卡解决的则是“面对某一具体工作实例时，第一张该拿起哪一张入口卡”。因此，本节不新增新的本体对象，而是在既有三张情境卡之下，进一步列出三个最典型的实例入口：恒星核区、恒星壳层边缘区与局域滚动图表区。它们的作用，是把传统几何的熟悉语言收束为更接近工作现场的第一步声明。

这三类实例入口共同遵守一条纪律：先报实例所属的上位情境卡，再报锚位与空间层，最后才允许写几何句型。任何绕过上位情境卡、直接把具体实例冒充普遍协议，或把某一实例入口回灌为整个 Arc-Spinor 构造的默认读法，均属越界。

B15.1 恒星核区

恒星核区是中心核型局域平直区最自然的对象实例之一。其最低入口顺序是：先声明 x_* 锚定，再声明 central anchoring stance，随后声明 core-type static space，最后才允许调用 Euclidean interface protocol。在这一入口卡下，允许写局域欧氏测量、局域最短连接、局域平行唯一与局域等距圆；但不得把这些局域句型直接延展到恒星壳层边缘、整体星体外层，或动空间滚动区。

恒星核区之所以适合作为欧氏入口实例，不是因为“恒星核天生欧氏”，而是因为在受限的中心锚定与局域平直区条件下，欧氏读法是最稳的第一步几何接口。凡超出局域平直区、开始显现壳型边缘偏离或滚动度量的部分，都必须改换入口卡。

B15.2 恒星壳层边缘区

恒星壳层边缘区是壳型边缘区的代表性对象实例。其最低入口顺序是：先声明 edge anchoring stance，再声明 shell-type static space，随后才允许调用 Lobachevskian interface protocol。在这一入口卡下，允许写边缘伸展、平行偏离、非唯一平行的可能区与双曲型非欧读法；但不得将这些壳型边缘句型回灌为整个恒星内部的通用描述，更不得直接跳到动空间曲率语句。

与恒星核区相比，壳层边缘区的关键不在局域平直，而在边缘偏离的受限组织。因而它更适合作为静空间中的非欧入口实例，而不是中心欧氏入口的“加粗版”。只要边缘锚位与壳型静空间没有被明示，壳层边缘区就不能被合法写成罗氏接口实例。

B15.3 局域滚动图表区

局域滚动图表区是滚动局域图表的对象实例化版本。其最低入口顺序是：先声明 Dynamic Spacetime，再声明 rolling anchoring stance，随后说明 e-Arc-Helix 与投影圆环在局域范围内的拟合图表，最后才允许调用 Riemannian interface protocol。在这一入口卡下，允许写局域测地、曲率项、张量式组织与局域拟球读法；但不得把局域滚动图表区的度量句型回流为静空间中的普遍公设。

局域滚动图表区之所以必要，在于它把“黎曼入口”从抽象度量接口，进一步压缩为具体的工作入口。读者由此可清楚知道：什么时候可以开始写曲率语言，什么时候仍必须停留在静空间入口卡。任何在未声明动空间与滚动锚位前就抢先书写曲率张量、测地线或局域拟球结构的做法，均属违规。

表 B12 对象实例级几何入口卡与默认协议

实例入口卡	上位情境卡	默认锚位	默认接口协议	允许的最低句型
恒星核区	中心核型局域平直区	central anchoring stance	Euclidean interface protocol	局域欧氏测量、局域最短连接、局域平行唯一
恒星壳层边缘区	壳型边缘区	edge anchoring stance	Lobachevskian interface protocol	边缘伸展、平行偏离、双曲型非欧读法
局域滚动图表区	滚动局域图表	rolling anchoring stance	Riemannian interface protocol	局域测地、曲率项、张量式组织

表 B13 对象实例级入口卡的首句模板与句型上限

实例入口卡	首句模板（最小）	句型上限	必须拦截的跳写
恒星核区	先报 x_* + 中心锚位 + 核型静空间	只可写局域欧氏句型	不得直接延展到壳层边缘或动空间
恒星壳层边缘区	先报边缘锚位 + 壳型静空间	只可写边缘非欧句型	不得回灌为整体星体通用读法
局域滚动图表区	先报动空间 + 滚动锚位 + 局域拟合图表	只可写局域曲率/测地句型	不得把滚动度量回写为静空间公设

表 B14 对象实例卡与上位情境卡的继承关系

实例入口卡	继承的上位情境卡	允许的下沉方式	不允许的误读
恒星核区	中心核型局域平直区	由情境卡下沉到局域实例	把局域欧氏入口误写成星体整体底板
恒星壳层边缘区	壳型边缘区	由情境卡下沉到边缘实例	把边缘非欧句型回灌为中心核型
局域滚动图表区	滚动局域图表	由情境卡下沉到局域动空间实例	把局域曲率句型回灌为静空间公设

B16 本轮推进的作用与附录结语

到 v9.39 为止，Appendix B 已完成从总协议、接口矩阵、过渡使用卡片、对象情境卡到对象实例级入口卡的下沉。其意义在于：传统几何与 Arc-Frame 之间的桥不再只停留在抽象协议或一般情境，而可以直接落到具体实例上。这样，读者在面对恒星核区、恒星壳层边缘区或局域滚动图表区时，不必重新发明一套进入语法，而可直接调用已受控的入口卡。

这一推进同时收紧了一条新的工作纪律：任何具体实例都必须先挂靠其上位情境卡，再声明锚位与空间层，最后才允许写几何句型。实例入口的下沉，不能反过来取消协议的上位约束；相反，它只是在既有接口纪律下，把过渡说明做得更接近实际写作现场。

B17 实例对象的首句模板库：从入口卡到可复用开篇句式

对象实例级几何入口卡解决的是“先从哪张卡进入”，但真正写作时更容易失手的，往往是第一句话。只要首句没有先报锚位、空间层与局域条件，传统几何语言就会重新滑回未经限制的旧习惯。因此，本节进一步把三张实例入口卡压缩为首句模板库。它们的功能不是提供装饰性措辞，而是规定进入几何谓词之前，哪些声明必须先出现。

这些模板同样遵守受限写作原则：首句只负责完成合法进入，不负责一次性写满全部结论。任何在首句阶段抢先写满“处处”“天然”“整体”“必然”等全域词的做法，都应被视为越级。

B17.1 恒星核区首句模板库

恒星核区的首句模板，必须先声明 x_* 锚定、central anchoring stance 与 core-type static space，然后才允许出现局域欧氏谓词。最稳的开篇句式包括：其一，“在 x_* 已完成中心锚定且读法停留于核型静空间局域平直区的条件下，本文仅在受限范围内调用 Euclidean interface protocol。”其二，“当前讨论的恒星核区被登记为中心核型局域平直实例，因此只在局域范围内书写局域直性、局域最短连接与局域平行唯一。”其三，“以下欧氏句型均附着于恒星核区的中心锚位与局域平直条件，不向壳层边缘或动空间外推。”

B17.2 恒星壳层边缘区首句模板库

恒星壳层边缘区的首句模板，必须先声明 edge anchoring stance、shell-type static space 与边缘偏离条件，然后才允许出现罗氏式非欧谓词。最稳的开篇句式包括：其一，“当前讨论的恒星壳层边缘区被登记为壳型边缘实例，因此只在边缘锚位下调用 Lobachevskian interface protocol。”其二，“以下非欧句型附着于壳型静空间的边缘偏离条件，而不回灌为整个恒星内部的通用描述。”其三，“本段所说的平行偏离与边缘伸展，仅在已声明边缘锚位与壳型静空间后合法。”

B17.3 局域滚动图表区首句模板库

局域滚动图表区的首句模板，必须先声明 Dynamic Spacetime、rolling anchoring stance 与 e-Arc-Helix—投影圆环的局域拟合图表，然后才允许出现黎曼式度量与曲率谓词。最稳的开篇句式包括：其一，“只有在 Dynamic Spacetime、rolling anchoring stance 与局域拟合图表已被说明后，本文才以 Riemannian interface protocol 书写曲率句型。”其二，“以下测地、曲率与张量式表述仅属于局域滚动图表区，不回灌为静空间本底。”其三，“本段对局域拟球读法的调用，以动空间条件与滚动锚位为前件。”

表 B15 实例对象首句模板库（最小）

实例对象	必须先声明	可复用首句模板（最小）	句型上限
恒星核区	x_* 锚定 / 中心锚位 / 核型静空间	在 x_* 已完成中心锚定且读法停留于核型静空间局域平直区的条件下，本文仅在受限范围内调用 Euclidean interface protocol。	只许写局域欧氏句型，不许外推为全域。
恒星壳层边缘区	边缘锚位 / 壳型静空间 / 边缘偏离	当前讨论的恒星壳层边缘区被登记为壳型边缘实例，因此只在边缘锚位下调用 Lobachevskian interface protocol。	只许写边缘非欧句型，不许回灌恒星整体。
局域滚动图表区	动空间 / 滚动锚位 / 局域拟合图表	只有在 Dynamic Spacetime、rolling anchoring stance 与局域拟合图表已被说明后，才允许以 Riemannian interface protocol 书写曲率句型。	只许写局域曲率句型，不许冒充普遍动空间本底。

B18 禁写拦截卡：从入口句到违规句的即时阻断

如果首句模板库负责“允许怎样进入”，禁写拦截卡就负责“第一时间拦住哪些句子”。其目标不是事后批评，而是在写作现场即时阻断常见越级：把局域写成全域、把静空间回灌成动空间、把边缘偏离冒充整体真理，或仅凭一个传统几何关键词就跳过锚位与空间层声明。

B18.1 恒星核区禁写拦截卡

必须被即时拦截的句型包括："整个恒星内部天然欧氏化""恒星核区的局域平直可直接推出壳层边缘的几何性质""未声明 x_* 锚定即写局域平行唯一"。对应的最低改写方向是：收回"整个 / 天然 / 直接推出"等全域词，先补写中心锚位、核型静空间与局域平直条件。

B18.2 恒星壳层边缘区禁写拦截卡

必须被即时拦截的句型包括："恒星壳层边缘处处双曲""未声明边缘锚位即写多平行""把边缘偏离回灌为恒星整体的几何底板"。对应的最低改写方向是：补写 edge anchoring stance 与 shell-type static space，只把非欧句型保留在边缘偏离允许区。

B18.3 局域滚动图表区禁写拦截卡

必须被即时拦截的句型包括："一出现曲率词即默认黎曼接口""把局域滚动图表区的度量结构回灌为静空间本底""未声明 Dynamic Spacetime 就直接写张量式组织"。对应的最低改写方向是：先补写动空间、滚动锚位与局域拟合图表，再把曲率与张量谓词限制在局域滚动图表区。

表 B16 禁写拦截卡与替代表述

实例对象	需拦截的句型	拦截理由	最小改写方向
恒星核区	"整个恒星内部天然欧氏化"	把局域核区句型越界扩展为全域句型	补写 x_*、中心锚位与局域平直条件，只保留局域欧氏谓词。
恒星壳层边缘区	"壳层边缘处处双曲 / 未声明边缘锚位即写多平行"	跳过边缘锚位与壳型静空间的最低前件	先声明边缘锚位与壳型静空间，再把非欧句型限于边缘允许区。
局域滚动图表区	"一出现曲率词即默认黎曼接口"	仅凭关键词越过动空间与滚动锚位声明	补写 Dynamic Spacetime、rolling anchoring stance 与局域拟合图表。

B19 本轮推进的作用与附录结语

到 v9.39 为止，Appendix B 已从总接口协议、公设与度量矩阵、过渡使用卡片、对象情境卡与对象实例级入口卡，继续下沉到实例对象的首句模板库与禁写拦截卡。其意义在于：传统几何进入 Arc-Frame 的过程，不再只在"理论上可对照"，而进一步落实为"第一句话怎样写、哪一句必须立即拦住、如何最小改写才能回到合法协议"。

由此，弧几何与传统几何之间的桥梁不再只是概念桥，而开始具有写作现场的即时约束力。读者面对具体实例时，不再需要在欧氏、罗氏与黎曼之间凭直觉跳转，而可先调用上位情境卡、再调用实例入口卡、最后落到首句模板库与禁写拦截卡。

B20 对象实例的段首模板组：从首句入口到最小段落展开

如果首句模板库只负责“允许怎样起笔”，那么段首模板组就负责首句之后的两到三句如何继续保持安全。其原则不是让第二句开始自由发挥，而是要求段首继续重复上位情境卡、实例入口卡与局域边界的关键信号，使读者在段首的最初三句内始终知道：当前读法究竟停留在哪张卡上、处于哪一类锚位、属于静空间还是动空间，以及欧氏 / 罗氏 / 黎曼谓词是否仍然只在局域条件下成立。

B20.1 恒星核区段首模板组

恒星核区的段首模板组必须在首句之后继续重复 x_* 锚定、central anchoring stance、kernel-type static space 与局域平直边界。最低可复用模板为：“在 x_* 已完成中心锚定且读法仍限于核型静空间局域平直区的条件下，后续欧氏谓词只作为局域测量与局域平行唯一的受限说明，而不得外推为恒星整体的几何底板。”如果段首第二句需要引入测量、最短连接或局域平行唯一，也必须先保留这些前提词。

B20.2 恒星壳层边缘区段首模板组

恒星壳层边缘区的段首模板组必须在首句之后继续重复 edge anchoring stance、shell-type static space 与边缘伸展条件。最低可复用模板为：“在边缘锚位已被声明且读法仍停留于壳型静空间边缘区的条件下，后续罗氏式谓词只作为边缘伸展、局域平行偏离与受限非欧读法的说明，而不得回灌为恒星整体的几何基础。”若段首第二句需要写平行偏离、多平行或边缘扩展，则必须先明确这些谓词只在边缘区局域成立。

B20.3 局域滚动图表区段首模板组

局域滚动图表区的段首模板组必须在首句之后继续重复 rolling anchoring stance、Dynamic Spacetime 与局域拟合图表。最低可复用模板为：“在滚动锚位已被声明且当前描述仍限于动空间局域拟合图表的条件下，后续度量与曲率语言只作为局域滚动接口的说明，而不得替代静空间本底或回灌为恒星 / 壳层整体的固定度量。”若段首第二句需要写张量式、曲率项或测地语词，也必须先报出这些词只属于局域滚动图表。

表 B17 段首模板组与适用协议

实例对象	段首模板组必须继续重复	允许展开的几何谓词	段首禁越级点
恒星核区	x_* / central anchoring stance / kernel-type static space / 局域平直	局域测量、局域最短连接、局域平行唯一	不得把局域欧氏句型外推为整体欧氏化
恒星壳层边缘区	edge anchoring stance / shell-type static space / 边缘伸展	平行偏离、边缘扩展、受限罗氏读法	不得把边缘偏离回灌为整体几何底板
局域滚动图表区	rolling anchoring stance / Dynamic Spacetime / 局域拟合图表	局域度量、局域曲率、局域张量接口	不得用局域滚动度量替代静空间本底

B21 段末收束句模板组：从允许展开到安全收束

段首模板组负责保证“开始几句不跑偏”，段末收束句模板组则负责在一段结束时主动把读法收回允许边界。其最低原则是：任何一段只要使用了欧氏、罗氏或黎曼式词汇，段末就必须有一句显式回收句，把这些谓词重新压回局域、边缘或滚动图表的允许层，防止段首虽然谨慎、段尾却偷偷全域化。

B21.1 恒星核区段末收束句模板组

恒星核区默认收束句为：“因此，前述欧氏谓词只在 x_* 已完成中心锚定的核区局域平直读法下成立，而不得被外推为恒星整体内部的全域几何底板。”若该段还写到局域最短连接或局域平行唯一，则可在收束句中继续回收为“局域测量条件下的暂时读法”。

B21.2 恒星壳层边缘区段末收束句模板组

恒星壳层边缘区默认收束句为：“因此，前述边缘伸展、平行偏离或受限非欧谓词，只在壳型静空间边缘区成立，而不得回灌为恒星整体或核区的几何本底。”若该段还写到多平行或边缘扩展，则收束句必须同时声明其只属于边缘区局域读法。

B21.3 局域滚动图表区段末收束句模板组

局域滚动图表区默认收束句为：“因此，前述度量、曲率与张量式组织，只在滚动锚位所允许的局域拟合图表中成立，而不得替代静空间本底或回灌为固定全域度量。”若该段涉及测地线或曲率张量，也必须在收束句中把它们压回局域滚动接口。

表 B18 段末收束句模板组与句型上限

实例对象	默认段末收束句类型	必须回收的词	段末禁止跳跃
恒星核区	回收到“核区局域欧氏读法”	整体、天然、全域、内部处处	不得由核区句型跳到恒星整体结论
恒星壳层边缘区	回收到“边缘区受限罗氏读法”	整体双曲、普遍偏离、天然非欧	不得由边缘句型跳到核区或整体底板
局域滚动图表区	回收到“局域滚动度量接口”	全域曲率、固定本底、整体度量	不得用局域滚动图表替代静空间本底

B22 误写纠偏替代库：从违规句到最小改写链

禁写拦截卡告诉我们哪些句子必须马上拦住，但在实际写作中，仅指出“这句不许写”还不够，研究者还需要一条最短替代链：错在哪里、应先补哪条前件、最小安全替代表述是什么。误写纠偏替代库正是为此而设。它不追求一次性给出完整段落，而是提供一条最短的“违规句—改写方向—可直接替换句”链，使误写能在当场被改成可继续使用的句子。

B22.1 恒星核区误写纠偏替代库

核区常见误写是：“整个恒星内部天然欧氏化。”最低改写方向是：补写 x_*、中心锚位、核型静空间与局域平直条件；最低安全替代表述是：“在 x_* 已完成中心锚定且当前读法仍限于核型静空间局域平直区的条件下，本文仅在核区局域层调用 Euclidean interface protocol，而不把该读法外推为恒星整体内部的全域底板。”

B22.2 恒星壳层边缘区误写纠偏替代库

壳层边缘区常见误写是：“恒星壳层处处双曲。”最低改写方向是：补写 edge anchoring stance、shell-type static space 与边缘伸展条件；最低安全替代表述是：“在边缘锚位已被声明且读法停留于壳型静空间边缘区的条件下，本文仅把边缘伸展与平行偏离读作受限的 Lobachevskian interface，而不把边缘区句型回灌为恒星整体的几何底板。”

B22.3 局域滚动图表区误写纠偏替代库

局域滚动图表区常见误写是：“既然出现曲率，就说明整个对象都处在黎曼几何中。”最低改写方向是：补写 rolling anchoring stance、Dynamic Spacetime 与局域拟合图表条件；最低安全替代表述是：“在滚动锚位已被声明且当前读法仍限于动空间局域拟合图表的条件下，本文只把曲率与度量语言用作局域 Riemannian interface，而不以此替代静空间本底或回灌为对象整体的固定度量。”

表 B19 误写—纠偏替代表述矩阵

实例对象	误写句型	最小纠偏方向	可直接替换的安全句式
恒星核区	“整个恒星内部天然欧氏化”	补写 x_* / 中心锚位 / 核型静空间 / 局域平直	仅在 x_* 已完成中心锚定的核区局域平直条件下调用 Euclidean interface protocol。
恒星壳层边缘区	“恒星壳层处处双曲”	补写边缘锚位 / 壳型静空间 / 边缘伸展	仅在壳型静空间边缘区调用受限 Lobachevskian interface。
局域滚动图表区	“一出现曲率就代表全域黎曼化”	补写滚动锚位 / 动空间 / 局域拟合图表	仅在局域滚动图表区调用 Riemannian interface。

B23 本轮推进的作用与附录结语

到 v9.39 为止，Appendix B 已从总接口协议、公设与度量矩阵、过渡使用卡片、对象情境卡、对象实例入口卡与首句模板库，继续下沉到对象实例的段首模板组、段末收束句模板组与误写纠偏替代库。其意义在于：传统几何进入 Arc-Frame 的过程，不再只在“哪个协议可以调用、第一句怎样安全进入”的层次上停留，而开始具有段首展开、段末收束与现场纠偏的完整写作约束力。

由此，弧几何与传统几何之间的桥梁不再只是概念桥或入口桥，而逐渐获得段落级别的工作语法。读者面对具体实例时，不再只知道“先用哪张卡”，还知道“首段怎样写、收束怎样收、误写后立即换成哪条替代句”，从而显著减少在欧氏、罗氏与黎曼接口之间的迷失与误读。

B24 跨对象共享的桥接句型规范：从对象模板到安全句法骨架

对象实例的首句模板、段首模板、段末收束句与纠偏替代库，已经能够保证单个对象的写作安全；但只要研究者在多对象之间切换，新的风险又会出现：一个对象上安全的句型，可能在另一个对象上被误当作通用结论；一个实例的桥接句，可能在转写时偷换掉锚位、空间层或局域条件。为此，本版把不同实例中重复出现的安全句法进一步上提为跨对象共享的桥接句型规范。所谓“共享”，并不是把所有对象写成同一句，而是抽取它们共同遵守的句法顺序、限定词与回收机制。

B24.1 共享首句桥接骨架

共享首句桥接骨架的最低顺序是: 先报对象所属的上位情境卡与入口卡, 再报 anchoring stance、空间层与局域边界，最后才允许出现几何谓词。其最低骨架可以抽象为:“对于当前对象，本文先把读法限于〔上位情境卡 / 入口卡〕; 在〔锚位〕与〔空间层〕已经被声明且〔局域边界〕仍然成立的条件下，才受限地调用〔Euclidean / Lobachevskian / Riemannian〕接口。”这一骨架的作用不在于生成华丽句子，而在于阻止任何对象一上来就被写成整体性的几何断言。

B24.2 共享段首延续骨架

共享段首延续骨架负责保证第二句与第三句不偷换层次。其最低骨架可以抽象为:“在上述入口仍然成立的前提下，后续几何谓词只作为〔局域平直 / 边缘偏离 / 局域滚动拟合〕的说明，而不得回灌为对象整体的实体本底。”该骨架要求段首延续句必须重复局域性、边缘性或滚动性信号，避免第一句虽然合规、第二句却悄悄升级为全域陈述。

B24.3 共享段末回收骨架

共享段末回收骨架负责把一段论述重新压回允许边界。其最低骨架可以抽象为:“因此，前述几何谓词只在〔已声明的锚位与空间层〕下成立，而不得被外推为〔对象整体 / 静空间本底 / 全域度量〕。”只要段中出现了 Euclidean、Lobachevskian 或 Riemannian 谓词，段末就必须有一条回收句显式工作。没有回收句的段落，即使开头合规，也属于未完成桥接。

B24.4 共享纠偏替代骨架

共享纠偏替代骨架面向写作现场的即时纠错。其最低顺序是：先指出违规句在哪一级越界，再补回最短前件，最后给出一条立刻可用的替代句。其骨架可以抽象为:“将〔违规句中的整体化词汇〕收回为〔局域 / 边缘 / 滚动〕; 先补写〔锚位 / 空间层 / 边界〕，再改写为‘在……条件下，本文只把……读作……接口的受限说明’。”这样一来，研究者不必推倒重写整段，而可以就地回到合法句法。

B24.5 共享连接词与限域词库

跨对象共享规范还需要一组安全连接词与限域词。优先连接词包括:“在……条件下”“就当前入口而言”“仅在……范围内”“受限地”“局域地”“边缘性地”“在滚动图表中”。优先限域词包括:“局域”“边缘”“滚动”“拟合”“比较层”“接口性”“不外推”“不回灌”。与之相对，必须在跨对象层立即拦截的升级词包括:“天然”“处处”“整个对象”“本底即是”“直接等同”“自动推出”“普遍成立”。

表 B20 跨对象共享桥接句型规范矩阵

骨架位置	最低句法动作	安全词库	拦截升级词
首句入口	先报情境卡/入口卡，再报锚位	在……条件下；仅在……范围内	天然；整个对象
段首延续	重复局域/边缘/滚动信号	局域地；边缘性地；在滚动图表中	处处；自动推出
段末回收	显式收回到已声明边界	不得外推；不得回灌	本底即是；普遍成立
纠偏替代	先补前件，再给替代句	先补写……再改写为……	直接等同；立刻证明

表 B21 共享连接词与限域词库

词类	优先使用	避免使用
连接词	在……条件下；就当前入口而言；仅在……范围内	显然；自然地；由此可知整体上
限域词	局域；边缘；滚动；拟合；接口性	天然；处处；整体；绝对；本底
回收词	不外推；不回灌；只作……说明	于是证明了对象整体……

表 B22 共享升级词拦截与最低替代方向

升级词 / 危险句法	最低替代方向	最短可用改写柄
整个对象天然欧氏/双曲/黎曼	收回到情境卡 + 锚位 + 局域边界	“在……条件下，本文仅受限调用……”
一出现曲率就整体进入黎曼	补写滚动锚位 + 动空间 + 局域拟合图表	“在滚动图表入口下，曲率语言仅作局域说明”
由局域结果直接推出整体本底	补写回收句并删除“直接推出”	“前述谓词不得外推为对象整体本底”

B25 共享桥接句型骨架的阶段性收束

到 v9.39 为止，Appendix B 已从传统几何的总接口协议、公设与度量矩阵、对象情境卡、对象实例入口卡、首句模板、段首/段末模板与纠偏替代库，继续上提为跨对象共享的桥接句型规范。其意义在于：传统几何进入 Arc-Frame 的过程，不再只是对象卡片的堆叠，而开始具有一组可以跨对象迁移、可复用、可立即拦截升级词的安全句法骨架。

由此，弧几何与传统几何之间的桥梁不再只是一套接口表、一张情境卡或一组对象实例模板，而逐渐形成一种可迁移的写作协议。研究者在面对新的对象时，不必先完全重新发明句法，而可以先从共享首句骨架、段首延续骨架、段末回收骨架与纠偏替代骨架中取用，再把它们下沉到具体对象之上，从而显著降低跨对象写作中的迷失与误读。

B26 跨对象共享的段落编排节奏规范：从共享句法骨架到可复用段落拍点

跨对象共享的桥接句型骨架，已经保证不同实例可以共享首句、段首延续、段末回收与纠偏替代的最低写法；但只要真正开始写一整段，新的风险仍会出现：有的段落第一句合规、第二句便跳过桥接前件直接进入整体化判定；有的段落虽然结尾有回收句，但中段推进过快，实际已经把局域接口写成了全域本底。为此，本版把共享句法骨架继续下沉为共享的段落编排节奏规范。

所谓“节奏”，在这里不是修辞快慢，而是各类句法动作的最低顺序：入口句负责报卡，桥接句负责报锚位、空间层与边界，展开句负责有限推进几何谓词，回收句负责把这些谓词压回允许层。任何段落只要缺少其中一个拍点，便默认不具备安全的跨对象迁移资格。

B26.1 开段定位拍点

开段定位拍点要求第一句先完成对象登记：说明当前对象属于哪一张上位情境卡、哪一张实例入口卡，以及读法为什么停留在该入口上。其最低骨架是：“就当前对象而言，本文先把读法限于〔上位情境卡 / 入口卡〕。”只要这一拍点未完成，后续句子一律不得引入 Euclidean、Lobachevskian 或 Riemannian 谓词。

B26.2 桥接说明拍点

桥接说明拍点要求第二句补回 anchoring stance、空间层与局域边界。其最低骨架是：“在〔锚位〕、〔空间层〕与〔局域边界〕已经被声明的条件下，下述几何谓词只作为接口性读法。”桥接说明拍点的作用，是防止对象登记完成后立刻发生层级偷换。

B26.3 受限展开拍点

受限展开拍点要求第三句及其后的中段推进，只在已声明边界内有限展开局域平直、边缘偏离或局域滚动拟合等几何谓词。它允许引入测量词、曲率词或平行词，但每一步都必须把这些词留在局域、边缘或滚动接口内，而不得借一次中段推进把对象整体化。

B26.4 段尾回收拍点与节奏失守拦截

段尾回收拍点要求最后一句显式声明：前述谓词只在已给定的入口与边界下成立。若任一拍点被跳过、错序或缩略到无法回查，则应立即触发节奏失守拦截：停止继续推进，回退到最近一个已合法完成的拍点，补写缺失前件后才允许继续。

表 B23 跨对象共享的段落编排节奏规范矩阵

节奏拍点	最低动作	允许句法	超限信号
开段定位	报上位情境卡 + 入口卡	“本文先把读法限于……”	先报几何谓词而未报入口
桥接说明	报锚位 + 空间层 + 边界	“在……条件下，下述读法仅作接口说明”	省略 x_* / edge / rolling 或边界词
受限展开	只在已声明范围内推进	“局域地 / 边缘性地 / 在滚动图表中……”	中段突然整体化、全域化
段尾回收	把谓词压回允许边界	“因此，前述谓词只在……成立”	段尾没有回收句或回收过晚

B27 多对象混排时的切换句模板：从单对象桥接到安全切换

一旦同一段或相邻两段中同时出现两个以上对象，单对象模板就不再足够。新的危险不在于某一句本身有多夸张，而在于：前一对象上的锚位、空间层或入口条件，被作者无声地迁移给后一对象使用。为防止这种“借壳转写”，多对象混排时必须插入最低切换句。

最低切换句必须完成三件事：第一，声明前一对象的读法在何处终止；第二，声明后一对象从哪一张入口卡重新生效；第三，声明当前切换只在何种局域或比较层范围内成立。凡未完成这三件事者，不得继续把几何谓词写到下一对象上。

B27.1 连续对象切向离散对象的模板

当写法从连续对象转向离散对象时，最低切换句应为：“前述连续窗口读法到此为止；以下讨论改由〔离散对象入口卡〕重新进入，并仅在 x_* 锚定与局域簇边界仍然成立的范围内，受限调用离散接口。”该模板的作用，是防止窗口累计结果直接挪作簇报告的前件。

B27.2 离散对象切向连续对象的模板

当写法从离散对象转向连续对象时，最低切换句应为：“前述簇报告只属于当前离散入口；以下读法改由〔连续对象入口卡〕重启，并仅在比较窗与连续体度量仍然成立的条件下，受限调用连续接口。”该模板的作用，是防止离散簇边界被误写为连续对象的全域边界。

B27.3 以桥接对象作为中继的模板

若写法需要在连续对象与离散对象之间跨越较大距离，则宜先经桥接对象中继。最低模板应为：“前一对象的读法先在〔桥接对象卡〕上缓冲；在桥接对象的比较窗 / 簇边界完成重新声明之后，下一对象的入口才开始生效。”桥接对象的作用，是为切换提供一层不直接偷换协议的缓冲带。

B27.4 禁跳规则与最小缓冲句

多对象混排中的最低禁跳规则是：不得从中心核型局域平直区直接跳到局域滚动图表区而不声明滚动锚位；不得从壳型边缘区直接跳到核区局域平直读法而不收回边缘伸展；不得把离散簇边界直接当作连续窗口边界。若确需切换，必须先写一条最小缓冲句，把前一入口终止并声明后一入口生效。

表 B24 多对象混排的切换句模板矩阵

切换类型	最低切换句柄	必须补写	禁跳提醒
连续 → 离散	“前述连续读法到此为止；以下改由……重新进入”	x_* + 局域簇边界	不得把窗口累计直接当簇报告
离散 → 连续	“前述簇报告仅属当前入口；以下改由……重启”	W_{cmp} + 连续体边界	不得把簇边界直接写成全域边界
经桥接对象缓冲	“前一读法先在桥接对象上缓冲，随后……”	桥接对象卡 + 新入口生效点	不得省略中继卡直接跳转
静空间 → 滚动图表	“以下改在滚动锚位与动空间图表下受限读取”	rolling stance + 动空间 + 局域拟合	不得只因出现曲率词就整体跳入黎曼接口

表 B25 多对象混排的禁跳矩阵与最小缓冲句

危险跳转	为何违规	最小缓冲句
中心核型区 → 滚动图表区	省略 rolling anchoring stance 与动空间声明	“前述中心核型读法到此终止；以下仅在滚动锚位已生效的局域图表中讨论曲率组织。”
壳型边缘区 → 核区局域平直区	边缘伸展未回收即切回中心入口	“前述边缘读法只属壳层边界；以下重新以 x_* 中心锚定的核区局域入口起算。”

危险跳转	为何违规	最小缓冲句
离散簇报告 → 连续窗口累计	簇边界与比较窗边界被混写	“前述簇报告止于当前离散入口；以下改以 W_{cmp} 与连续窗口稳定重新组织读法。”

B29 “反欧氏螺旋误读”的桥接说明：为什么不能把 e-Arc-Helix 当作普通欧氏螺旋线

本节不是为了否定欧氏几何，而是为了防止一条特定误读：当读者看到 e-Arc-Helix 与其投影圆之间存在长度接口关系时，极易本能地把它套回“欧氏恒螺距螺旋线”的尺规直觉，以为动空间中的本征弧线应当按照普通三维欧氏螺旋的方式求长。这个回套动作恰恰是 Arc-Frame 中最需要阻断的桥接误差。

B29.1 误读从何而来

误读的来源有二：其一，把投影圆的平面直觉直接提升为动空间弧线的本体测度；其二，把时间维度自动看成一条额外的欧氏空间伸长轴。前者会误把 C_{proj} 当作“平面近似值”，后者会误以为 L_{arc} 必须服从欧氏螺旋长度公式并严格大于 C_{proj}。

B29.2 安全桥接写法

在 Arc-Frame 中，更安全的桥接写法应为：先声明 e°_{A} 与 C_I 的标准前件，再说明 κ_I 允许本征循环长度与标准投影圆周长在比较层上并读；随后明确补上一句——这里的并读不意味着 e-Arc-Helix 等于普通欧氏螺旋，也不意味着时间维度可以被当成一条额外的欧氏螺距轴。只有这样，传统几何读者才不会把“长度等价候选律”误解为一条三维螺旋求长定理。

B29.3 最低替代句

可复用的最低替代句有三条：第一，“本处比较的是本征循环长度与补偿投影圆周长，而非普通欧氏螺旋的轴向伸长。”第二，“时间维度在此只通过 κ_I 所给定的比较层接口被读取，而不额外贡献一条欧氏螺距轴。”第三，“因此，e-Arc-Helix 不得被直接纳入经典欧氏螺旋求长公式的前提集合。”

表 B26 “反欧氏螺旋误读”的桥接说明卡

常见误读	最低纠偏方向	可直接调用的安全替代句
把 e-Arc-Helix 当作普通欧氏螺旋	先补写 e°_{A}、C_I 与比较层接口	本处比较的是本征循环长度与补偿投影圆周长。
把时间维度当作欧氏螺距轴	收回“额外空间伸长”写法	时间维度并不自动等于额外欧氏螺距轴。
用经典螺旋求长公式直接替代候选律	回到 κ_I-闭合与标准循环单位前件	e-Arc-Helix 不得直接纳入经典欧氏螺旋求长公式。

B30 本轮推进的作用与附录结语

到 v9.42 为止，Appendix B 已在传统几何接口、对象情境卡、对象实例入口卡、句法骨架与段落节奏之外，再补上一条非常必要的桥接拦截：反欧氏螺旋误读说明。它的作用不是再开一套新几何，而是在传统几何向 Arc-Frame 过渡时，明确指出哪一种旧有尺规直觉不能直接带入动空间本征弧线的求长语境。

这样，弧几何与传统几何之间的桥梁便同时具备了进入协议与误读拦截双重功能：不仅告诉读者“可以从哪里进入”，也明确告诉读者“哪些经典直觉必须在桥上就被拦下”。

B31 对象化调用的桥接提醒：几何入口不等于质量终式

当主文与 Appendix A 把 κ_I 下的循环长度等价候选律推进为对象化调用之后，熟悉传统几何的读者最容易产生新的误会：误以为只要某个对象已经进入 Euclidean、Lobachevskian 或 Riemannian 接口，就可以直接写出该对象的质量终式。为防止这一跨层误读，本节专门提醒：几何入口卡只决定从哪一种锚位与空间层进入对象读法，它本身并不自动产生比较层质量结果。

对连续对象而言，传统几何入口通常先经中心核型或壳型边缘的静空间入口，再由路径 A 的比较窗与稳定条件进入对象化调用；对离散对象而言，入口通常更接近局域滚动或局域闭合簇读法，再由路径 B 的簇边界与稳定条件进入对象化调用；对桥接对象而言，几何入口只负责说明“从哪里看”，而对象化调用还必须额外说明“先走哪一路、次走哪一路、何时允许区间化并读”。

表 B27 对象化调用的桥接提醒卡

对象族	默认几何入口	默认调用路径	最低提醒
连续对象	中心核型局域平直区 / 壳型边缘区	路径 A	几何入口不等于连续质量终式
离散对象	局域滚动图表区	路径 B	几何入口不等于离散质量终式

对象族	默认几何入口	默认调用路径	最低提醒
桥接对象	桥接入口卡	分时调用	入口先行，路径与质量后行

B32 过渡说明：对象化调用桥接检查点（v9.43）

到 v9.44 为止，Appendix B 不再只提供传统几何到弧标系的进入协议，也开始为对象化调用提供桥接纪律：几何入口说明的是可读位置，不是质量终式；对象族分流说明的是调用顺序，不是几何接口的取消。这样，桥接附录与技术附录之间的分工就变得更清楚：前者管“如何安全进入”，后者管“进入之后如何受限调用”。

B33 连续对象代表型实例的桥接提醒

本节只处理三类连续代表对象的几何桥接：恒星核区、恒星壳层连续区与宇宙学背景窗口。桥接的目标不是给出质量终式，而是告诉熟悉传统几何的读者：面对这些连续对象时，哪一种几何入口最适合作为第一步，哪些经典直觉必须当场拦下。

对恒星核区而言，默认入口仍是中心锚位与核型局域平直区，因此最接近 Euclidean interface protocol；但这里的欧氏入口只负责局域平直与最短连接的读法，不负责直接给出连续质量终式。对恒星壳层连续区而言，默认入口更接近壳型边缘区，因此更适合从 Lobachevskian interface protocol 的边缘展开与平行偏离读法进入；但“边缘”在此只说明几何站位，不得被误写成离散簇终式。对宇宙学背景窗口而言，默认入口则更接近大尺度滚动或受限度量读法，因此应把 Riemannian interface protocol 仅作为窗口化度量入口，而不得把滚动曲率入口直接写成单点质量。

因此，这三类连续实例共享的桥接纪律是：先选几何入口，再选对象调用路径；几何入口负责可读位置，路径 A 才负责连续累计与比较密度。凡把欧氏、罗氏或黎曼入口直接误写为质量终式者，均应在桥上被拦下。

表 B28 连续对象代表型实例的桥接提醒卡

连续对象实例	默认几何入口	首个应拦截的误读	桥接提醒
恒星核区	Euclidean interface / 中心锚位	局域平直 = 直接总质量	欧氏入口只负责局域平直，不负责终式质量
恒星壳层连续区	Lobachevskian interface / 边缘锚位	边缘几何 = 离散闭合簇	壳层连续区仍先归路径 A，不可抢跑路径 B

连续对象实例	默认几何入口	首个应拦截的误读	桥接提醒
宇宙学背景窗口	Riemannian interface / 受限滚动读法	滚动度量 = 单点质量	只允许窗口化、背景平均或区间报告

B34 过渡说明：离散对象桥接检查点（v9.44）

到 v9.44 为止，Appendix B 已从几何接口总纲推进到连续代表型实例的桥接提醒。下一步最自然的方向，不再是继续细分连续入口，而是把离散对象的代表型桥接提醒写出，使熟悉传统几何的读者知道：哪些离散对象应从滚动入口进入，哪些对象虽然常被经验连续语言包裹，却必须在桥上被回切到离散吸收或闭合簇入口。

B35 离散对象代表型实例的桥接提醒

本节只处理三类离散代表对象的几何桥接：原子束缚态、粒子候选态与局域热工吸收区。桥接的目标仍不是给出质量终式，而是告诉熟悉传统几何的读者：面对这些离散对象时，哪一种几何入口最适合作为第一步，以及哪些经典直觉必须在桥上被拦下。

对原子束缚态而言，默认入口更接近局域滚动图表与离散闭合簇，因此不宜从欧氏局域平直区直接起步；较安全的桥接句法，是先声明 x_* 锚定与局域簇边界，再引入滚动入口。对粒子候选态而言，默认入口同样更接近滚动读法，但应更强调相位窗口与簇成员稳定条件，而不能把“点粒子”这类经验术语直接偷换成欧氏点位几何。对局域热工吸收区而言，若当前段落聚焦器件、壁面或实验装置的几何背景，则可暂借中心或边缘静空间入口描述装置；但一旦转入单次吸收、局域阶跃或最低激发要求，就必须当场回切到离散对象入口。

因此，这三类离散实例共享的桥接纪律是：先辨明经验连续语言只是装置背景还是对象本身；再选滚动入口或离散簇入口；最后才允许把候选律和路径 B 的离散读法接上。凡把欧氏点位、连续窗口平均或装置几何背景，直接写成离散对象的质量前件者，均应在桥上被拦下。

表 B29 离散对象代表型实例的桥接提醒卡

离散代表对象	默认几何入口	桥接提醒	禁写提示
原子束缚态	局域滚动图表 + 离散簇入口	先报 x_* 锚定与簇边界，再接滚动读法	不得从欧氏点位直跳质量终式
粒子候选态	滚动入口 + 相位窗口	先报成员稳定与窗口，再接离散对象调用	不得把点粒子术语直接几何化

离散代表对象	默认几何入口	桥接提醒	禁写提示
局域热工吸收区	装置背景入口 → 离散吸收入口	装置几何可先借静空间，吸收事件必须回切离散入口	不得把连续热流平均直接当作吸收簇前件

B36 附录后记（v9.45）

到 v9.45 为止，Appendix B 已从连续代表型实例进一步推进到离散代表型实例的桥接提醒。这样，桥接附录便能同时告诉读者：面对连续对象时，应从何种几何入口安全进入；面对离散对象时，又应在何处把经验连续语言切断并回切到离散簇入口。后续若继续推进，最自然的方向将是把桥接对象的代表型实例桥接提醒补齐，并将连续对象、离散对象与桥接对象的入口卡整理成统一的桥接检查表。

B37 桥接对象代表型实例的桥接提醒

本节只处理三类桥接代表对象的几何桥接：介观材料区、相变前沿与等离子鞘层。桥接的目标仍不是给出质量终式，而是告诉熟悉传统几何的读者：面对这些桥接对象时，哪一种几何入口最适合作为第一步，以及何时必须先停在入口层，不能直接越级到双路径终式。

对介观材料区而言，较安全的入口通常不是单纯欧氏局域平直区，也不是直接的离散簇入口，而是先声明其对象尺度与当前主路径，再由中心核型或壳型边缘中的一个局部入口接入；在桥上必须被拦下的，是把材料区一律写成均匀连续体，或一律写成纯离散簇而不报对象尺度。对相变前沿而言，桥接的关键在于先把“前沿厚度”写出来，再决定当前段落是从连续前沿读法还是从离散跃迁边带读法进入；任何不写前沿厚度、直接把相变当成瞬时点事件或全域平滑过渡者，都应在桥上被拦下。对等离子鞘层而言，较安全的入口更接近局域滚动图表与边界层说明；桥上必须被拦下的，是把鞘层的滚动边界结构偷换成普通欧氏壳层，或在未声明主路径前就强并读两条质量路径。

因此，这三类桥接实例共享的桥接纪律是：先辨明对象尺度或边界层，继而选择当前主入口与主路径，再允许候选律与相应路径读法进入；另一条路径只能作为后入补充，不得与主路径并列抢跑。凡把桥接对象写成“天然连续”“天然离散”或“天然双路径同等成立”者，均应在桥上被拦下。

表 B30 桥接对象代表型实例的桥接提醒卡

桥接代表对象	默认几何入口	桥接提醒	禁写提示
介观材料区	对象尺度先行；中心核型或壳型边缘入口择一	先报对象尺度与主路径，再接候选律	不得把材料区直接写成天然均匀连续体或纯离散簇
相变前沿	前沿厚度先行；连续前沿或离散边带入口择一	先定主读法，再让另一条路径后入	不得跳过前沿厚度把相变写成瞬时点事件或全域平滑终式
等离子鞘层	局域滚动图表 + 边界层入口	先报边界层与主路径，再接候选律与后入路径	不得在未声明滚动入口和主路径前强并读双路径

B38 附录后记（v9.46）

到 v9.47 为止，Appendix B 已从连续代表型实例、离散代表型实例与桥接代表型实例的桥接提醒，进一步推进到一套跨对象共享的桥接检查表。这样，桥接附录便能同时告诉读者：面对任何对象时，几何入口、对象尺度、标准前件与路径声明的先后顺序应如何最低限度地被写出；从而使候选律进入时的桥接纪律不再依赖个别实例的记忆。

B39 跨对象共享的桥接检查表

本节的目标不是重新证明技术链，而是把三类对象在几何桥上的共同纪律压缩成一张可快速调用的检查表。其原则只有两条：第一，先选安全入口，再谈对象路径；第二，任何时候都不得把几何入口直接偷换成质量终式。

B39.1 连续对象：入口先于窗口

连续对象在桥上的最低纪律是：先从中心核型局域平直区、壳型边缘区或宇宙学背景窗口中选取入口，再声明当前比较窗与路径 A 的地位，最后才允许候选律作为长度归一条件进入。凡把欧氏或罗氏入口直接写成连续质量终式者，均属禁写。

B39.2 离散对象：回切到滚动入口与簇边界

离散对象在桥上的最低纪律是：先辨明经验连续语言只属装置背景还是对象本身；再回切到滚动入口、x_* 锚定与簇边界；随后才允许候选律与路径 B 的离散读法进入。凡把装置几何背景、欧氏点位或平均连续窗口误写成离散质量前件者，均属禁写。

B39.3 桥接对象：尺度 / 边界层先行

桥接对象在桥上的最低纪律是：先报对象尺度、边界层或前沿厚度，再决定主入口与主路径；另一条路径只能以后入补充、回收句或分桶说明方式受限进入。凡把桥接对象写成天然连续、天然离散，或天然双路径并列者，均应在桥上被拦下。

表 B31 跨对象共享的桥接检查表

对象分支	最低桥接入口	候选律进入前必须补齐的声明	桥上应当拦下的误写
连续对象	中心 / 边缘 / 背景窗口	对象类型、窗口、标准前件、路径 A	把欧氏或罗氏入口直接写成质量终式
离散对象	滚动入口 / x_* / 簇边界	对象类型、簇边界、相位窗口、路径 B	把装置背景或欧氏点位写成离散质量前件
桥接对象	对象尺度 / 边界层 / 前沿厚度	主路径、次路径受限地位、标准前件	把桥接对象写成天然双路径同阶成立

B40 附录后记（v9.47）

到 v9.47 为止，Appendix B 已从三类对象的实例桥接提醒，进一步收束为一套跨对象共享的桥接检查表。这样，熟悉传统几何的读者不再只在个别实例上得到提醒，而开始拥有一套可复用的桥接纪律：先入口、后路径；先对象尺度与标准前件、后候选律与质量读法。下一步若继续推进，最自然的方向将是把这套桥接检查表进一步压成更短的工作卡，以便与 Appendix A 的技术调用包形成前后呼应。

B41 候选律工作卡的桥接提醒

对熟悉传统几何的读者而言，工作卡最容易被误解成“新的总公式模板”。因此桥接时必须先说明：工作卡并不是欧氏作图程序，也不是黎曼度量推导程序，而是一张把对象声明、几何入口、标准前件与路径声明排成顺序的进入卡。欧氏入口、罗氏入口或滚动入口都只能出现在工作卡的前半段，不能直接越过对象声明与前件核验去替代候选律调用本身。

更具体地说，欧氏读者最容易把 D_{proj} 直接理解为任意平面直径；罗氏读者最容易把边缘入口误写成天然曲率终式；黎曼读者最容易把滚动入口直接偷换成度量展开。工作卡的桥接提醒，就是要求在三种习惯中都先停留在“入口—前件—路径”的安全序列上，再允许把候选律作为长度归一条件接入。

表 B32 候选律工作卡的桥接提醒

传统入口习惯	桥上最小改写	可保留内容	必须拦截
欧氏局域平直	先对象、后直径	局域平直区入口	把任意跨度当 D_{proj}
罗氏边缘曲率	先边缘入口、后前件	壳型边缘读法	直接写成曲率终式
黎曼滚动图表	先滚动入口、后路径	滚动锚位与图表	把滚动入口偷写成质量终式

B42 候选律检查卡的桥接提醒

检查卡在桥上的作用，是防止传统几何读者误以为“只要看见圆周、直径或曲率，就能直接判定候选律成立”。真正需要检查的不是图形相似，而是：是否存在标准循环单位 e°_{A}；是否已经由 κ_I 得到标准补偿投影圆；所取 D_{proj} 是否来自该标准圆；所进入的是比较层候选读法，而不是经验终式。

因此，桥上的最低检查句必须写成：若上述条件任何一项尚未明确，则当前写法只能停留在几何入口说明或图形比喻层，不得继续推进到候选质量读法。换言之，检查卡把传统几何直觉从“立即判定”改写成“先经核验，再许进入”。

B43 附录后记（v9.48）

到 v9.48 为止，Appendix B 已从对象入口提醒、桥接检查表与共享句法骨架，进一步推进到候选律工作卡与检查卡的桥接提醒。这样，传统几何读者在进入 κ_I 下的循环长度等价候选律时，就不再只有“从哪儿进”的提示，而开始拥有“如何安全启动与如何及时拦截误写”的最低桥接工作件。

B44 第一性原理候选接口的桥接提醒

对熟悉传统几何的读者而言，“第一性原理候选接口”这一说法最容易被误解为：欧氏周径比已被直接改写成宇宙终律，或黎曼滚动图表已被直接改写成最终度量方程。B44 的任务，正是在此处架起最后一道桥：候选接口可以被收束为总检查表与总调用表，但这并不意味着传统几何中的任何单一读法已被无条件升格为弧几何本体终式。

B44.1 为什么它仍不是欧氏公理终式

即使候选律写成 $L_{\mathrm{arc}}(e^{\circ}_{A}) = C_{\mathrm{proj}} = \pi D_{\mathrm{proj}}$，也不能因此把它当作欧氏公理的简单回归。因为这里的 D_{proj} 取自 κ_I 下的标准补偿投影圆，而 L_{arc} 取自本征循环单位；两者之间仍通过比较层接口相接，而不是停留在同一平面欧氏长度层。故传统欧氏直觉在桥上的最低纪律仍是：先过接口检查表，再谈 π 的接口重释。

B44.2 为什么它仍不是黎曼度量终式

同样地，候选接口也不能直接写成黎曼度量终式。滚动锚位与动空间图表只说明：候选律可在局域图表中被安全读取；它并不自动给出完整的度量张量、测地系统或曲率终式。故传统黎曼直觉在桥上的最低纪律仍是：先承认滚动入口只是入口，再承认候选律只是比较层长度归一接口，而非最终曲率方程。

表 B33 第一性原理候选接口的桥接提醒

传统直觉风险	最低桥接提醒	仍不得越级写成
欧氏直觉	先区分标准补偿投影圆与本征循环单位，再谈 π 的接口重释。	普遍平面公理终式
罗氏/边缘直觉	先固定壳型边缘入口，再谈平行偏离或边缘伸展。	非欧整体终式
黎曼直觉	先固定滚动入口与局域图表，再谈度量或曲率。	最终度量/曲率终式

B45 附录后记（v9.51）

到 v9.51 为止，Appendix B 已从对象入口提醒、桥接检查表与候选律工作卡/检查卡提醒，进一步推进到“第一性原理候选接口”的桥接提醒。这样，传统几何读者不仅知道从哪里进入、如何安全启动，还知道何处必须停下：候选接口可以收束为总检查表与总调用表，但在桥上仍不得被越级写成欧氏、罗氏或黎曼的最终终式。

B46 一页式总卡的桥接提醒

对熟悉传统几何的读者而言，一页式总卡最容易被误读成“新公理表”或“总公式单”。因此桥上的最低提醒必须先写明：总卡只是接口封装，而不是欧氏公理表、罗氏平行终式或黎曼度量终式。其作用是把对象入口、标准前件、路径声明与候选律调用排成一张可复查的安全卡，而不是替代传统几何各自的完整推演系统。

更具体地说，欧氏读者最容易把总卡中的 D_{proj} 直接读成平面圆的天然直径；罗氏读者最容易把边缘或壳型入口读成已完成的曲率终式；黎曼读者最容易把滚动入口读成完整度量张量的缩写。总卡的桥接提醒，就是要求三类读者都先承认：卡片是受限接口，不是终局公式。

表 B34 一页式总卡的桥接提醒

传统几何直觉	总卡允许的桥接读法	仍禁止的越级写法
欧氏直觉	先承认 D_{proj} 取自 κ_I 下的标准补偿投影圆	把总卡写成平面欧氏公理终式

传统几何直觉	总卡允许的桥接读法	仍禁止的越级写法
罗氏直觉	先承认壳型/边缘入口只决定接口地位	把总卡写成天然曲率终式
黎曼直觉	先承认滚动入口只决定局域图表入口	把总卡写成完整度量张量或测地方程

B47 附录后记（v9.51）

到 v9.51 为止，Appendix B 已从“第一性原理候选接口”的桥接提醒，进一步推进到一页式总卡的桥接说明。这样，传统几何读者不只知道哪些终式仍不可越级书写，还得到了一张更短的桥梁：知道总卡为何可用、为何仍非定理、以及何处必须停下。

B48 动静度规对偶基数的桥接提醒

对熟悉传统几何的读者而言，30/32、16×2 与 15×2 最容易被误读成几条普通长度分解式。B48 的任务，正是在此处架起一座更短的桥：提醒读者这些写法首先是弧几何内部的索引分解，而不是直接可用的欧氏尺规长度。

B48.1 16×2 与 15×2 不是欧氏线段分割

时间轴写成 $T^{\circ} = 16 \times 2$，空间线写成 $S^{\max} = 15 \times 2$，并不意味着传统欧氏平面上真的存在一条 16 单位与一条 15 单位的线段拼接。更稳的桥接口径是：16 与 15 只分别承担半周期索引与半侧最大拓展索引；×2 只表示完整周期与最大对称展开；二者都还停留在弧几何的构型索引层。

B48.2 30-index $\mapsto c$ 不是裸等式

同样地，30-index $\mapsto c$ 的关系也不能写成 $30 = c$。传统几何读者最安全的入口是：先承认 30 只给出最大空间拓展尺度的索引前件，随后再承认 c 只是这一尺度在比较层与传统单位制对齐后的极限传播边界。也就是说，30 是桥前索引，c 是桥后边界；桥上不允许把两者压成一个裸等号。

表 B35 动静度规对偶基数的桥接提醒

弧几何写法	桥上的最低读法	禁写边界
$T^{\circ} = 16 \times 2$	标准时间周期索引分解	不得读成普通欧氏线段拼接
$S^{\max} = 15 \times 2$	最大空间拓展索引分解	不得读成天然平面直径
$\chi_{\text{st}}^{(\text{idx})}$=30/32	空时比索引入口	不得直接读成经验速度值

弧几何写法	桥上的最低读法	禁写边界
30-index $\mapsto c$	比较层极限传播边界	不得裸写 $30 = c$

B49 v9.51 检查点回顾

到 v9.51 为止，Appendix B 已把动静度规对偶基数的最小桥接提醒补入传统几何与弧标系之间的接口协议。这样，熟悉欧氏、罗氏与黎曼几何的读者在遇到 30/32、16×2、15×2 与 c 的比较层映射时，不再只能依赖直觉类比，而有了一套最小的安全读法与禁写边界。

B50 第一性原理候选接口封装版总表的桥接提醒

对熟悉传统几何的读者而言，“封装版总表”最容易被误读成一张新的总公理表。B50 的任务，是在桥上把这一步压稳：总表之所以可用，并不因为它已经替代了欧氏、罗氏或黎曼，而是因为它把对象入口、几何站位、标准前件、候选律调用、比较层映射与候选质量读法排成了一张受限法典。

B50.1 为什么它仍不是欧氏 / 罗氏 / 黎曼终式

更稳的桥接口径是：欧氏读者只能把总表中的 D_{proj} 读作 κ_I 下标准补偿圆的投影直径，而不能把它读作天然平面圆；罗氏读者只能把边缘入口读作壳型静空间的受限读法，而不能把它读作完成的曲率终式；黎曼读者只能把滚动入口读作局域图表入口，而不能把它读成现成的度量张量。因此，总表是桥上法典，不是三种传统几何的替代表。

B50.2 为什么它仍必须经过对象与入口

传统几何读者最容易跳过的，恰恰是对象声明与几何入口两栏。弧标系下总表之所以仍不是裸公理表，就因为它要求先回答：现在讨论的是哪类对象？从中心、边缘还是滚动入口进入？没有这两步，总表中的 π、D_{proj}、C_I、30-index 或 c 都会被误吸回旧尺规体系。

表 B36 第一性原理候选接口封装版总表的桥接提醒

传统几何读者最易误读	总表中的正确桥接口径	最低拦截句
“总表 = 新公理表”	总表只是接口法典，不是替代公理	先承认总表是桥上法典，再讨论其有效性
“D_{proj} = 天然欧氏直径”	D_{proj} 取自 κ_I 下标准补偿圆	先交代 C_I，再读取 D_{proj}
“30 = c”	30-index 只作比较层映射前件	先写 30-index，再写 c 的对齐

传统几何读者最易误读	总表中的正确桥接口径	最低拦截句
“滚动入口 = 黎曼终式”	滚动入口只是局域图表入口	先入图表，再谈度量

B51 附录后记（v9.52）

到 v9.52 为止，Appendix B 已从对象入口、桥接协议、对象情境卡与桥接提醒，进一步推进到“第一性原理候选接口封装版总表”的最小桥接说明。这样，传统几何读者在面对 Π 的候选位时，不再只得到碎片化提醒，而得到一条更短也更硬的桥：知道它为何可用、为何仍非终式、以及在何处必须停下。

B52 终端判据组的桥接提醒

对熟悉传统几何的读者而言，“终端判据组”最容易被误听成“最后定理条件组”。B52 的任务，就是在桥上把这一点压稳：终端判据组只决定 Π 是否具备“最后候选位”的可报告资格，而不决定欧氏、罗氏或黎曼各自的终局是否已经由弧几何代替。

B52.1 为什么通过终端判据仍不是传统几何终式

更稳的桥接口径是：即便前件、路径、代数映射、候选律位与可回退性全部通过，Π 仍只得到“终端候选位”。欧氏读者不得把它直接读成平面圆天然周径定律的重生；罗氏读者不得把它直接读成边缘曲率终式；黎曼读者不得把它直接读成完整度量或曲率方程。终端判据通过，只表示桥上的候选接口已走到最后一站。

B52.2 传统几何读者应如何使用终端判据组

传统几何读者最安全的用法是：先把终端判据组当作“最后的停损法典”，而不是“最后的终式法典”。也就是说，它帮助读者判断何时可以报告 Π 的候选终端位，何时必须停在桥上，而不是帮助读者跳过对象、入口、前件与比较层映射。只要 30-index $\mapsto c$ 仍只作比较层映射，D_{proj} 仍只取自 κ_I 下标准圆，Π 的终端位就仍处在桥上而非桥后。

表 B37 终端判据组的桥接提醒

桥接问题	最安全读法	禁止读法
终端判据通过意味着什么	Π 达到桥上最后一站的候选接口位	Π 已成为传统几何终局
欧氏读法	仍先承认 D_{proj} 取自 κ_I 下标准圆	把 Π 读成天然平面圆定理

桥接问题	最安全读法	禁止读法
罗氏读法	仍先承认边缘入口只是受限壳型协议	把 Π 读成边缘曲率终式
黎曼读法	仍先承认滚动入口只是局域图表入口	把 Π 读成完整度量/曲率方程

B53 附录后记（v9.53）

到 v9.53 为止，Appendix B 已把“第一性原理候选接口封装版总表”的桥接提醒，进一步推进到“终端判据组”的桥接提醒。这样，传统几何读者不仅知道 Π 为何可被封装、为何仍非终式，还知道：即便它进入终端候选位，也仍只是桥上最后一站，而不是桥后终局。

B54 最终收束条件的桥接提醒

对熟悉传统几何的读者而言，“最终收束条件”最容易被误听成“终于得到最后定理”。B54 的任务，就是在桥上把这一点压稳：最终收束条件只决定 Π 是否可以被报告为“第一性原理候选位的最终收束接口”，而不决定欧氏、罗氏或黎曼各自的终局已经由弧几何写完。

B54.1 为什么最终收束仍不是传统几何终式

更稳的桥接口径是：即便跨对象、路径、代数底座、桥接停损与可再开工五项条件全部通过，Π 仍只得到“最终收束接口”的报告资格。欧氏读者不得把它直接读成平面天然圆的回归；罗氏读者不得把它直接读成边缘曲率定理；黎曼读者不得把它直接读成完整度量或曲率方程。最终收束位，只是桥上最后的稳定落脚点，不是桥后终局。

B54.2 传统几何读者应如何使用最终收束条件

传统几何读者最安全的用法是：把最终收束条件当作“最后的停损法典与开工基座”，而不是“最后的终式法典”。它帮助读者判断何时可以在桥上稳定地报告 Π，何时必须退回封装版总表或终端判据组，而不是帮助读者跳过对象、入口、前件与比较层映射。

表 B38 最终收束条件的桥接提醒

桥接问题	最低提醒	禁止误读
最终收束 = 终局定理?	不是；仍是候选接口位阶	把候选位写成已证第一性原理
是否可替代欧/罗/黎终式?	不可；只能停在桥上最后一站	直接写成传统几何终式
是否还需要对象与入口?	仍需要；否则桥接失效	跳过对象与入口直接报告 Π

B55 附录后记（v9.54）

到 v9.54 为止，Appendix B 已把“终端判据组”的桥接提醒，进一步推进到“最终收束条件”的桥接提醒。这样，传统几何读者不仅知道 Π 如何被封装、如何进入终端候选位，还知道：即便它进入当前 v9 系列中最硬的最终收束位，也仍只是桥上的最后一站，而非桥后的终局终式。

B56 最小公设组的桥接提醒

B56.1 为什么最小公设组仍不是传统几何终式

对传统几何读者而言，最小公设组最容易被误听成“终于得到最后公理”。更稳的桥接口径是：这组公设只为 Π 提供最低候选位支撑，帮助读者把 30/32、16×2、15×2、$\Delta v = 2 \to x_*$、$L_{\text{arc}}(e^{\circ}_{A}) = C_{\text{proj}} = \pi D_{\text{proj}}$ 与 30-index $\mapsto c$ 放回同一接口法典中，而不是宣布欧氏公设、罗氏平行变体或黎曼度量张量已经被一句长度等式改写。

B56.2 传统几何读者应如何使用最小公设组

欧氏读者应把 P5 理解为标准前件下的长度归一候选律，而不是平面圆的天然回归；罗氏读者应把 P3 与 P4 理解为空间壳型读法的最大对称与中心破缺，而不是边缘曲率终式；黎曼读者应把 P6 理解为传播边界的比较层映射，而不是完整度量张量的替身。

表 B39 最小公设组的桥接提醒

读者类型	最安全读法	禁止误读
欧氏	P5 为标准前件下的长度归一候选律	平面圆天然回归
罗氏	P3+P4 为空间壳型的最大对称与中心破缺	边缘曲率终式
黎曼	P6 为传播边界的比较层映射	完整度量终式

B57 附录后记（v9.56）

到 v9.56 为止，Appendix B 已把“最终收束条件”的桥接提醒，进一步推进到“最小公设组”的桥接提醒。这样，传统几何读者不仅知道 Π 如何被封装、如何获得终端候选位与最终收束接口，还知道：即便它进一步得到一组最小公设支撑，也仍只是桥上更稳的一站，而不是越过对象、入口、前件与比较层映射后的终局定理。

B58 最小公设组与终端判据组之间的闭合关系的桥接提醒

B58.1 为什么“闭合关系”仍不是传统几何终式

对传统几何读者而言，最容易误听的是：既然 Π 现在既有最小公设组，又有终端判据组，那它是否已经自动取得终式地位？B58 的回答是否定的。闭合关系只说明：最低公设能够在末端报告层取得对应检验，终端判据也能回溯到底层公设；它并不意味着欧氏、罗氏或黎曼各自的终局已经被一条候选律统一替代。

B58.2 传统几何读者应如何使用“闭合关系”

最安全的桥接口径是：先把 P1–P6 视为桥下地基，再把终端判据组视为桥面护栏，最后把“闭合关系”视为桥梁结构的受力咬合。地基、护栏与咬合三者缺一不可。只要 30-index $\mapsto c$ 仍只作映射，D_{proj} 仍只取自 κ_I 下标准圆，$L_{\text{arc}}(e^{\circ}_{A}) = C_{\text{proj}} = \pi D_{\text{proj}}$ 仍只作长度归一条件，那么 Π 仍处于桥上，而非桥后的终局定理区。

表 B40 最小公设组与终端判据组之间的闭合关系的桥接提醒

桥上对象	最易误写	最低替代句型
欧氏读者	“既有公设又有判据，因此 Π 已是平面周径终式”	Π 仅取得公设—判据闭合的候选位，仍非平面终式。
罗氏读者	“15×2 与 x_* 已给出边缘曲率终式”	P3–P4 只提供壳型静读法的上界与锚位，不给出曲率终式。
黎曼读者	“30-index $\mapsto c$ 已给出完整度量边界方程”	P6 只提供传播边界映射，不给出完整度量张量。

B59 附录后记（v9.56）

到 v9.56 为止，Appendix B 已把“最小公设组”的桥接提醒，进一步推进到“最小公设组与终端判据组之间的闭合关系”的桥接提醒。这样，传统几何读者不只知道 Π 为什么具有最低公设支撑，还知道：这些公设必须怎样在终端位上逐项闭合，才能安全地把 Π 报告为更稳的候选位，而不越桥变成终局定理。

B60 闭合关系与最终收束条件之间的接续关系的桥接提醒

B60.1 为什么“接续关系”仍不是传统几何终式

对传统几何读者而言，最容易误听的是：既然最小公设组与终端判据组已经逐项闭合，那么只要再往前迈一步，是否就已经自动得到最终定理？B60 的回答仍是否定的。接续关系只说明：这些已闭合的公设—判据链，如何继续落入最终收束条件；它并不意味着欧氏、罗氏或黎曼几何的终局已经被弧几何一句候选律改写。换言之，接续关系只是桥上最后一段连续坡道，而不是桥后的终局平地。

B60.2 传统几何读者应如何使用“接续关系”

最安全的桥接口径是：先把最小公设组视为桥下地基，再把终端判据组视为桥面护栏，而把“接续关系”视为桥面与桥尾稳定落脚点之间的最后导坡。只要 30-index $\mapsto c$ 仍只作映射，D_{proj} 仍取自 κ_I 下标准圆，$L_{\text{arc}}(e^{\circ}_A) = C_{\text{proj}} = \pi D_{\text{proj}}$ 仍只作长度归一条件，那么 Π 便仍处在桥上，而不是桥后终局。传统几何读者因此应把接续关系当作“如何安全走到最终收束位”的桥上说明，而不把它误听成“终局已成”的宣告。

表 B41 闭合关系与最终收束条件之间的接续关系的桥接提醒

桥上对象	最低提醒
接续关系	只说明闭合链如何继续进入最终收束，不说明终式已成
传统几何读者的安全用法	把接续关系当作桥上导坡，而不把它读成桥后终局

B61 附录后记（v9.57）

到 v9.57 为止，Appendix B 已把“最小公设组与终端判据组之间的闭合关系”的桥接提醒，进一步推进到“闭合关系与最终收束条件之间的接续关系”的桥接提醒。这样，传统几何读者不只知道 Π 为什么拥有最低公设支撑与终端候选位门槛，还知道：这些闭合链必须怎样继续走向最终收束位，且在整个过程中仍不得越桥变成终局定理。

B62 三层合拢后的总报告句型与禁写总表的桥接提醒

B62.1 为什么总报告句型仍不是传统几何终式

对传统几何读者而言，最容易误听的是：既然 Π 现在同时具备最小公设组、终端判据组与最终收束条件，那么只要把它们合并说成一句，就等于获得了传统意义上的终式。B62 的回答仍是否定的。总报告句型只是桥上的最高安全句型，它仍然保留“候选位”“三层合拢”“前提下”等限域词，因此不能被读成欧氏、罗氏或黎曼意义上的最终定理。

B62.2 传统几何读者应如何使用总报告句型

最安全的桥接口径是：把最小公设组当作桥下地基，把终端判据组当作桥面护栏，把最终收束条件当作桥尾落点，而把总报告句型当作过桥说明牌。说明牌的作用是指导通行，不是替代桥梁本身。只要 30-index $\mapsto c$ 仍只作映射，$L_{\mathrm{arc}}(e^{\circ}_{A})=C_{\mathrm{proj}}$ 仍只在标准前件下成立，总报告句型就必须保留“候选位”与“三层合拢”这两个限域词。

表 B42 三层合拢后的总报告句型与禁写总表的桥接提醒

桥接场景	安全句型	最该避免的误听
欧氏接口	Π 当前只可被读作具备三层合拢支撑的候选位。	把 Π 听成平面圆周率定理的直接升级。
罗氏接口	Π 当前只可被读作空间壳型与中心破缺的受限接口。	把 Π 听成边缘曲率终式。
黎曼接口	Π 当前只可被读作传播边界与长度归一的候选接口。	把 Π 听成完整度量张量的替身。
桥接总表	总报告句型只用于桥上说明，不替代技术链。	把桥接总表当作最终证明。

B63 附录后记（v9.58）

到 v9.58 为止，Appendix B 已把“闭合关系与最终收束条件之间的接续关系”的桥接提醒，进一步推进到“三层合拢后的总报告句型与禁写总表”的桥接提醒。这样，传统几何读者不仅知道 Π 为什么拥有最低公设支撑与候选位门槛，也知道在最高安全报告层该如何说、如何退、以及哪些句子绝不能写。

B64 硬检查点与证明路线图的桥接提醒

B64.1 为什么“硬检查点”仍不是传统几何终式

对传统几何读者而言，“硬检查点”最容易被误听成“终于把所有常数都写成了最后公理”。更稳的桥接口径是：这些检查点只冻结了弧几何内部当前任何上推都不得绕开的最低对象与最低关系，例如 30/32、16×2、15×2、$\Delta v = 2 \to x_{*}$、e°_{A}、C_{I} 与长度归一候选律。它们并不自动推出欧氏、罗氏或黎曼的桥后终局。

B64.2 为什么“证明路线图”仍不是已完成证明

同样地，证明路线图也不等于证明本身。它的作用只是告诉读者：哪些属于最小公设，哪些属于候选律，哪些属于比较层映射，哪些仍停留在待证明桥接项。只要 30-index 仍只映射到 c,

$L_{\text{arc}}(e^{\circ}_{A}) = C_{\text{proj}} = \pi D_{\text{proj}}$ 仍只作长度归一条件，Π 就仍处在桥上。

表 B43 硬检查点与证明路线图的桥接提醒

桥接对象	最低提醒
硬检查点	只冻结桥上最低前件，不等于桥后终局
证明路线图	只区分层级，不等于已完成证明
30-index $\mapsto c$	仍是映射关系，不是裸等号
Π 的位阶	仍是第一性原理候选位，不是已证明第一性原理

B65 附录后记（v9.59）

到 v9.59 为止，Appendix B 已把“三层合拢后的总报告句型与禁写总表”的桥接提醒，进一步推进到“硬检查点与证明路线图”的桥接提醒。这样，传统几何读者不仅知道 Π 如何被最高安全句型报告，还知道：在继续上推之前，哪些对象必须先冻结、哪些层级必须先分清、以及为什么这一切仍不能越桥变成终局定理。

B66 常数接口总表的桥接提醒

B66.1 为什么这仍不是传统常数定义学

对传统几何或传统数学物理读者而言，“常数接口总表”最容易被误听成：弧几何已经把 π 与 c 重新定义成了最后定理。更稳的桥接口径是：当前版本只是在弧几何内部，建立了这些常数各自的最低位置与相互关系，而不是宣布传统常数理论已经被整体替代。

B66.2 传统读者最易误读的三处

第一，π 在此不等于“抛弃传统周径比”，而是把周径比提升为本征循环长度与投影直径之间的归一常数。第二，30-index 与 c 的关系不是裸等号，而是代数索引与极限传播边界之间的比较层映射。第三，x_* 的中心性不是欧氏圆心，而是由 $\Delta v = 2$ 向中心压缩锚定所形成的结点性。

表 B44 常数接口总表的桥接提醒

传统误读	**弧标系桥接口径**	**最低说明**	**禁写提醒**
π 只是平面周径比	π 是本征循环长度对投影直径的归一常数	仍需标准 κ_I 闭合	不得写成二维死常数终结式

传统误读	弧标系桥接口径	最低说明	禁写提醒
30 就是 c	30-index 通过比较层映射到 c	仍需 T°=32 对齐	不得写 $30 = c$
x_* 就是圆心	x_* 是 $\Delta v = 2$ 的中心锚定位	仍需破缺压缩前件	不得退化为普通圆心

B67 附录后记（v9.62）

到 v9.62 为止，Appendix B 已把“硬检查点与证明路线图”的桥接提醒，进一步推进到“常数接口总表”的桥接提醒。这样，传统几何读者不仅知道 Π 为什么拥有底层代数—几何冻结前件，也知道：当 π、c、x_* 与 30/32 被同时纳入弧标系时，哪些是提升，哪些是映射，哪些仍需停留在受限桥接口径中。

B68. 常数接口的桥接报告句型

本节服务于传统几何与弧标系之间的桥接说明，避免把代数索引、几何尺度与比较层传播边界混写。

B68.1 面向传统几何读者的最低句型

在弧标系中，π 不是被取消的平面常数，而是长度归一常数接口；c 不是被替换的经验常数，而是 30-index 在比较层中的传播边界映射。

B69. 禁跳提醒

桥接写作中不得从 30/32 的代数底座直接跳写到已证第一性原理，也不得把 x_*、π、c 彼此裸等同。

B70 最终报告模板的桥接提醒

B70.1 面向传统几何读者的最低桥接口径

面向传统几何与传统数学物理读者时，最终报告模板必须继续保留桥接提醒：30/32 属于代数底座，16×2 与 15×2 属于周期—对称构型，π 属于长度归一常数接口，c 属于传播边界映射，x_* 属于破缺锚定位。它们的共同收束并不意味着传统常数体系已被简单替换。

B70.2 三处最易误读

第一，最易把 30-index 误听成 c 本身；第二，最易把 x_* 误写成普通欧氏中心；第三，最易把长度归一候选律误写成弧线与平面圆的本体同一式。最终报告模板的意义恰在于阻止这些越桥误读。

表 B45 最终报告模板的桥接提醒

桥接对象	最低提醒	禁止误读
30/32 与 16×2/15×2	它们是代数—周期底座	不得把它们当成任意编码
π / c / x_*	它们分别作归一常数、传播边界、锚定位	不得互相裸等同
$L_{\mathrm{arc}}(e^{\circ}_{A})=\pi D_{\mathrm{proj}}$	它是比较层候选律	不得写成终极本体定理

B71 桥接结语（v9.62）

到 v9.62 为止，Appendix B 已把“常数接口报告句型与禁写总表”的桥接提醒，进一步推进到“最终报告模板的桥接提醒”。这样，传统几何读者不只知道 Π 为什么已拥有底层代数—几何冻结前件，也知道：当 Π 被写成最高安全句型时，哪些句法只是提升、哪些是映射、哪些仍必须停留在候选位。

B72 冻结条件与引用规范的桥接提醒

B72.1 为什么“冻结”不是传统几何中的终极公理化

面向传统几何读者，这里的“冻结”只表示版本内候选位的稳定固化，而不表示欧氏/罗氏/黎曼体系意义上的终极公理封闭。因此，冻结后的 Π 仍然需要保留比较层限定与桥接停损。

B72.2 为什么“引用规范”不是形式主义负担

引用规范的作用，是防止传统读者把代数索引、几何尺度与物理常数直接混写。尤其是 30-index $\mapsto$ c 的关系，只允许写作比较层传播边界映射，而不能压成裸等号。

B73 桥接结语（v9.65）

由此，Π 在当前基准框架中获得了三重稳定性：版本内可冻结、跨节可引用、跨桥接可回退。

B74 常数接口报告句型的桥接提醒

面向传统几何与传统数学物理读者时，常数接口的报告句型必须持续提醒：30/32 属于代数底座，16×2 与 15×2 属于周期—对称构型，π 属于长度归一常数接口，c 属于传播边界映射，x_* 属于破缺锚定位。

B75 常数接口的桥接禁写表

表 B46. 面向传统读者的桥接禁写表

最易误读	桥接提醒
$30 = c$	30 是代数索引，c 是比较层边界映射
π 是平面圆死常数	π 在此兼具本征循环长度的归一接口位
x_* 是普通圆心	x_* 是由 $\Delta v = 2$ 压缩锚定的关键结点

B76 常数接口总表的桥接提醒

面向传统读者时，常数接口总表的作用是把“平面死常数”“经验速度常数”“普通圆心”三类误读统一改写为：长度归一接口、传播边界映射与破缺锚定位。

B77 对象化调用挂接表的桥接提醒

对象化调用挂接表提醒读者：Π 候选位中的常数接口并非在所有对象中以同一顺序出现。连续对象偏向 x_* →c→π，离散对象偏向 x_* →π→c，桥接对象则必须分时并读。

表 B47. 常数接口—对象化调用桥接表

对象族	桥接提醒
连续对象	先报尺度与边界，再报归一长度
离散对象	先报束缚/离散簇，再报归一长度与传播边界
桥接对象	先报入口锚定，再报分时主/次路径

B78 常数接口纪律与冻结引用的桥接提醒

面对传统几何与传统数学物理读者时，常数接口纪律最容易出现两类误会：一类是把 30/32、16×2、15×2 误读为经验拟合编码；另一类是把 π、c、x_* 误读为彼此平列的普通常数。桥接写法必须持续提醒：前者属于代数—周期底座，后者属于不同接口位。

B79 冻结后简引用的桥接句型

冻结后简引用时，最稳的桥接句型是：在当前弧几何基准框架中，Π 的第一性原理候选位已被冻结为候选位引用；其中 π 作为长度归一常数接口，c 作为传播边界映射，x_* 作为破缺锚定位，而 30-index 仅在比较层中向 c 映射，不与 c 作裸等号同一。

表 B48. 常数接口冻结后简引用的桥接改写表

常见误读	桥接改写
$30 = c$	30-index 在比较层中映射为 c
π 已是终极原理	π 已进入 Π 候选位中的长度归一常数接口
x_* 是普通圆心	x_* 是 $\Delta v = 2$ 压缩锚定出的关键结点

B80 最终引用卡的桥接改写

面对传统几何与传统数学物理读者时，最终引用卡必须先把 30/32、16×2、15×2 说明为弧几何内部的代数—周期底座，再说明 π、c、x_* 的接口角色。不得直接抛出常数接口句，否则极易被误读为经验常数的裸替换。

表 B49. 最终引用卡的桥接改写表

直接写法	桥接改写	原因
$30 = c$	30-index 在比较层中映射为传播边界 c	避免把代数索引当作物理量纲
π 已被证明为第一性原理	π 已进入 Π 候选位中的长度归一常数接口	避免越级定理化
x_* 是中心	x_* 是由 $\Delta v = 2$ 压缩锚定的关键结点与中心锚定位	避免欧氏中心误读

B81 禁写总表的桥接提醒

桥接场景中的禁写，不只是语言收束，更是层级保护。凡越过层级、量纲或对象声明的句型，都必须回退为桥接提醒而非保留在稳定引用层。

B82 封版口径的桥接改写

面向传统几何或传统数学物理读者时，封版口径不得直接抛出 30/32、16×2、15×2 与 $\Delta v \to x_*$ 的符号链，而应先说明：这些对象属于弧几何内部的代数—周期底座，随后再说明 π、c、x_* 的接口角色。

B83 后续章节挂接模板的桥接提醒

后续章节若面向传统读者，挂接时的最稳顺序为：对象名称 → 弧标系入口 → 底座说明 → 常数接口角色 → 对象专属结论。不得跳过底座说明直接进入“c 是几何极限”或“π 是第一性原理”等强句。

表 B50. 封版口径的桥接改写表

直接写法	桥接改写	备注
$30 = c$	30-index 在比较层中映射为传播边界 c	避免裸等号
π 已被证明为第一性原理	π 已进入 Π 候选位中的长度归一常数接口	保留候选位边界
x_* 是普通圆心	x_* 是由 $\Delta v = 2$ 压缩锚定的关键重合结点	避免欧氏化
16×2 与 15×2 已证明一切	16×2 与 15×2 提供代数—周期底座	避免越级结论

B84 封版口径的桥接改写与对象实例落地提醒

当 Π 的候选位从常数接口层下降到对象实例层时，桥接文本必须提醒传统几何或传统物理读者：此处的“结论”并不是终极公理化结论，而是依赖前件、路径与回退条件的封版口径。

因此，桥接改写时应优先保留三层说明：第一层说明对象属于连续、离散还是桥接类；第二层说明主路径与次路径地位；第三层说明结论仍属候选接口位，而非彻底封闭的终极理论项。

表 B51 封版口径的桥接改写与对象实例落地提醒

对象语境	首句桥接	结论桥接	禁写提醒
连续对象	在连续对象语境下，Π 先经路径 A 被调用	因此结论先作为连续比较层候选位成立	不得改写为无条件终式
离散对象	在离散对象语境下，Π 先经路径 B 被调用	因此结论先作为离散簇候选位成立	不得改写为连续窗口终式

对象语境	首句桥接	结论桥接	禁写提醒
桥接对象	在桥接对象语境下，Π 只允许分时并读	因此结论只可写为桥接口区间位	不得并列同权宣称

B85 本轮推进的桥接意义

本轮的作用，是让 Appendix B 不只负责“常数接口提醒”，而开始承担“对象实例落地提醒”。这样，传统几何与传统物理读者就能更容易看清：Π 的候选位如何由常数接口、冻结条件与引用规范，平稳进入对象实例层。

B86 动静度规对偶与 c 的桥接改写

面向传统几何与传统物理读者时，最稳的桥接顺序不是先抛出 c，而是先说明：时间投影基数与空间投影基数分别取 32 与 30；时间轴 16×2 给出标准震荡周期；空间线 15×2 给出最大拓展对称；二者之差 2 向 x_* 压缩锚定。只有在这组底座被说明之后，30-index 才允许在比较层中被解释为传播边界 c。

B87 禁写提醒与桥接意义

桥接文本中最危险的误写是把 30 直接写成 c，或把 15×2 写成光速的数值证明。本文坚持的桥接纪律是：30 只是代数索引，c 是其比较层读法；15×2 是最大空间拓展对称，而不是直接的经验常数数值。

表 B52 30-index $\mapsto c$ 的桥接改写表

危险写法	安全改写
$30 = c$	30-index $\mapsto c$
15×2 直接证明光速	15×2 提供 c 的几何前件
x_* 是普通中心	x_* 是 $\Delta v = 2$ 的压缩锚定位

B88 π-c-x_* 常数接口联动的桥接提醒

面向传统几何与传统物理读者时，最稳的桥接顺序不是先抛出 π 或 c，而是先说明：时间投影基数与空间投影基数分别为 32 与 30；时间轴 16×2 给出标准震荡周期；空间线 15×2 给出最大拓展对称；二者之差 2 向 x_* 压缩锚定。只有在这组底座被说明之后，π 才允许被写成长度归一常数，30-index 才允许在比较层中被解释为传播边界 c。

B89 常数接口联动的桥接改写表

表 B53 π-c-x_* 常数接口联动的桥接改写表

对象	桥接先说什么	可安全写法	需避免
π	先说标准循环单位与投影直径	π 为长度归一常数接口	不要直接说已被证明为终极原理
c	先说 30-index 与比较层	30-index $\mapsto c$	不要写 $30 = c$
x_*	先说 $\Delta v = 2$ 与关键重合结点	x_* 为中心锚定位	不要写成普通欧氏圆心
三联结构	先说共同底座 30/32, 16×2, 15×2	π-c-x_* 构成 Π 的常数接口联动	不要写成终极三位一体原理

B90 桥接提醒：三常数联动的对象入口改写

传统几何或传统物理读者最容易犯的错误，是把 π、c 与 x_* 当作三种彼此平行的常数/中心量来同时调入对象描述。弧标系中的最低纪律恰好相反：三者必须按对象族与入口次序分层进入。

因此，中心核型局域平直区更适合先行说明 x_* 的中心锚定，再导入 π 的长度归一；壳型边缘区更适合先说明最大空间拓展尺度，再以 30-index $\mapsto c$ 的写法进入传播边界；滚动局域图表区则必须说明主路径与次路径的先后，不得把 π 与 c 并列地写成同层常数。

B91 桥接句型与禁写边界

桥接场景	推荐句型	禁写句型
中心核型局域平直区	先以 x_* 固定中心锚位，再以 π 说明长度归一。	不要直接写 c 主导该入口。
壳型边缘区	先以 30-index $\mapsto c$ 说明传播边界，再补 x_* 的限制。	不要写 $30 = c$。
滚动局域图表区	先说明主路径/次路径，再分别调入 π 与 c。	不要把 π、c、x_* 写成同层裸并列。

B92 π–c–x_* 最小联动的桥接提醒

传统读者容易把长度归一、传播边界与中心锚定压成一句欧氏化表述。本桥接提醒正是为了禁止这种压缩。π、c 与 x_* 彼此联动，但三者的接口角色并不相同。

误读	桥接修正
π 直接等于质量	π 只打开归一化比较
$30 = c$	30-index 只在比较层映射到 c
x_* 是普通中心	x_* 是破缺锚定结点

B93 桥接安全句型

推荐桥接句型为：在当前弧几何候选框架中，π 负责循环长度归一，c 负责比较层传播边界，x_* 负责中心破缺锚定；只有当三者在对象专属顺序中各就其位以后，候选质量读法才允许进入。

B94 三联调用的桥接卡

桥接使用三联调用卡时，应按“长度归一、破缺锚定、传播边界”的顺序书写。该顺序用于防止把三类接口欧氏化地压扁成同一层量。

禁止捷径	桥接安全替代表述
π、c、x_* 表示同一件事	三者各自承担不同接口角色
质量由 π 单独推出	质量读法必须先完成三联接口
c 是裸代数值 30	c 是 30-index 的比较层边界映射

B95 c 的几何界定桥接说明

面向传统几何与传统物理读者时，最容易出现的误解，是把 30 直接读成光速的数值，或把 c 当作外加经验常数。弧标系中的最低桥接顺序恰好相反：先说明 $v_s = 30$、$v_t = 32$、$T^\circ = 16 \times 2$、$S^{\max} = 15 \times 2$ 与 $\Delta v = 2 \to x_*$ 的代数—周期底座，然后才允许把 30-index 写成 c 的比较层边界映射。

标准写法为：30-index $\mapsto c$。

B96 桥接安全短句

安全短句：c 是最大空间拓展 30-index 在比较层中对应的传播边界。

禁写短句：$30 = c$。

B97 π–c–x_* 常数接口三联的桥接说明

桥接层最容易发生的错误，是把 π、c 与 x_* 当作三个可以同时并列写入对象描述的同层量。弧标系中的最低纪律恰好相反：π 先行负责长度归一，x_* 负责中心锚定，c 在比较层中承担传播边界接口，三者不得无前件并列乱入。

B98 桥接安全次序

桥接安全次序如下：先说明代数—周期底座；再说明 π 的长度归一；随后说明 x_* 的中心锚定；最后在比较层中引入 30-index $\mapsto c$。

B99 常数接口封版的桥接提醒

面向传统几何与传统物理读者时，最容易出现的误读，是把 30 直接读成光速数值、把 x_* 当成普通圆心，或者把 π 提前拔高为终极原理。本节的作用，是为冻结后的常数模块提供桥接提醒，而不是再重开底层证明。

桥接安全顺序：先说明 $(v_s, v_t) = (30, 32)$ 与 T° / $S^{\max}$ 的代数—周期底座；再说明 $\Delta v = 2 \to x_*$；随后说明 $L_{\text{arc}}(e^\circ_A) = \pi\, D_{\text{proj}}$；最后才允许把 30-index 写成 c 的比较层传播边界。

B100 跨几何桥接的冻结引用卡

安全桥接句：Within the current arc-geometric candidate framework, π governs cycle-length normalization, c governs the comparison-layer propagation boundary corresponding to the 30-index of maximal spatial extension, and x_* anchors the centralized deficit implied by $\Delta v = 2$.

不要写：30 = c。不要写：x_* is the ordinary Euclidean center。不要写：π has already been proven as the final first principle.

B101 收口状态的桥接停损

从本版起，常数模块的桥接工作仅允许采用冻结后的安全句型。若外部表述需要更高强度的常数宣告，必须回到主文与 Appendix A 重新触发解冻条件，而不能在桥接层自行升格。

附件 C

附录 C：温度—熵—四维接口技术附录

Arc Geometry Baseline Reference | v9.77 | Technical Appendix

信息	本附录服务于温度章、熵章与四维接口章，负责统一技术卡、禁则表与局域桥接模板。
边界	常数模块与传统三几何桥接模块继续冻结；仅保留必要局部补遗；始终保持本征层 / 比较层 / 桥接层区分，并坚持写作 30-index $\mapsto c$。

C.1 附录目的与适用边界

本附录不重新定义主文对象，而只承担三项技术职责：其一，登记温度、熵与四维接口的技术卡片，使主文中的定义链具有可重复调用的局域模板；其二，集中列出冻结语法与禁则表，防止本征层、比较层与桥接层重新缠结；其三，提供局域桥接卡模板，使后续新增读法可以在不破坏主文定义的前提下被审查、接纳或撤回。

因此，本附录是主文的技术支架，而不是第二主文。凡涉及完整证明、终局物理同一、跨体系普适定律的断言，均不在本附录中给出。

C.2 层级标记与统一记号

- [INT]：本征层卡。
  - [CMP]：比较层卡。
  - [BRG]：桥接层卡。
  - [FORB]：禁则卡。
  - [CHK]：审查卡。

  X in X_A, $H_\mathrm{e}(X)$, T_τ, $r_T(X)$, $T_A(X)$, $S_A(X)$

  I_T = (pi, 30-index $\mapsto c$, x_*)

  其中 30-index $\mapsto c$ 始终保持映射句法，x_* 始终保持临界锚点地位，不得改写为普通欧氏中心。

C.3 温度技术卡

[INT-T1] 相对收拢参数卡	
层级	本征层
定义	$r_T : X_A \to$ [0, +infty).
约束	$r_T(X)$ = 0 <=> $H_\mathrm{e}(X)$ 完成完全时间化。
解释	r_T 用于读取电弧旋构型相对于时间轴的残余非并轴度。
使用规则	可用于定义温度与熵；不可直接写成外部实验温标。

[INT-T2] 温度本征定义卡

层级

本征层

定义

$T_A(X) = \Theta(r_T(X)).$

约束

若 $r_T(X_1) \le r_T(X_2)$，则 $T_A(X_1) \le T_A(X_2)$。

零点约定：$\Theta(0) = 0$。

解释

温度读取的是时间化未竟性的可分辨量，而不是经验热量的直接别名。

[CMP-T3] 摄氏读数原型卡

层级	比较层
定义	$\kappa_C^0 = 4/12; T_C = \Phi_C(T_A; \kappa_C^0).$
解释	κ_C^0 表示时轴段长比原型。
警告	4/12 仅为归一化原型，不得直接写成现实摄氏温标的完整经验定律。

[CMP-T4] 华氏读数原型卡

层级	比较层
定义	$\kappa_F^0 = 4/15; T_F = \Phi_F(T_A; \kappa_F^0).$
解释	κ_F^0 表示光球径长与参照空间尺度之比原型。
警告	只作为比较层原型，不构成外部实验终式。

[CMP-T5] 开尔文读数原型卡

层级	比较层
定义	$\kappa_K(X) = L_e(X)/L_\tau(X); T_K = \Phi_K(T_A; \kappa_K).$
约束	当 $r_T(X) \to 0$ 时，$\kappa_K(X) \to 0$。

[CMP-T5] 开尔文读数原型卡	
解释	开尔文卡最接近本征长度比原型，因此与完全时间化极限联系最直接。

[INT-T6] 温度接口常数卡	
层级	本征层 / 接口背景
定义	$I_T = (\pi, 30\text{-index} \mapsto c, x_*)$.
角色	π 负责弧长与周期背景，$30\text{-index} \mapsto c$ 负责传播序接口，x_* 负责临界锚点。
使用规则	该卡可被调用，不得展开为常数主树重建。

C.4 熵技术卡

[INT-S1] 熵泛函卡	
层级	本征层
定义	$S_A(X) = \Sigma(r_T(X))$.
约束	若 $r_T(X_1) \leq r_T(X_2)$，则 $S_A(X_1) \geq S_A(X_2)$。
解释	熵不是残余弧性的正向读数，而是结构耗散的反向读数。

[INT-S2] 熵极限卡	
层级	本征层
定义	$\lim_{r_T(X)\to 0} S_A(X) = S_A^{\lim}$.
解释	当电弧旋完成对时间轴的极限并轴化时，系统进入熵极限态。
警告	$S_A^{\lim}$ 只表示弧学模型内极限值，不自动等于外部热力学中的任何既有最大熵。

[INT-S3] 失温单调律卡

层级	本征层
定义	若 gamma : I $\to X_A$ 为持续向时间轴收拢的可容许演化轨道，则 s1 ≤ s2 => r_T(gamma(s2)) ≤ r_T(gamma(s1)).
约束	于是 T_A(gamma(s2)) ≤ T_A(gamma(s1))，且 S_A(gamma(s2)) ≥ S_A(gamma(s1))。
解释	温度单调不增，熵单调不减。

[CMP-S4] 熵外部比较警示卡

层级	比较层
定义	本文给出的是以时间化极限为核心的弧学熵定义；其与现行热力学或统计物理中熵概念的比较，只能在比较层展开，不得由本征层裸等号提前替代。
解释	该卡用于切断“熵定义”与“外部物理同一”之间的越级跳跃。

C.5 四维接口技术卡

[BRG-B1] 状态向外部事件化读数卡

层级	桥接层
定义	$B_X : \mathrm{X} \to \hat{x}^\mu_X$.
解释	$\hat{x}^\mu_X$ 只是状态 X 在传统 1+3 语言中的候选事件化表象，不是 X 的定义性坐标。

[BRG-B2] 温度四维读数卡

层级	桥接层
定义	$B_T : T_A(X) \to \widehat{T}_X(x^\mu)$.

[BRG-B2] 温度四维读数卡

约束	若 $r_T(X_1) \le r_T(X_2)$，则桥接后应保持 $\widehat{T}_{X_1} \le \widehat{T}_{X_2}$ 的协议序。
解释	桥接层可改变表象，不得破坏温度章既有单调方向。

[BRG-B3] 熵四维读数卡

层级	桥接层
定义	$B_S : S_A(X) \to \widehat{S}_X(x^\mu).$
约束	若 $r_T(X_1) \le r_T(X_2)$，则桥接后应保持 $\widehat{S}_{X_1} \ge \widehat{S}_{X_2}$ 的协议序。
解释	桥接层必须保持熵的极限方向。

[BRG-B4] 传播序接口卡

层级	桥接层
定义	$B_c : 30\text{-index} \mapsto c.$
解释	该卡表达的是传播序接口向速度常数的读数映射，而不是常数恒等。
警告	不得写成 30 = c。

[BRG-B5] 临界锚点卡

层级	桥接层
定义	$B_* : x_* \to \hat{x}_*.$
解释	$\hat{x}_*$ 只是临界锚点的外部表象。
警告	不得把 x_* 折叠为普通欧氏中心或普通四维坐标原点。

[BRG-B6] 局域桥接模板卡	
层级	桥接层
定义	$C_U = (U; B_X, B_T, B_S, B_c, B_*; \mathrm{Norm}, \mathrm{Lim}, \mathrm{Forb})$.
解释	任何候选四维接口，都应优先写成一张局域桥接卡，而不是写成全域同构命题。

C.6 冻结语法与禁则表

编号	禁止写法 / 禁止动作	原因
FORB-F1	$T_A = \widehat{T}(x^\mu)$; $S_A = \widehat{S}(x^\mu)$.	会把外部读数协议误写成定义同一。
FORB-F2	30 = c.	v9.77 要求继续保留 30-index $\mapsto c$ 的映射句法。
FORB-F3	$x_* = 0$; $x_* =$ Euclidean center.	x_* 是本征临界锚点，不是普通几何中心。
FORB-F4	以桥接层对象反向充当本征层定义项。	会造成层级倒置，使外部读数窃取定义权。
FORB-F5	未经桥接卡与局域校准，即把黑洞 / 白洞、实验终式校准等写成已证结论。	会把候选命题越级写成终极定理。

C.7 审查清单

[CHK-C1] 层级审查表	
层级	审查卡
定义	每次新增条目时，依次检查：1）该对象属于本征层、比较层还是桥接层；2）是否把外部读数误写成了本征定义；3）是否使用了被冻结的合法语法；4）是否将候选读法越级写成了定理。
解释	四问中任一项不合格，该条目就不得进入主文。

[CHK-C2] 局域有效性审查表	
层级	审查卡
定义	任何桥接条目都应说明：有效域 U 是什么；它是局域、区间性还是条件性成立；若撤回该桥接卡，是否会动摇本征层定义。
解释	若撤回会反向破坏本征层，则该桥接卡应直接判为不可接受。

[CHK-C3] 温度—熵一致性审查表	
层级	审查卡
定义	新增条目必须保持核心方向：r_T down => T_A down，且 S_A up。
解释	若某一新读法破坏此方向，则须重新归类为外部现象学猜想，而不能列入正式接口卡。

C.8 首批建议纳入的候选备注

- 黑洞 / 白洞读法只保留为桥接层候选现象学解释，不回写本征定义。
- 物质域数学原理标准化规则未来可作为 C.9 节扩展，但当前不提前侵入温度—熵—四维接口核心链。
- 若后续要引入实验温标校准表，应作为比较层补充卡附在 C.3 后，而不改写 C.3 主卡。

C.9 附录结语

附件 C 的作用，不在于替主文扩大宣称范围，而在于为主文提供一种可复用、可检查、可撤回的技术组织方式。借助本附录，温度章、熵章与四维接口章之间的关系可以被压缩为一条稳定的工作链。

$$\mathrm{X} \to r_T(X) \to T_A(X), S_A(X) \to C_U \to \widehat{T}_X(x^\mu), \widehat{S}_X(x^\mu)$$

这条链条的关键不在于最后一步已经被证明为终局真理，而在于它的每一步都被明确标注了层级、对象类型、合法句法与可撤回条件。就当前 v9.77 冻结检查点而言，这正是最稳的推进方式。

附录 D：弧学标准词汇表（中英对照）

Appendix D: Standard Glossary of Arc Theory and Arc Geometry (Chinese–English)

入册版 *r1*

本附录以《弧几何基准参考文本》Version v9.78 全本为对齐基准，对 Standard Glossary (Appendix D) v1.1 做轻量修订后形成。除非后续版本显式修订，否则正文、附录、导读与索引中的术语优先遵循本表。

本表的基本原则是：以 v9.78 全本已经锁定的主名体系、层级体系与接口纪律为优先；保留历史识别词，但不允许其回流压过当前首选术语；并将“首选 / 工作标准 / 预留候选 / 保留不用”四档状态与正文写作纪律一并绑定。

D.1 状态系统（入册版）

中文状态	English label	层级	说明
首选	Preferred	执行级	正文、附录、导读与索引默认采用。
工作标准	Working Standard	稳定可用	当前版本统一采用，但未来可被更严格术语替换。
预留候选	Reserved Candidate	冻结储备	冻结文本已明示或推荐，但当前不直接上升为正文默认。
保留不用	Reserved-Do-Not-Use	禁作默认	可作历史识别或未来预留，但本版不得代替首选术语。

D.2 系列、范围与文本治理术语

中文术语	English term	状态	编排层级	说明 / 用法
弧学	Arc Theory	工作标准	系列总称	指弧学整体理论体系。
弧几何	Arc Geometry	工作标准	子框架	指弧学中关于弧构型、时空分层与耦合关系的几何框架。
弧标系	Arc-Frame	工作标准	桥接框架	传统几何进入弧学文本时的接口性框架名称。

中文术语	English term	状态	编排层级	说明 / 用法
本征层	Intrinsic Layer	首选	层级语法	负责本体定义与内在几何规则。
比较层	Comparison Layer	工作标准	层级语法	传统质量、温标、传播边界等写法进入弧学时的比较位置。
桥接层	Bridge Layer	工作标准	层级语法	传统几何或传统物理向弧学接口过渡时的中介层。
理论核	Theoretical Core	首选	状态治理	不得与经验接口、猜想延拓混写。
经验接口	Empirical Interface	首选	状态治理	图示、投影与经验读法所在层。
猜想延拓	Conjectural Extension	首选	状态治理	可提出，但不得越级写成已证定理。

D.3 核心构型与时空分层术语

中文术语	English term	状态	编排层级	说明 / 用法
弧旋子	Arc-Spinor	首选	理论核	弧几何中的基础性弧合构型之一，首次出现宜附“非总构型”限定。
电弧旋	e-Arc-Helix	首选	理论核	弧旋子在动时空层中的特指定名。
Arc Helix	Arc Helix	保留不用	历史识别	不作为“电弧旋”的默认英译，仅预留给未来更广义弧旋类构造。
静时空	Static Spacetime	首选	理论核	弧旋子中的几何构造性背景层，先决于动时空。
动时空	Dynamic Spacetime	首选	理论核	弧旋子中的交互作用层。
原生型本征时空	Original-Type Intrinsic Spacetime	首选	时空主名	1+2 一侧的正式主名。
衍生型表征时空	Derived-Type Representational Spacetime	首选	时空主名	1+3 一侧的正式主名。

中文术语	English term	状态	编排层级	说明 / 用法
本征级动时空	Intrinsic-Tier Dynamic Spacetime	工作标准	动时空层级	用于标记 1+2 一侧在动时空体系中的层级。
表征级动时空	Representational-Tier Dynamic Spacetime	工作标准	动时空层级	用于标记 1+3 一侧在动时空体系中的层级。
能量时空	Energetic Spacetime	工作标准	功能名	原生型本征时空的功能性称谓。
物质时空	Material Spacetime	工作标准	功能名	衍生型表征时空的功能性称谓。
真空语境	Vacuum Context	首选	结构语境	1+2 一侧正文优先采用的语境标签。
伪真空语境	Pseudo-Vacuum Context	首选	结构语境	1+3 一侧正文优先采用的语境标签。
真空侧	Vacuum-Side	工作标准	索引简写	仅作索引、表格或附录简写，不压过“真空语境”。
伪真空侧	Pseudo-Vacuum-Side	工作标准	索引简写	仅作索引、表格或附录简写，不压过“伪真空语境”。
量子时空	Quantum Spacetime	保留不用	局部别名	仅作局部说明性别名，不进入正式总名系统。
电子时空	Electronic Spacetime	保留不用	局部别名	仅作局部说明性别名，不进入正式总名系统。
质量时空	Mass Spacetime	保留不用	历史识别	不得再作为 1+2 正式主名或子类默认名。
重量时空	Weight Spacetime	保留不用	历史识别	不得再作为 1+3 正式主名或子类默认名。
引力关系	Gravitation Relation	首选	关系项	1+2 一侧的本征结构关系。
重力表征关系	Gravity Representational Relation	首选	关系项	1+3 一侧的表征结构关系。

中文术语	English term	状态	编排层级	说明 / 用法
质量拟合值	Mass Fit Value	首选	读数项	对本征结构关系或其代数代表的拟合型读数。
重量拟合值	Weight Fit Value	首选	读数项	对表征结构关系的投射型拟合读数。
运动时空	Kinetic Spacetime	预留候选	旧子类写法	可作历史识别，但不压过正式层级名。
电性时空	Electric Spacetime	预留候选	旧子类写法	可作局部说明，不作默认主名。
电动时空	Electrodynamic Spacetime	预留候选	旧子类写法	可作历史识别或专题说明。
物理时空	Physical Spacetime	预留候选	旧子类写法	不作为默认时空主名。

D.4 能量、极点、闭合与手性术语

中文术语	English term	状态	编排层级	说明 / 用法
光弧	Photo-Arc / Light-Arc	工作标准	理论核	纯光能弧；按语境可保留双写。
磁弧	Magnetic Arc	首选	理论核	纯磁能弧。
纯能量	Pure Energy	首选	理论核	与交互能相对的本原能量类型。
杂能量（交互能）	Mixed Energy / Interaction Energy	工作标准	理论核	纯能交互后的显化能态。
P 极	P Pole	首选	极点体系	photo/light pole，亦兼 phase pole。
M 极	M Pole	首选	极点体系	magnetic pole。
相位极	Phase Pole	首选	极点体系	P 的功能性表述之一。
拓扑极	Topological Pole	首选	极点体系	P/M 在交互场中的拓扑角色。

中文术语	English term	状态	编排层级	说明 / 用法
弧学倍律	LSD (Law of Spontaneity Doubling)	首选	理论核	$R_P : R_M = 2 : 1$ 的本征结构比例公设。
递阶同一极	Hierarchically Identical Pole	工作标准	接口过渡	同一极点在不同层级中被重标。
几何非闭合	Geometrically Non-Closed	首选	闭合分层	就几何端点而言的不闭合。
本征过程闭合	Intrinsic Processual Closure	首选	闭合分层	纯能—动时空意义上的过程闭合。
对偶共轭闭合	Dual-Conjugate Closure	首选	闭合分层	镜像共轭与反向矢态配对中的闭合。
本征闭合	Intrinsically Closed	工作标准	旧写法保留	只作旧写法识别，不压过 Intrinsic Processual Closure。
对偶闭合	Dually Closed	工作标准	旧写法保留	只作旧写法识别，不压过 Dual-Conjugate Closure。
互补手性	Complementary Chirality	首选	理论核	时间振荡矢向与投影圆旋向之间的关系。
镜像反演	Mirror Inversion	首选	理论核	改变手性关系，但不改变 P/M 极性标识。
时间反演	Time Reversal	首选	理论核	改变矢向安排，但不改变 P/M 极性标识。

D.5 接口、链条与投影读法术语

中文术语	English term	状态	编排层级	说明 / 用法
本征时间振荡轴	Intrinsic Time-Oscillation Axis	首选	理论核	time line 的本体表述。

中文术语	English term	状态	编排层级	说明 / 用法
time line	time line	工作标准	经验接口	截断读法中的贯通表述，不是任意辅助线。
惯性场	Inertial Field	首选	经验接口	使本征弧旋获得稳定表征的场结构条件。
投影算子	Projection Operator	首选	经验接口	表示本征构型在惯性场中的映射。
补偿闭合	Compensatory Closure	首选	经验接口	投影后取得圆形闭合所需的补偿机制。
惯性投影圆	Inertial Projection Circle	首选	经验接口	属于表征层而非本体层。
投影接口	Π_I	工作标准	形式接口	把本征 e_A 接入惯性可读轨迹的投影接口。
圆化接口	κ_I	工作标准	形式接口	将表征轨迹组织为补偿闭合与圆化结果的接口。
递阶重标接口	η_n	工作标准	形式接口	维持同一极点角色重标与 LSD 读法一致的接口。
关键结点接口	x_*	工作标准	形式接口	P/M 投影重合与 time line 贯通压缩出的关键锚点接口，不得塌缩为普通欧氏中心。
投影—闭合链	Projection-Closure Chain	工作标准	链条语法	$\eta_n \to \Pi_I \to \kappa_I$ 的最小组合链。
递阶—结点链	Hierarchical-Node Chain	工作标准	链条语法	$\eta_n \to \Pi_I$(P/M) $\to$ tau$\cap\Sigma_I \to x_*$ 的最小组合链。
30-index $\mapsto c$	30-index $\mapsto c$	预留候选	比较层映射	c 的唯一允许文本写法；正式数学化可写作桥接态射，但不得裸写 $30 = c$。
常数接口总表	constants interface master table	预留候选	常数接口	pi、c、x_* 与 30/32 关系的组织位。
动静基数底座	dual static-dynamic metric base (30/32)	预留候选	代数底座	$v_s = 30$, $v_t = 32$ 的底座写法。

中文术语	English term	状态	编排层级	说明 / 用法
标准时间震荡周期	$T^{\circ} = 16\times2 = 32$	预留候选	代数底座	时间满秩震荡周期。
最大空间拓展对称	$S^{\max} = 15\times2 = 30$	预留候选	代数底座	静空间极限对称尺度。
度规亏损	$\Delta v = 2$	预留候选	代数底座	不是误差余项，而是本征破缺索引。

D.6 传统几何桥接与对象入口术语

中文术语	English term	状态	编排层级	说明 / 用法
中心锚位	central anchoring stance	首选	Appendix B 桥接	面向核型静空间的锚位。
边缘锚位	edge anchoring stance	首选	Appendix B 桥接	面向壳型静空间的锚位。
滚动锚位	rolling anchoring stance	首选	Appendix B 桥接	面向动空间的锚位。
核型静空间	core-type static space	首选	Appendix B 桥接	中心锚位下的静空间读法。
壳型静空间	shell-type static space	首选	Appendix B 桥接	边缘锚位下的静空间读法。
欧氏接口协议	Euclidean interface protocol	工作标准	Appendix B 桥接	核型静空间的局域欧氏读法。
罗氏接口协议	Lobachevskian interface protocol	工作标准	Appendix B 桥接	壳型静空间的边缘非欧读法。
黎曼接口协议	Riemannian interface protocol	工作标准	Appendix B 桥接	动空间下的曲率化度量读法。
对象情境卡	object situation card	工作标准	写作规范	把桥接协议压缩为可直接调用的几何入口。

中文术语	English term	状态	编排层级	说明 / 用法
对象入口卡	object entrance card	工作标准	写作规范	从情境卡到具体对象实例的最小入口。
首句模板库	opening-sentence template set	工作标准	写作规范	控制实例对象进入几何句型前的最低声明顺序。
禁写拦截卡	forbidden-usage interception card	工作标准	写作规范	阻断将局域协议偷换成全域断言的越级写法。

D.7 非激活术语储备 / Reserved Terms

中文术语	English term	状态	编排层级	说明 / 用法
空场状态	Quiescent State	首选	术语储备层	作为 Volume 0 的首选英译，与主文声明保持一致。
空场状态	Empty-Field State	工作标准	历史识别	作为历史识别或过渡写法保留，不再压过 Quiescent State。
零动时空态	Null-Dynamic State	预留候选	术语储备层	技术性备选词。
磁弧旋	m-Arc-Helix	预留候选	术语储备层	供未来主从反演或对仗构型讨论使用。

D.8 入册调用说明

- 本附录不置换 Appendix A；其职责是术语规范化，而 Appendix A/B/C 继续承担技术链、桥接协议与专题接口职责。
- 书内调用时，正文首次出现新旧混用风险较高的词项，应以本表首选术语为主，历史识别词仅可在括号或脚注中保留。
- “30-index $\mapsto c$” 在正文中可继续作为唯一允许的文本写法；若做形式化升级，应明确写成桥接态射，而不得裸写为 $30 = c$。
- “x_*” 在任何语境下均只作关键锚点接口，不得被改写为普通欧氏中心。

D.9 与 v9.78 全本的对齐结论

本入册版 r1 已完成对 v9.78 全本最主要术语冲突的处置：一是将 1+2 / 1+3 的主名系统切换为“原生型本征时空 / 衍生型表征时空”；二是将“量子时空 / 电子时空”降为局部说明性别名；三是将“引力 / 重力”与“质量 / 重量”重新区分为关系项与拟合读数项；四是把“真空语境 / 伪真空语境”抬升为正文优先语境标签。其余低风险旧术语则保留为历史识别或预留候选。

This appendix is now treated as a layered reference system draft for source-level reintegration into Volume 0.

附录 E：参考资料与定位说明

《参考资料与定位说明》参考资料与定位说明 / Reference and Orientation Note

本附录作为最终生产校正版的一部分，负责提供可引用、可维护、可扩展的参考系统。

本稿定位：1) 不改写 Volume 0 主文理论定义；2) 明确内部规范文本、附录系统、独立支持文件、历史支路与外部参考资料的分层秩序；3) 为后续目录树、页码再生与三卷统一回编提供稳定的引用底座。

E.0 当前执行定位

字段	当前执行口径
项目地位	Appendix E 仍属于 Volume 0 内部附录系统，不独立改写正文，不与 Appendix D 竞争术语定义权。
当前目标	把既有“卷册定位 + 调用优先级”说明，扩成含具体目录、分层、代表条目和调用规则的参考系统。
并入策略	先形成独立成稿，再在目录树/页码再生轮并入 Volume 0 总本。
对 I/II 的影响	不直接改写 Volume I/II 内容，但将作为后续三卷统一回编时的默认引用与定位规则。

E.1 目的与使用边界

Appendix E 的职责不是新增弧几何本征定律，而是为 Volume 0、Volume I、Volume II 及相关支持文件提供统一的参考秩序。它解决的不是“对象是什么”，而是“哪份文本在什么问题上拥有默认优先权”。

因此，本附录必须同时完成三件事：一是明确卷册分工；二是明确参考资料层级；三是明确不同类型资料在编写、引用、审校和回编时的调用顺序。

凡涉及术语首选、卷册定位、附录职责、历史支路地位、外部参考如何进入文本、以及冲突发生时应以哪一层为准，均应先查 Appendix E。

E.2 三卷与内部规范系统的总定位

这一层给出 first set 的内部秩序。Volume 0 为锚点；Volume I / II 为展开卷；附录 A-E（Appendix A-E）为 Volume 0 的附录系统。

层级	条目	类型/状态	作用说明
刚性基准	Volume 0：Arc Geometry Baseline Reference Text (V9 Series)	已冻结母本	统一系列锚点；默认术语、默认记号、默认边界与默认引用优先级来源。
展开卷	Volume I：e-Arc-Helix 上卷	已冻结参照卷	承担本征构造链、较长推导支路与第一性说明，不自动覆盖 Volume 0。
展开卷	Volume II：e-Arc-Helix 下卷	已冻结参照卷	承担比较层、桥接层、域展开与应用输出，不自动覆盖 Volume 0。
标准附录	Appendix A	Volume 0 内部附录	高密度技术接口链、候选律、对象化调用、质量接口、微观 formal block 的归属层。
标准附录	Appendix B	Volume 0 内部附录	传统几何到弧标系的桥接协议、入口卡、桥接句法与禁写边界。
标准附录	Appendix C	Volume 0 内部附录	温度、熵、四维接口及相关技术延伸。
标准附录	Appendix D	Volume 0 内部附录	术语规范、中英对照、首选/工作标准/预留候选/保留不用的治理层。
标准附录	Appendix E	Volume 0 内部附录	参考资料分级、卷册定位、引用优先级与并入纪律。

E.3 参考资料的五层目录系统

这一层给出 Appendix E 的核心结构：所有资料不再混列，而按功能和优先级进入五层目录。

层级	条目	类型/状态	作用说明
第 1 层	刚性基准资料	最高优先	当前默认写法、默认记号、默认边界的唯一锚点。
第 2 层	标准附录资料	高优先	承载主文压缩出去但仍属当前基准系统内部的技术、桥接、术语与定位层。
第 3 层	独立支持文件	中优先	未并入主文但已进入工程台账、用于后续吸收或对照的正式支持材料。
第 4 层	历史支路与冻结参考支路	低优先	提供历史轨迹、旧支路、长推导或对照材料，不自动改写现行母本。
第 5 层	外部参考资料	最低但必要	用于外部对话、学术定位与概念禁混，不表示弧学由其导出。

E.4 第 1–3 层的具体条目（当前可落地目录）

本表先把内部项目中已经明确存在、并且应被纳入参考系统的条目落到具体目录。

层级	条目	类型/状态	作用说明
第 1 层	Arc Geometry Baseline Reference Text (V9 Series), v9.78 fullbook appendix d/e r1	当前刚性基准	Volume 0 当前唯一默认锚点。
第 2 层	Appendix A / 技术接口链与对象化调用	Volume 0 标准附录	承载高密度 formal supplement、质量接口链与预并入技术块。
第 2 层	Appendix B / 桥接协议与对象入口规范	Volume 0 标准附录	处理欧氏/罗氏/黎曼接口、桥接句型与对象入口卡。
第 2 层	Appendix C / 温度-熵-四维接口技术附录	Volume 0 标准附录	处理温度、熵和四维接口相关技术条目。
第 2 层	Appendix D / 弧学标准词汇表（中英对照）	Volume 0 标准附录	统一术语政策与中英对照调用口径。
第 2 层	Appendix E / 参考资料与定位说明	Volume 0 标准附录	统一卷册定位、引用优先级与资料分层。

层级	条目	类型/状态	作用说明
第 3 层	《四联主式：分弧、相干、守恒与定域》	独立支持文件 / 预并入 A	已形成完整微观 formal block，后续正式并入 Appendix A。
第 3 层	Volume I KDP frozen upload package	冻结参照包	作为 read-only 参照卷，用于后续三卷对齐与回编。
第 3 层	Volume II KDP frozen upload package	冻结参照包	作为 read-only 参照卷，用于后续三卷对齐与回编。

E.5 第 4 层：历史支路与冻结参考支路（当前写法）

这一层先定义“如何列”，再列出当前能确定的典型条目类别。若后续档案清点补齐，可直接扩表。

层级	条目	类型/状态	作用说明
第 4 层	历史长推导支路	目录占位	用于保存较长证明链、旧算子稿、长版解释稿；仅供历史回查，不自动覆盖现行写法。
第 4 层	独立冻结参考支路	目录占位	曾冻结但未并入现行母本的材料；只有经正式吸收后，才可升级。
第 4 层	术语过渡写法档	目录占位	记录旧译法、过渡词或废止写法，供 Appendix D 对照，不作默认口径。
第 4 层	桥接试写稿/候选接口稿	目录占位	允许历史保留，但不得绕过桥接纪律抬升为现行基准。

E.6 第 5 层：外部参考资料（首批可用目录）

以下外部条目分为四个组：几何传统、量子形式、测量/去相干、干涉与实验入口。它们的作用是“定位与对话”，不是“来源归属”。

层级	条目	类型/状态	作用说明
几何传统	Euclid, Elements.	经典背景	欧氏几何的基准参照，用于说明“Euclidean interface”所对应的传统公理背景。
几何传统	Lobachevsky, Geometrical Researches on the Theory of Parallels.	经典背景	非欧平行理论的代表条目，用于说明 Lobachevskian interface 的外部历史语境。
几何传统	Riemann, On the Hypotheses Which Lie at the Foundations of Geometry.	经典背景	曲率、流形与几何基础反思的经典入口，用于说明 Riemannian interface 的外部语境。
几何传统	Hilbert, Foundations of Geometry.	方法论背景	几何公设化与元层纪律的重要外部参照。
量子形式	Dirac, The Principles of Quantum Mechanics.	形式背景	态、可观测量、叠加与量子书写传统的经典入口。
量子形式	von Neumann, Mathematical Foundations of Quantum Mechanics.	形式背景	Hilbert 空间、测量过程与量子形式结构的重要经典参照。
量子形式	Feynman and Hibbs, Quantum Mechanics and Path Integrals.	形式/传播背景	路径、传播与干涉书写的经典入口。
测量/去相干	Wheeler and Zurek (eds.), Quantum Theory and Measurement.	测量背景	测量问题与测量文本谱系的代表性资料。
测量/去相干	Zurek, “Decoherence, einselection, and the quantum origins of the classical.”	研究综述	环境留痕、指针态与去相干讨论的重要综述性条目。
测量/去相干	Schlosshauer, Decoherence and the Quantum-to-Classical Transition.	研究专著	从去相干到经典极限的系统性专著入口。
干涉入口	Thomas Young / Young’s double-slit experiment.	实验背景	双缝干涉与叠加现象的经典实验背景，用于说明单量子分弧的实验入口。

层级	条目	类型/状态	作用说明
干涉入口	经典衍射/干涉文献族	背景占位	用于后续单缝、孔径阵列与连续分弧实验入口的目录扩展。

E.7 外部参考的使用限制

外部参考资料的角色是“对话、定位与禁混”，而不是为弧学提供本体合法性背书。外部资料可以帮助读者识别：哪些问题域相邻，哪些概念相似，哪些句法容易误读。

因此，外部参考进入正文或附录时，应以说明性语气出现：它们可用于说明某一接口与何种传统问题域邻接，但不得被写成“弧学从该文献推导出来”或“该文献已等同证明当前弧学结论”。

若外部条目与当前母本写法相冲突，默认仍以后者为准；外部参考的任务是帮助定位边界，而不是夺取定义权。

E.8 引用优先级与冲突处理

1. Volume 0 主文 > 附录 A-E（Appendix A-E）> Volume I / Volume II > 独立支持文件 > 历史支路与冻结参考支路 > 外部参考资料。
2. 同一层内部：后版本 > 前版本；正式并入稿 > 独立草案；明示“首选/默认”的条目 > 未声明条目。
3. 当某条材料只在 Appendix D 中被定义时，应先按术语规范处理；当某条材料只在 Appendix E 中被分层时，应先按资料定位处理。
4. 当新补遗进入工程时，应先进入 Merge Ledger，再判断其落点是主文、某个 Appendix，还是仅作为第 3 或第 4 层资料存在。

E.9 对编者的直接执行规则

- 任何新增文稿先判层级，再判卷册，再判是否有资格改写 Volume 0 默认口径。
- 任何引用 Volume I / II 的扩展表述，若未被 Volume 0 正式吸收，均不得反向覆盖 Volume 0。
- 任何涉及术语首选写法的问题，先查 Appendix D；任何涉及文稿归属与优先级的问题，先查 Appendix E。
- 任何准备并入 Volume 0 的新技术块，先作为第 3 层独立支持文件挂账，再在结构冻结后正式并页。

E.10 下一轮并入建议

下一轮正式并入时，建议把本稿作为 Appendix E 的替换底稿，保持现有 E.1–E.9 的定位段，并新增两张表：一张“内部规范文本目录表”，一张“外部参考资料目录表”。

当历史支路档案清点完成后，可补出 E.5 的具体条目页；当 Volume 0 目录树再生时，再统一把 Appendix E 的页码、bookmark 与内部 cross-reference 生成到最终总本。

Volume 0 v18 Frozen Appendix Supplement Edition

核心代数附录：源本原审计

Core Algebraic Appendix: Source Primitive Audit

Frank F. Meng (Arcman)

International Institute of Arc Theory

2026 年 5 月

Supplement Boundary Notice

本补遗为 Volume 0 v18 冻结本之后置补遗。其目的不是改写 v18 主文、Appendix A–E 的原有职责，亦不是把弧学范式降格为传统物理参数的拟合表，而是以最简整数、级数、根域与壳层预算的方式，记录若干核心代数原型在弧学内部的源本原审计结果。

This supplement records an SVG source-primitive audit and does not discharge the full SVG bridge.

本文所谓“通过（passed）”，系指其作为内部源本原审计意义上的通过，并不等于已完成完整的 source-first proof，亦不等于已完成无条件的 Volume IV closure。因此，本文中诸如 `source primitive passed`、`denominator primitive passed`、`terminal-shell first bridge passed` 等表述，均应在本边界声明之下阅读。

In this supplement, *passed* means passed as an internal source-primitive audit, not a full source-first proof, and not an unconditional Volume IV closure.

本补遗保留三条边界：

1. Not yet: full SVG bridge discharge.
2. Not yet: A-full source-first promotion.
3. Not yet: Volume IV unconditional completion.

Supplement Table of Contents

核心代数附录：源本原审计

本附录是对电弧旋体系若干核心代数原型进行“源头校验门”（Source Validation Gate, SVG）的内部审计记录，供读者参阅。

本附录的目的并非把弧学范式降格为传统物理参数的拟合表，也并非以外部经验体系作为弧学本体的最终裁判，而是以最简整数、级数、根域与壳层预算的方式，呈现弧学内部若干 source primitive 的数理骨架。

在本附录中，“通过 SVG 内审”之含义为：相关代数原型在弧学本体定义域内具有清楚的算术闭合、正性结构或壳层预算依据；其进一步映射到传统物理可比较量时，仍需另行建立 bridge statement。换言之，本附录记录的是 source primitive audit，并为后续 Volume IV 的无条件证明窗口提供可复放的代数入口。

Core Algebraic Appendix —Module S1 (ST6): 退行演化的几何极值与可和性证明

S1.1 证明背景

当本征流形系统曲率载荷超越

$$\hat{\kappa}_I > 1$$

的拓扑极值时，系统触发 Fallback-M，即对称回归路线。此路线的核心问题并非系统是否发生退行，而是退行后的离散色散尾项是否不可控地发散。

因此，ST6 的第一 source primitive 问题可表述为：

若 Fallback-M 的第 n 步退行权重由弧学自发倍增律（Law of Spontaneous Doubling, LSD）给出，则其尾预算是否为严格可和序列？

若该问题得到肯定回答，则 Fallback-M 不再表现为无界坍缩，而表现为一个可核算、可复放、可桥接的有限拓扑释放预算。

S1.2 步进推导与级数求和

根据自发倍增律的双重算子，第 n 步退行演化的拓扑几何权重 $W(n)$ 由空间累积算子 $\widehat{S}(n)$ 与时间耗散算子 $\widehat{T}(n)$ 的比值决定：

$$W(n) = \frac{\widehat{S}(n)}{\widehat{T}(n)} = \frac{\frac{n(n+1)}{2}}{2^n} = \frac{n^2+n}{2^{n+1}}. \tag{S1}$$

对该无限离散序列求绝对和，以获取系统释放的总拓扑张力预算 Σ_{tail}：

$$\Sigma_{\text{tail}} = \sum_{n=1}^{\infty} \frac{n^2+n}{2^{n+1}} = \frac{1}{2}\left(\sum_{n=1}^{\infty} \frac{n^2}{2^n} + \sum_{n=1}^{\infty} \frac{n}{2^n}\right). \tag{S2}$$

为精确解析该极限，调用基础等比级数及其导数性质。已知对于 $|x| < 1$，有:

$$\sum_{n=1}^{\infty} x^n = \frac{x}{1-x}.$$

对其求导并同乘 x，得出一次项与二次项的极限定理:

$$\sum_{n=1}^{\infty} n x^n = \frac{x}{(1-x)^2}, \tag{S3}$$

$$\sum_{n=1}^{\infty} n^2 x^n = \frac{x(1+x)}{(1-x)^3}. \tag{S4}$$

在时间倒数衰减算子中，代入参数 $x = \frac{1}{2}$:

$$\sum_{n=1}^{\infty} \frac{n}{2^n} = \frac{\frac{1}{2}}{(1-\frac{1}{2})^2} = \frac{\frac{1}{2}}{\frac{1}{4}} = 2, \tag{S5}$$

$$\sum_{n=1}^{\infty} \frac{n^2}{2^n} = \frac{\frac{1}{2}(1+\frac{1}{2})}{(1-\frac{1}{2})^3} = \frac{\frac{3}{4}}{\frac{1}{8}} = 6. \tag{S6}$$

将一次项与二次项极值代回总预算方程:

$$\Sigma_{\text{tail}} = \frac{1}{2}(6+2) = 4. \tag{S7}$$

S1.3 SVG 状态说明

由式（S1）–（S7）可见，Fallback-M 退行权重序列为正项可和序列，其总尾预算严格收敛于整数 4。

因此，本模块完成的不是外部物理量的经验拟合，而是一个纯代数 source primitive:

$$W(n) = \frac{n(n+1)}{2^{n+1}} \Longrightarrow W \in \ell^1(\mathbb{N}), \qquad \sum_{n=1}^{\infty} W(n) = 4.$$

SVG 内审结论：ST6 的 Fallback-M 尾项可和性原型成立。该结果可作为后续 actual terminal tail bridge 的源本原基础。其与 Volume IV 中实际终端尾质量、尾张力或尾预算对象之间的同构关系，需在后续 SVG bridge 中另行标定。

Core Algebraic Appendix —Module S2 (CD+): 容量网格下界与时性共切点的代数刚性

S2.1 证明背景

在 $1T + 2S$ 流形向三维物理比较层映射时，系统需避免分母塌缩导致的奇点发散。弧学的基本思想是：奇点并非由“无限”产生，而是由跨维换算的最小容量网格未被识别而产生。

因此，CD+ 的第一 source primitive 问题可表述为：

在一次跨维投影事件中，是否存在一个由本征自由度与动时空基数共同给出的最小 admissible denominator?

若存在，则传统微积分意义上的奇点发散可被改写为弧学意义上的容量网格下界问题。

S2.2 系统容量网格下界核算

根据极化张量分配权重，单次投影事件调用的内部几何自由度单元为：

$$R_{\text{total}} = 3,$$

即两维空间投影加一维相对时间轴。

基于

$$v_t = 32$$

的动时空演化基数，系统总时间结构网格容量（Total Time-Grid Capacity）被定义为：

$$T_{\text{grid}} = v_t \times R_{\text{total}} = 32 \times 3 = 96. \tag{S8}$$

S2.3 最小可容纳分母定义

为避免“下界”成为外加宣称，现给出本附录的内部定义。

定义 1：admissible denominator。跨维换算分母 D 被称为 admissible，当且仅当它能同时容纳：

1. 一次投影事件中的全部 R_{total} 个自由度；
2. 每个自由度上的 v_t 个动时空演化槽位；
3. 时间盈余 Δv 的均匀摊销位置。

在该定义下，最小 admissible denominator 为：

$$D_{\min} = v_t R_{\text{total}} = 96.$$

因此，整数 96 不是经验常数，而是一次完整跨维投影事件的最小容量网格下界。

S2.4 共切代价与光速极值

系统的本征时间盈余为:

$$\Delta v = v_t - v_s = 32 - 30 = 2.$$

该盈余必须在最小容量网格 T_{grid} 上进行代数摊销，其产生的拓扑迟滞率（Topological Drag）为:

$$\text{Drag}_c = \frac{\Delta v}{T_{\text{grid}}} = \frac{2}{96} = \frac{1}{48}. \tag{S9}$$

为维持空间面与时间轴在投影时的“时性共切”（Temporal Co-tangent）连续性，该迟滞率为最小容量网格上的刚性摊销解。

若摊销分母小于 $D_{\min}$，则至少一个网格槽位被重复占用，导致投影撕裂；若摊销分母大于 $D_{\min}$，则存在未绑定空槽，导致时空脱钩。因此，在最小可容纳分母定义下，刚性摊销率唯一为:

$$\frac{\Delta v}{D_{\min}} = \frac{1}{48}.$$

将其补偿于静本征基数

$$v_s = 30$$

上，得出比较层光速 c_{arc} 的代数展开极限:

$$c_{\text{arc}} = 30 - \frac{1}{48} = 29.9791666\ldots. \tag{S10}$$

S2.5 SVG 状态说明

式（S8）-（S10）说明，CD+ 的核心不是从外部测得光速，而是从弧学内部容量网格导出一个比较层速度原型:

$$c_{\text{arc}} = 30 - \frac{1}{48}.$$

若采用传统归一化比较:

$$\tilde{c} = \frac{c}{10^7\mathrm{m/s}},$$

则传统 SI 光速对应:

$$\tilde{c}_{\mathrm{SI}} = 29.9792458.$$

因此可写为:

$$\tilde{c}_{\mathrm{SI}} = c_{\mathrm{arc}} + \epsilon_c,$$

其中 ϵ_c 为传统计量层与弧学比较层之间的残差项。

SVG 内审结论：CD+ 的容量网格分母 primitive 成立。整数 96、迟滞率 $1/48$、比较层速度 $30 - 1/48$ 构成 denominator/cotangency bridge 的第一层代数骨架。其与 SI 光速定义之间的残差不应在 Volume 0 中抹除，而应作为后续 SVG bridge 的可追踪项保留。

Core Algebraic Appendix —Module S3 (RG+): 约化间隙的正性图册与拓扑偏置必然性

S3.1 证明背景

RG+ 的目标是通过纯代数根域分析，说明由 $1T + 2S$ 流形拓扑破缺所溢出的宏观约化间隙，即哈勃张力 δ_H，在弧学本征螺旋度空间内不是偶然偏差，而是具有确定符号的拓扑偏置。

因此，RG+ 的第一 source primitive 问题可表述为:

在给定弧学螺旋度有效域的前提下，约化间隙 δ_H 是否必然为正?

S3.2 根域分析与代数求解

给定约化间隙微分方程之纯拓扑投影解析解:

$$\delta_H = \eta^2 \frac{4h^4 - 25h^2 + 7}{8(1+h^2)^2}. \tag{S11}$$

由于调制参数平方满足:

$$\eta^2 > 0,$$

且分母满足:

$$8(1+h^2)^2 > 0,$$

故方程的正性完全取决于分子四次多项式:

$$P(h) = 4h^4 - 25h^2 + 7. \tag{S12}$$

引入降阶代换:

$$y = h^2, \qquad y \geq 0,$$

则 $P(h)$ 转化为一元二次多项式:

$$4y^2 - 25y + 7. \tag{S13}$$

计算判别式:

$$\Delta = (-25)^2 - 4(4)(7) = 625 - 112 = 513.$$

求取代数根:

$$y_{\pm} = \frac{25 \pm \sqrt{513}}{8}. \tag{S14}$$

其中:

$$y_- = \frac{25 - \sqrt{513}}{8} \approx 0.2938, \qquad y_+ = \frac{25 + \sqrt{513}}{8} \approx 5.9562.$$

由于二次项系数为正, 故 $P(h) > 0$ 成立于:

$$0 \leq y < y_-$$

或:

$$y > y_+.$$

在宇宙学螺旋度有效域中, 关注的是大根右侧区域。回代 $h = \sqrt{y}$, 得到正性跨越的螺旋度临界点:

$$h_{\text{crit}} = \sqrt{\frac{25 + \sqrt{513}}{8}} \approx 2.4405. \tag{S15}$$

S3.3 宇宙基准与正性锁定

根据弧几何公理，宇宙在拓扑生成时为维持基础结构稳定性，其本征螺旋度基准被约束为：

$$h_{\text{base}} \geq 2.5. \tag{S16}$$

代入测试该基准下多项式的值：

$$\begin{aligned} P(2.5) &= 4(2.5)^4 - 25(2.5)^2 + 7 \\ &= 4(39.0625) - 25(6.25) + 7 \\ &= 156.25 - 156.25 + 7 = 7 > 0. \end{aligned} \tag{S17}$$

由于：

$$h_{\text{base}} = 2.5 > h_{\text{crit}} \approx 2.4405,$$

且 $P(h)$ 在大根右侧保持正性，因此在弧学有效域：

$$h \geq h_{\text{base}} \geq 2.5$$

内，有：

$$P(h) > 0,$$

从而：

$$\delta_H > 0.$$

S3.4 SVG 状态说明

本模块完成的是约化间隙正性的根域化处理：

$$\delta_H > 0 \Longleftrightarrow P(h) > 0$$

并将 RG+ 的核心问题压缩为一个最短代数桥：

$$h \geq h_{\text{base}} \geq 2.5 > \sqrt{\frac{25+\sqrt{513}}{8}}.$$

SVG 内审结论：RG+ 的多项式正性 primitive 成立。只要接受弧学本征螺旋度基准

$h_{\text{base}} \geq 2.5$，则 δ_H 在宇宙学有效域内必然为正。后续 Volume IV 若要将该结果提升为 full RG+ bridge，则需进一步标定 $h_{\text{base}} \geq 2.5$ 的 source primitive 地位。

Core Algebraic Appendix —Module S4 (RGS-ID+): 终端壳层预算与 137 基座的代数核算

S4.1 证明背景

RGS-ID+ 的目标是通过重放流形的离散边界演化序列，完成微观常数结构与宏观拓扑残差之间的总账核算。

本节不把精细结构常数视为外部经验量的被动拟合对象，而把它视为终端壳层预算在传统物理比较层中的投影影像。

因此，RGS-ID+ 的第一 source primitive 问题可表述为：

弧学终端壳层是否自然给出 137 基座，以及该基座是否存在首阶延伸代偿？

S4.2 壳层核算与 137 基座涌现

本征流形经历五类 C_2 序列（five classes of C_2 rows）交替驱动，完成完整的离散闭合循环，步数为：

$$N = 45.$$

结合空间投影的自由度：

$$R_{\text{total}} = 3,$$

其铺设的纯空间节点基数为：

$$\text{Nodes}_{\text{space}} = N \times R_{\text{total}} = 45 \times 3 = 135. \tag{S18}$$

在转化为物质投影的终端壳层（Terminal Shell）时，系统必须并入本征时间盈余项：

$$\Delta v = v_t - v_s = 32 - 30 = 2.$$

因此，总拓扑壳层基座被确立为整数：

$$\Omega_{\text{base}} = \text{Nodes}_{\text{space}} + \Delta v = 135 + 2 = 137. \tag{S19}$$

S4.3 延伸代偿与首阶壳层近似

为在动时空网格中维持该基座的拓扑连续性，系统附加静时空网格的延伸代偿。延伸分母为本征基数扣除盈余占位：

$$\text{Extension} = \frac{1}{v_s - \Delta v} = \frac{1}{30-2} = \frac{1}{28}. \tag{S20}$$

将绝对基座与延伸量对齐，得到精细结构常数倒数的弧学首阶壳层近似：

$$\alpha_{\text{shell}}^{-1} = 137 + \frac{1}{28} \approx 137.0357142857. \tag{S21}$$

该值不是通过经验拟合得到，而是由：

$$45 \times 3 + 2 + \frac{1}{28}$$

这一壳层预算路径直接生成。

若与传统计量层中的精细结构常数倒数比较，可写成：

$$\alpha_{\text{obs}}^{-1} = \alpha_{\text{shell}}^{-1} + \epsilon_\alpha,$$

即：

$$\alpha_{\text{obs}}^{-1} = 137 + \frac{1}{28} + \epsilon_\alpha.$$

其中 ϵ_α 为传统计量层与弧学首阶壳层之间的残差项。该残差不应被视为弧学原型的失败，而应被视为第二壳层、计量层或投影层 bridge 的待解析对象。

S4.4 微观壳层与宏观约化间隙的镜像识别

通过 RG+ 矩阵对哈勃张力的界定，微观壳层常数与宏观拓扑残差可建立镜像识别候选：

$$\delta_H \sim 4\pi\alpha. \tag{S22}$$

若采用首阶壳层近似：

$$\alpha = \frac{1}{137 + \frac{1}{28}},$$

则：

$$4\pi\alpha = 4\pi\left(\frac{1}{137+\frac{1}{28}}\right) \approx 9.17\%.$$

此处的符号 $\sim$ 表示 reduced-gap matching candidate，而非未经桥接的外部物理恒等式。其意义在于：弧学中的微观壳层预算与宏观约化间隙可被放在同一无量纲比例账本中比较。

S4.5 SVG 状态说明

本模块完成的是 RGS-ID+ 的 terminal-shell first bridge：

$$45 \times 3 + 2 = 137, \qquad 137 + \frac{1}{28} = 137.0357142857\ldots$$

并给出微观壳层与宏观约化间隙的镜像识别候选：

$$\delta_H \sim 4\pi\alpha.$$

SVG 内审结论：RGS-ID+ 的 137 基座与 $1/28$ 延伸代偿 primitive 成立。该模块展示了弧学终端壳层预算如何自然涌现精细结构常数倒数的首阶形态。其与传统观测常数之间的残差项 ϵ_α，以及 $\delta_H \sim 4\pi\alpha$ 的完整恒等式化，属于后续 SVG bridge 与 Volume IV 证明窗口的工作。

四模块合并状态表

模块	本附录完成内容	当前 SVG 状态	后续桥接任务
ST6	$W(n) = n(n+1)/2^{n+1}$ 的精确可和性，$\sum W(n) = 4$	source primitive passed	actual terminal tail bridge
CD+	$T_{\text{grid}} = 96$，$\text{Drag}_c = 1/48$，$c_{\text{arc}} = 30 - 1/48$	denominator primitive passed	cotangency chart bridge；传统 c 残差说明
RG+	$P(h) = 4h^4 - 25h^2 + 7$ 的大根右侧正性	conditional positivity primitive passed	$h_{\text{base}} \geq 2.5$ 的 source 标定
RGS-ID+	$45 \times 3 + 2 = 137$，$137 + 1/28$ 首阶壳层	terminal-shell first bridge passed	ϵ_α 与 $\delta_H \sim 4\pi\alpha$ 的完整 bridge

与传统数理语言的最短引桥

本附录保留弧学原教旨，但为便于读者理解，可将四模块各自压缩为一条最短引桥。

ST6 最短引桥

$$W(n) = \frac{n(n+1)}{2^{n+1}} \Longrightarrow W \in \ell^1(\mathbb{N}) \Longrightarrow \sum_{n=1}^{\infty} W(n) = 4.$$

传统读者可将其理解为：Fallback-M 的退行尾项不是发散序列，而是一个具有精确整数预算的正项可和序列。

CD+ 最短引桥

$$D_{\text{min}} = v_t R_{\text{total}} = 32 \times 3 = 96,$$

$$\text{Drag}_c = \frac{v_t - v_s}{D_{\text{min}}} = \frac{2}{96} = \frac{1}{48},$$

$$c_{\text{arc}} = 30 - \frac{1}{48}.$$

传统读者可将其理解为：弧学把光速比较层中的数值结构改写为“本征基数 30 减去最小容量网格迟滞率”。

RG+ 最短引桥

$$\delta_H = \frac{\eta^2 P(h)}{8(1+h^2)^2}, \qquad P(h) = 4h^4 - 25h^2 + 7,$$

$$P(h) > 0 \quad \text{for} \quad h > \sqrt{\frac{25+\sqrt{513}}{8}}.$$

若：

$$h_{\text{base}} \geq 2.5,$$

则：

$$\delta_H > 0.$$

传统读者可将其理解为：RG+ 被压缩为一个多项式根域正性问题。

RGS-ID+ 最短引桥

$$45 \times 3 + 2 = 137,$$

$$137 + \frac{1}{28} = 137.0357142857\ldots$$

$$\alpha_{\text{obs}}^{-1} = 137 + \frac{1}{28} + \epsilon_\alpha.$$

传统读者可将其理解为：弧学先给出 137 基座与首阶延伸代偿，再把残差 ϵ_α 留给第二壳层或 SVG bridge。

总结

本核心代数附录完成了四个基础 source primitive 的内部核算：

1. ST6：退行尾项精确可和，预算为 4。
2. CD+：跨维分母最小容量网格为 96，时性共切迟滞率为 $1/48$。
3. RG+：约化间隙正性可归约为四次多项式在弧学有效域内的根域正性。
4. RGS-ID+：终端壳层自然涌现 137 基座与 $1/28$ 首阶延伸代偿。

因此，本附录作为 Volume 0 的核心代数附录，其功能不是替代 Volume IV 的完整无条件证明，而是为后续证明窗口提供最短、最清晰、最可复放的代数源头。

补遗边界收口 / SVG Status

Volume 0 核心代数附录

状态：Volume 0 v18 冻结附录补充 / 源基元审计

ST6：算术可和性基元已建立

CD+：分母网格基元已建立

RG+：条件正性基元已建立

RGS-ID+：终端壳层第一桥已建立

尚未完成：完整 SVG 桥接卸荷

尚未完成：A-full 源优先提升

尚未完成：Volume IV 无条件完成

Volume 0 Core Algebraic Appendix

Status: Volume 0 v18 Frozen Appendix Supplement / source primitive audit

ST6: arithmetic summability primitive established

CD+: denominator-grid primitive established

RG+: conditional positivity primitive established

RGS-ID+: terminal-shell first bridge established

Not yet: full SVG bridge discharge

Not yet: A-full source-first promotion

Not yet: Volume IV unconditional completion

参考文献与比较锚点 / References and Comparison Anchors

[1] 繁凯（Frank F. Meng）。《弧的原理：关于自然存在的非时空性广义相对论》[M]。北京：现代教育出版社，2008。ISBN 978-7-80196-633-9。

[2] CODATA recommended values of the fundamental physical constants. 用于传统计量层中 c、α、h 等常数的比较锚点。

[3] Particle Data Group, Review of Particle Physics. 用于传统粒子物理常数与标准模型背景的比较锚点。

[4] Standard generating-function identities for power series. 用于式（S3）–（S4）中正项级数求和公式的传统数学锚点。

Volume 0 v22.2 D/E 回编补遗

Volume IV Annex R 与 Annex Pπ 术语与引用对齐卡

Appendix D/E Back-Alignment Addendum for Volume IV Annex R and Annex Pπ

Arcman / Frank F. Meng

June 2026

D/E.0 状态与入册规则

本补遗为 Volume 0 的受控回编补遗。其职责是将 Volume IV Annex R 与 Annex Pπ 中已经稳定的新生术语、附件身份、DOI 与引用关系登记到 Volume 0 的附录治理层中，而不重开 Volume 0 主文理论链。

This addendum is a controlled back-alignment supplement to Volume 0. It records terminology, appendix status, DOI relations, and reference orientation generated by Volume IV Annex R and Annex Pπ, without reopening the Volume 0 main text.

本补遗只属于 Appendix D 与 Appendix E 的治理层。Volume 0 主文链保持关闭。

This addendum belongs only to Appendix D and Appendix E governance. The Volume 0 main text chain remains closed.

入册规则。在下一轮源文件级修订前，本补遗可作为固定页追加于 Volume 0 既有附录治理层之后、封底设计鸣谢页之前。若重开 Volume 0 源文件，则 D/E.1 应并入 Appendix D，D/E.2 应并入 Appendix E，并重新生成目录、页码与封面书脊页数。

Insertion rule. Until the next source-level revision, this addendum may be appended as fixed pages after the existing appendix-governance layer and before the final cover-design credits page. If the Volume 0 source file is reopened, D/E.1 should be merged into Appendix D and D/E.2 into Appendix E, with contents and page count regenerated.

D/E.1 附录 D：术语回编登记

以下条目扩展 Volume 0 的受控词汇层。它们是术语登记、使用护栏与禁用词表，不替代 Volume 0 既有主文对象链。

The following entries extend the controlled vocabulary layer. They register terms and usage guards and do not replace the existing Volume 0 main-text object chain.

D/E.1.1 Annex R 相关术语

术语 / Term	受控登记 / Controlled registration
Annex R	Volume IV 的独立测证附件，用于登记静态场弧旋子闭合与临界线刚性链。/ Independent verification appendix of Volume IV for the static-field arc-spinor closure and critical-line rigidity chain.
Static-Field Arc-Spinor Closure	Annex R 中的注册闭合结构，属于 Volume IV 测证层，不以 e-Arc-Helix 术语替换。/ Registered closure structure in Annex R; a Volume IV verification-layer object not replaced by e-Arc-Helix terminology.
Critical-Line Rigidity	Annex R 中的临界线刚性链；以黎曼猜想（RH）为外部传统参照，但不把 RH 或 $\mathrm{Re}(\rho) = 1/2$ 当作前提，也不替代 Volume IV 证明主脊。/ Critical-line rigidity chain in Annex R; RH is an external classical reference problem, not a premise, and this item is not a replacement for the Volume IV proof spine.
Arc-Spinor / arc-spinor	Annex R 的证明对象术语，保留使用；不得机械替换为 e-Arc-Helix。/ Proof-object term retained in Annex R; do not mechanically replace it with e-Arc-Helix.
Projected Circle Closure	Annex R 中的 Hausdorff / 投影闭合目标，属于注册后的比较几何对象。/ Hausdorff / projected-closure target used in Annex R; a registered comparison-geometry object.
Annex R DOI	独立附件 DOI: https://doi.org/10.5281/zenodo.20375033。/ Standalone Annex R DOI: https://doi.org/10.5281/zenodo.20375033.

D/E.1.2 Annex Pπ 相关术语

术语 / Term	受控登记 / Controlled registration
Annex Pπ	Volume IV 的相对独立桥接测证附件，处理投影闭合相位读数与 π 的非先验层位。/ Relatively independent bridge-verification appendix of Volume IV for projected-closure phase readout and the non-prior status of π.
Pπ	附件题名符号，表示 Projected / Phase / Prime-interface π；不是 Π_s、Π_t，也不是素数计数函数 $\pi(x)$。/ Title symbol for Projected / Phase / Prime-interface π; not Π_s, not Π_t, and not the prime-counting function $\pi(x)$.
projected-closure phase readout	Annex Pπ 中 π 的层位：投影闭合后，经弧度标尺读出。/ Layer placement of π in Annex Pπ: read after projected closure and radian calibration.
non-prior status of π	替代"Non-Priority of π"的受控短语，表示 π 不作为源层 primitive。/ Controlled phrase replacing "Non-Priority of π"; π is not treated as a source-layer primitive.
π-residual	投影层残差，写作 $\Pi_s(B_\Sigma) = B_\pi + \varepsilon_\pi$；禁用 $B_\Sigma \approx B_\pi + \varepsilon_\pi$。/ Projected-layer residual written as $\Pi_s(B_\Sigma) = B_\pi + \varepsilon_\pi$; the direct cross-layer form $B_\Sigma \approx B_\pi + \varepsilon_\pi$ is prohibited.
prime-phase channel	单素数指数相位通道 $p^{-s} = p^{-\sigma}\exp(-it\ln p)$；只表达局部相位接口。/ Single-prime exponential channel $p^{-s} = p^{-\sigma}\exp(-it\ln p)$; a local phase interface only.

术语 / Term	受控登记 / Controlled registration
local phase-circle interface	指定 σ 下单个 p^{-s} 通道的定半径圆相读法，不推出全局 zeta 周期。/ Fixed-radius circle-phase reading of a single prime-indexed exponential term; it does not imply global zeta periodicity.
$1/2$ middle-balance baseline	将 $\mathrm{Re}(s) = 1/2$ 读作中衡线的接口用法；它不同于 π。/ Interface reading of $\mathrm{Re}(s) = 1/2$ as a middle-balance line; not identical to π.
bidirectional $\sqrt{2}$ conversion guard	长度转换护栏：$L_E = \sqrt{2} C_{\text{proj}}$ 与 $C_{\text{proj}}/L_E = 2^{-1/2}$。/ Length-conversion guard: $L_E = \sqrt{2} C_{\text{proj}}$ and $C_{\text{proj}}/L_E = 2^{-1/2}$.
gMP projected metric guard	声明 M/P 二次合成只在已标定的投影 / 比较度规中成立，不是源层欧氏公设。/ Guard stating that the M/P quadratic sum is read in a calibrated projected / comparison metric, not as a source-layer Euclidean axiom.
normalized-cycle kernel	模相位状态的 R&D 接口；与 DDS / NCO / phase accumulator 工程实践同构。/ R&D interface using modular phase state; aligned with DDS / NCO / phase-accumulator practice.
DDS / NCO / phase accumulator	Annex Pπ 承认的既有工程模式；Annex Pπ 提供层位解释，不声称发明 DDS。/ Existing engineering pattern acknowledged by Annex Pπ; Annex Pπ supplies layer interpretation and does not claim to have invented DDS.

术语 / Term	受控登记 / Controlled registration
$s(q)$	Annex Pπ 的源态记号，用以避免与自然指数底 e 混淆。/ Source-state notation used by Annex Pπ to avoid conflict with the natural exponential base e.
$s_s(q), s_t(q)$	$s(q)$ 在空间与时轴方向的投影游标。/ Spatial and time-axis projected cursors of $s(q)$ under the relevant projection maps.

D/E.1.3 废止或禁用形式

废止 / 禁用形式	替代或规则
e-Arc-Spin	正式对象名中废止。默认使用 e-Arc-Helix，除非局部 source note 明确定义不同技术对象。/ Deprecated as a formal default object name. Use e-Arc-Helix unless a local source note defines a different technical object.
electric arc-spin	草稿语，废止；按语境改为 e-Arc-Helix 或 electric e-Arc-Helix reading。/ Deprecated draft wording; use e-Arc-Helix or electric e-Arc-Helix reading as context requires.
Non-Priority of π	改用 Non-Prior Status of π。/ Use Non-Prior Status of π.
PΠ, PT, Pr	拼写幽灵，禁用；统一为 Pπ。/ Typographical ghosts; use Pπ.
$B_\Sigma \approx B_\pi + \varepsilon_\pi$	跨层表达禁用；改用 $\Pi_s(B_\Sigma) = B_\pi + \varepsilon_\pi$。/ Forbidden cross-layer expression; use $\Pi_s(B_\Sigma) = B_\pi + \varepsilon_\pi$.

废止 / 禁用形式	替代或规则
R/Z as discrete	拓扑读法禁用；应称为 compact / periodically bounded / continuous circle group。离散实现属于 $\mathbb{Z}/M\mathbb{Z}$。/ Forbidden topological reading; use compact / periodically bounded / continuous circle group. Discrete implementation belongs to $\mathbb{Z}/M\mathbb{Z}$.
Group C benchmark	不作为硬件 benchmark 组；只作 metadata 或理论后处理。/ Do not list the logarithmic conversion guard as a hardware benchmark group; treat it as metadata or theoretical post-processing.
formal $e(q)$ for source-state	Annex Pπ 中改用 $s(q)$。/ Use $s(q)$ in Annex Pπ contexts.

D/E.2 附录 E：引用定位登记

本节登记 Volume IV Annex R 与 Annex Pπ 对 Volume 0 Appendix E 的引用定位更新。

This section supplies the Appendix E reference-and-orientation updates generated by Volume IV Annex R and Annex Pπ.

D/E.2.1 Volume IV 附件支持记录

记录 / Record	类型 / Type	引用地位 / Reference status
Volume IV host record	宿主卷 / Host volume	e-Arc-Helix, Volume IV: Supplementary Archival Closure and Checksum Evidence Package. Host DOI: https://doi.org/10.5281/zenodo.20174720.

记录 / Record	类型 / Type	引用地位 / Reference status
Volume IV Annex R	独立测证附件 / Independent verification appendix	可独立引用，用于静态场弧旋子闭合与临界线刚性链；不替代 Volume IV 证明主脊。/ Independently citable for the registered static-field arc-spinor closure and critical-line rigidity chain; not a replacement for the Volume IV proof spine.
Annex R DOI	独立 DOI / Standalone DOI	https://doi.org/10.5281/zenodo.20375033.
Volume IV Annex Pπ	相对独立桥接测证附件 / Relatively independent bridge-verification appendix	可独立引用，用于投影闭合相位读数、π 层位、1/2 临界线 / 素数相位接口与归一化周期 R&D 桥接。/ Independently citable for projected-closure phase readout, π layer placement, the 1/2 line / prime-phase interface, and the normalized-cycle R&D bridge.
Annex Pπ DOI	待登记 / Pending standalone bridge-verification DOI	Zenodo mint 后登记；此前引用嵌入式 Volume IV 记录或 RC 包。/ To be registered after Zenodo minting; until then cite the embedded Volume IV record or the RC package record.

D/E.2.2 引用优先级与冲突处理

1. Volume 0 仍是术语、附录职责、跨卷优先级、受控词汇与引用姿态的默认锚点。

2. Annex R 与 Annex Pπ 是 Volume IV 的支持记录。它们可通过本 D/E 补遗扩展词汇，但不覆盖 Volume 0 主文架构。
3. 若 Volume IV 附件中出现 Volume 0 尚未登记的术语，本补遗提供临时受控词汇地位，直至下一轮源文件级 Volume 0 修订。
4. 若 Annex Pπ 取得独立 DOI，Appendix E 应在同一支持记录类别下追加 DOI，而不改变 Volume 0 主文。
5. Arc-Spinor 在 Annex R 的注册证明对象语境中保留；e-Arc-Helix 仍为 Volume 0 治理的系列级与对象级名称。

D/E.2.3 出版操作说明

本补遗若以固定页追加，需相应更新内页总页数与封面/书脊计算；若重开源文件，则应将 D/E.1 并入 Appendix D，将 D/E.2 并入 Appendix E，并重排目录。

If this addendum is appended as fixed pages, the interior page count and cover/spine calculation must be updated. If the source file is reopened, D/E.1 should be merged into Appendix D and D/E.2 into Appendix E, with the table of contents regenerated.

主文不动；附录 D/E 接收回编。

Main text remains closed. Appendix D/E receives the back-alignment.

作者致辞 / Author's Dedication

仅以此卷祭慰慈母!

I offer this volume to the memory of my beloved mother.

作者致谢 / Author's Acknowledgments

我的父母、夫人、家人、知己、亲友、同事、朋友、学界、文化、地球、物质域以及我的身体。

I offer my gratitude to my parents, my wife, my family, my kindred spirits, relatives, friends, colleagues, the scholarly community, culture itself, the Earth, the material realm, and my own body.

我相信：于人而言，宇宙是几何的，且其言仅一。

I believe: for humankind, the universe is geometric,
and it speaks but one language.

Copyright and Publication Data

Arc Geometry Baseline Reference Text
Volume 0: Normative Mother Text, Controlled Glossary, and Reference System
Chinese Edition

Published by International Institute of Arc Theory
Ontario, California, United States
First print-on-demand archival edition, 2026

Author royalties and publication income from this foundational archival series are assigned by the author to the International Institute of Arc Theory.

ISBN 979-8-9956273-0-2 (paperback)
ISBN 979-8-9956273-5-7 (ebook)

Publisher's Cataloging-in-Publication Data
provided by Five Rainbows Cataloging Services

Names: Arcman, author.
Title: Arc geometry baseline reference text : volume 0, normative mother text, controlled glossary, and reference system / Arcman.
Description: Chinese edition. | Ontario, CA : International Institute of Arc Theory, 2026. | Series: Arc theory, vol. 0.
Other titles: Arc geometry baseline reference text. Simplified Chinese.
Identifiers: ISBN 979-8-9956273-0-2 (paperback) | ISBN 979-8-9956273-5-7 (ebook)
Subjects: LCSH: Mathematics. | Science. | Academic writing. | Geometry. | Geometry, Algebraic. | Mathematical analysis. | Mathematical physical. | BISAC: MATHEMATICS / Geometry / General. | MATHEMATICS / Mathematical Analysis. | SCIENCE / Physics / Mathematical & Computational.
Classification: LCC QA300 .A73 2026 (print) | LCC QA300 (ebook) | DDC 515--dc23.

勘误与版本控制说明

本卷作为大型技术文稿的按需印刷归档版发布。出版后如发现文字、排版或公式显示层面的错误，将由国际弧学研究所登记于正式勘误与版本控制记录中。除非后续版本或正式修订说明另有明示，此类修正不改变本卷的命题状态与证明边界。

Cover Design: Chloe Chen
Cover Illustration: Alex Ren

www.ingramcontent.com/pod-product-compliance
Lightning Source LLC
LaVergne TN
LVHW070908210926
848482LV00017B/1020